21世纪高等学校计算机规划教材

21st Century University Planned Textbooks of Computer Science

AutoCAD 机械制图教程

AutoCAD Mechanical Drawing Course

姜勇 李善锋 谢卫标 编著

精品系列

人民邮电出版社

北 京

图书在版编目（CIP）数据

AutoCAD 机械制图教程 / 姜勇，李善锋，谢卫标编著.
北京：人民邮电出版社，2008.11（2021.7重印）
21 世纪高等学校计算机规划教材
ISBN 978-7-115-18684-3

Ⅰ．A… Ⅱ．①姜…②李…③谢… Ⅲ．机械制图：计算
机制图—应用软件，AutoCAD—高等学校—教材 Ⅳ．TH126

中国版本图书馆 CIP 数据核字（2008）第 125592 号

内 容 提 要

本书围绕"如何使用 AutoCAD 进行机械制图"这一主题，系统地介绍了 AutoCAD 的功能。全书结构条理清晰，讲解透彻，易于掌握。书中提供了大量典型零件的绘制实例，使读者可以在学习理论知识的基础上，通过上机实践迅速提高 AutoCAD 的应用水平。

全书共 17 章，其中第 1 章至第 5 章主要介绍了 AutoCAD 的基本命令、用 AutoCAD 绘制平面图形及书写文字和标注尺寸的方法，第 6 章至第 13 章介绍了绘制零件图、装配图、编制工序卡片及打印图形的方法与技巧，第 14 章至第 16 章通过具体实例讲解了创建三维模型、编辑三维模型及三维零件装配的方法与步骤。

本书可作为高等学校机械制图及相关专业的教材，也可供各类 AutoCAD 绘图培训班作为教材使用。

21 世纪高等学校计算机规划教材
AutoCAD 机械制图教程

◆ 编　著　姜　勇　李善锋　谢卫标
　　责任编辑　滑　玉
　　执行编辑　武恩玉

◆ 人民邮电出版社出版发行　　北京市丰台区成寿寺路 11 号
　　邮编　100164　电子邮件 315@ptpress.com.cn
　　网址　http://www.ptpress.com.cn
　　三河市君旺印务有限公司印刷

◆ 开本：787×1092　1/16
　　印张：20.25　　　　　　　　2008 年 11 月第 1 版
　　字数：524 千字　　　　　2021 年 7 月河北第 22 次印刷
　　　　　ISBN 978-7-115-18684-3/TP

定价：33.00 元
读者服务热线：(010) 81055256　印装质量热线：(010) 81055316
反盗版热线：(010) 81055315

出版者的话

计算机应用能力已经成为社会各行业最重要的工作要求之一，而计算机教材质量的好坏会直接影响人才素质的培养。目前，计算机教材出版市场百花争艳，品种急剧增多，要从林林总总的教材中挑选一本适合课程设置要求、满足教学实际需要的教材，难度越来越大。

人民邮电出版社作为一家以计算机、通信、电子信息类图书与教材出版为主的科技教育类出版社，在计算机教材领域已经出版了多套计算机系列教材。在各套系列教材中涌现出了一批被广大一线授课教师选用、深受广大师生好评的优秀教材。老师们希望我社能有更多的优秀教材集中地呈现在老师和读者面前，为此我社组织了这套"21世纪高等学校计算机规划教材-精品系列"。

"21世纪高等学校计算机规划教材-精品系列"具有下列特点。

（1）前期调研充分，适合实际教学需要。本套教材主要面向普通本科院校的学生编写，在内容深度、系统结构、案例选择、编写方法等方面进行了深入细致的调研，目的是在教材编写之前充分了解实际教学的需要。

（2）编写目标明确，读者对象针对性强。每一本教材在编写之前都明确了该教材的读者对象和适用范围，即明确面向的读者是计算机专业、非计算机理工类专业还是文科类专业的学生，尽量符合目前普通高等教学计算机课程的教学计划、教学大纲以及发展趋势。

（3）精选作者，保证质量。本套教材的作者，既有来自院校的一线授课老师，也有来自IT企业、科研机构等单位的资深技术人员。通过他们的合作使老师丰富的实际教学经验与技术人员丰富的实践工程经验相融合，为广大师生编写出适合目前教学实际需求、满足学校新时期人才培养模式的高质量教材。

（4）一纲多本，适应面宽。在本套教材中，我们根据目前教学的实际情况，做到"一纲多本"，即根据院校已学课程和后续课程的不同开设情况，为同一科目提供不同类型的教材。

（5）突出能力培养，适应人才市场要求。本套教材贴近市场对于计算机人才的能力要求，注重理论技术与实际应用的结合，注重实际操作和实践动手能力的培养，为学生快速适应企业实际需求做好准备。

（6）配套服务完善，共促提高。对于每一本教材，我们在教材出版的同时，都将提供完备的PPT课件，并根据需要提供书中的源程序代码、习题答案、教学大纲等内容，部分教材还将在作者的配合下，提供疑难解答、教学交流等服务。

在本套教材的策划组织过程中，我们获得了来自清华大学、北京大学、人民大学、浙江大学、吉林大学、武汉大学、哈尔滨工业大学、东南大学、四川大学、上海交通大学、西安交通大学、电子科技大学、西安电子科技大学、北京邮电大学、北京林业大学等院校老师的大力支持和帮助，同时获得了来自信息产业部电信研究院、联想、华为、中兴、同方、爱立信、摩托罗拉等企业和科研单位的领导和技术人员的积极配合。在此，人民邮电出版社向他们表示衷心的感谢。

我们相信，"21世纪高等学校计算机规划教材-精品系列"一定能够为我国高等院校计算机课程教学做出应有的贡献。同时，对于工作欠缺和不妥之处，欢迎老师和读者提出宝贵的意见和建议。

前　言

AutoCAD 是美国 Autodesk 公司开发研制的一种通用计算机辅助设计软件包，它在设计、绘图和相互协作等方面展示了强大的技术实力。由于其具有易于学习、使用方便、体系结构开放等优点，因而深受广大工程技术人员的喜爱。

Autodesk 公司在 1982 年推出 AutoCAD 的第一个版本 V1.0，随后陆续推出 V2.6、R9、R10、R12、R13、R14、R2004、R2006 等典型版本，直到目前的 AutoCAD 2008 版。在这 20 多年的时间里，AutoCAD 产品在不断适应计算机软硬件发展的同时，自身功能也日益增强且趋于完善。早期的版本只是绘制二维图的简单工具，画图过程也非常慢，但现在它已经集平面作图、三维造型、数据库管理和渲染着色等功能于一体，并提供了丰富的工具集。所有这些功能使得用户不仅能够轻松快捷地进行设计工作，还能方便地复用各种已有的数据，从而极大地提高了设计效率。

如今，AutoCAD 在机械、建筑、电子、纺织、地理和航空等领域得到了广泛的使用。AutoCAD 在全世界 150 多个国家和地区广为流行，占据了近 75%的国际 CAD 市场。全球现有近千家 AutoCAD 授权培训中心，每年约有 10 多万名各国的工程师接受培训。此外，全世界大约有十多亿份 DWG 格式的图形文件在被使用、交换和存储。其他大多数 CAD 系统，也都能够读入 DWG 格式的图形文件。可以这样说，AutoCAD 已经成为二维 CAD 系统的标准，而 DWG 格式文件已是工程设计人员交流思想的公共语言。

作为当代大学生掌握 CAD 技术的基础应用软件——AutoCAD 是十分必要的，一是要了解该软件的基本功能，但更为重要的是要结合专业学习软件，学会利用软件解决专业中的实际问题。本人从事 CAD 教学及科研工作十几年，在教学中发现许多学生仅仅是学会了 AutoCAD 的基本命令，当面对实际问题时却束手无策，我想这与 AutoCAD 课程的教学内容及方法有直接的、密切的关系。于是，结合我们十几年的教学经验及体会，编写了这本全新的 AutoCAD 教材，在介绍理论知识的同时，提供大量实践性教学内容，重点培养学生的绘图技能及解决实际问题的能力。

本书突出实用性，强调理论与实践相结合。用简洁的语言介绍理论知识，并围绕知识点安排相应例题及练习题。教师在教学过程中，可边讲解，边给学生布置习题进行练习，使学生迅速掌握理论知识及提高绘图技能。

本书可作为高等学校机械及相关专业的计算机绘图课程教材，也可作为工程技术人员的参考书和计算机绘图培训班的速成教材。

参与本书编写工作的还有沈精虎、黄业清、谭雪松、冯辉、郭英文、计晓明、尹志超、郝庆文、滕玲、董彩霞。由于作者水平有限，书中难免存在疏漏之处，敬请各位读者指正。

作　者
2008 年 7 月

素材内容及用法

本书为授课教师免费提供光盘，光盘内容及用法介绍如下。

1. ".ppt" 课件

本书"ppt"课件收录在光盘的"ppt"文件夹下，读者可以调用和参考这些文件。

2. ".dwg" 图形文件

本书所有习题用到的及典型实例完成后的".dwg"图形文件都按章收录在光盘的"dwg"文件夹下，读者可以调用和参考这些文件。

3. ".avi" 动画文件

本书所有练习的绘制过程都录制成了".avi"动画文件，并收录在光盘的"avi"文件夹下。

".avi"是最常用的动画文件格式，读者用 Windows 系统提供的"Windows Media Player"就可以播放".avi"动画文件。单击"开始"/"所有程序"/"附件"/"娱乐"/"Windows Media Player"选项即可打开"Windows Media Player"。一般情况下，读者只要双击某个动画文件即可观看。

注意：播放文件前要安装光盘根目录下的"avi_tscc.exe"插件，否则，可能导致播放失败。

索取光盘的联系方式如下：

电子邮件：maxiaoxia@ptpress.com.cn

联系电话：010-67170985

目 录

第 1 章　AutoCAD 基本操作及 CAD 制图的一般规定 ·········1

1.1　CAD 概述 ·········1
1.2　AutoCAD 2008 新增功能简介 ·········1
1.3　AutoCAD 2008 中文版工作界面简介 ·····3
　1.3.1　标题栏 ·········3
　1.3.2　菜单栏 ·········4
　1.3.3　工具栏 ·········4
　1.3.4　绘图窗口 ·········4
　1.3.5　面板 ·········5
　1.3.6　命令提示窗口 ·········5
　1.3.7　状态栏 ·········6
1.4　AutoCAD 2008 中文版图形文件管理 ·····7
　1.4.1　新建文件 ·········7
　1.4.2　打开文件 ·········9
　1.4.3　保存图形文件 ·········10
　1.4.4　输出文件 ·········10
1.5　学习 AutoCAD 的基本操作 ·········11
　1.5.1　绘制一个简单图形 ·········11
　1.5.2　切换工作空间 ·········15
　1.5.3　调用命令 ·········16
　1.5.4　选择对象的常用方法 ·········17
　1.5.5　删除对象 ·········18
　1.5.6　撤销和重复命令 ·········19
　1.5.7　取消已执行的操作 ·········19
　1.5.8　快速缩放及移动图形 ·········19
　1.5.9　利用矩形窗口放大视图及返回
　　　　 上一次的显示 ·········19
　1.5.10　将图形全部显示在窗口中 ·········20
　1.5.11　设置绘图区域的大小 ·········20
1.6　图层、线型、线宽及颜色 ·········21
　1.6.1　创建及设置图层 ·········22
　1.6.2　控制图层状态及修改对象的颜色、
　　　　 线型和线宽 ·········24
1.7　机械工程 CAD 制图的一般规定 ·········25

1.7.1　图纸幅面、标题栏及明细栏 ·········25
1.7.2　标准绘图比例及使用 AutoCAD
　　　　绘图时采用的比例 ·········27
1.7.3　图线规定以及 AutoCAD 中的
　　　　图线和线型比例 ·········28
1.7.4　CAD 工程图的图层管理 ·········29
1.7.5　国标字体及 AutoCAD 中的字体 ·········30
1.8　小结 ·········30
1.9　习题 ·········31

第 2 章　平面绘图基本训练（一）·····33

2.1　绘制直线、切线及平行线 ·········33
　2.1.1　利用点坐标、正交模式及对象
　　　　 捕捉功能绘制线段及切线 ·········33
　2.1.2　结合对象捕捉、极轴追踪及自动
　　　　 追踪功能绘制线 ·········36
　2.1.3　创建平行线、延伸及修剪线条 ·········39
　2.1.4　用 LINE 及 XLINE 命令绘制任意
　　　　 角度斜线 ·········41
　2.1.5　打断及修改线条长度 ·········43
　2.1.6　上机练习——绘制曲轴零件图 ·········45
2.2　绘制圆、椭圆、多边形及倒角 ·········46
　2.2.1　绘制圆及圆弧连接 ·········46
　2.2.2　绘制矩形、正多边形及椭圆 ·········48
　2.2.3　绘制倒圆角及倒斜角 ·········50
　2.2.4　移动、复制、阵列及镜像对象 ·····52
　2.2.5　上机练习——绘制轮芯零件图 ·····55
2.3　绘制多段线、断裂线及填充剖面图案 ···57
　2.3.1　绘制多段线 ·········57
　2.3.2　绘制断裂线及填充剖面图案 ·········59
　2.3.3　上机练习——绘制定位板零件图 ·····61
2.4　平面绘图综合练习 ·········63
2.5　小结 ·········65
2.6　习题 ·········65

第 3 章　平面绘图基本训练（二）·····67

3.1　调整图形倾斜方向及形状 ·········67

3.1.1 旋转及对齐实体 ············ 67

3.1.2 拉伸图形及按比例缩放图形 ·· 69

3.1.3 上机练习——绘制导向板零

件图 ························ 70

3.2 创建点对象、圆环及图块 ········ 72

3.2.1 创建点对象、等分点及测量点 72

3.2.2 绘制圆环或圆点 ··········· 74

3.2.3 定制及插入标准件块 ······· 74

3.3 面域造型 ······················ 76

3.3.1 创建面域 ················· 76

3.3.2 并运算 ··················· 76

3.3.3 差运算 ··················· 77

3.3.4 交运算 ··················· 77

3.3.5 面域造型应用实例 ········· 78

3.4 关键点编辑方式 ················ 79

3.4.1 利用关键点拉伸 ··········· 80

3.4.2 利用关键点移动及复制对象 ·· 81

3.4.3 利用关键点旋转对象 ······· 81

3.4.4 利用关键点缩放对象 ······· 82

3.4.5 利用关键点镜像对象 ······· 83

3.5 编辑图形元素属性 ·············· 84

3.5.1 用 PROPERTIES 命令改变

对象属性 ················· 84

3.5.2 对象特性匹配 ············· 84

3.6 平面绘图综合练习 ·············· 85

3.7 小结 ·························· 87

3.8 习题 ·························· 87

第 4 章 绘制复杂平面图形的

方法及技巧 ··············· 90

4.1 平面图形作图步骤 ·············· 90

4.2 绘制复杂圆弧连接 ·············· 92

4.3 用 OFFSET 及 TRIM 命令快速作图 ·· 95

4.4 绘制对称图形及具有均布几何

特征的图形 ···················· 97

4.5 利用已有图形生成新图形 ······· 100

4.6 绘制倾斜图形的技巧 ··········· 102

4.7 综合练习——掌握绘制复杂平面

图形的一般方法 ··············· 104

4.8 综合练习——绘制三视图 ······· 105

4.9 小结 ························· 107

4.10 习题 ························ 108

第 5 章 书写文字和标注尺寸 ······· 110

5.1 书写文字的方法 ··············· 110

5.1.1 创建国标文字样式及书写

单行文字 ················ 110

5.1.2 修改文字样式 ············ 113

5.1.3 在单行文字中加入特殊符号 ··· 113

5.1.4 创建多行文字 ············ 114

5.1.5 添加特殊字符 ············ 117

5.1.6 创建分数及公差形式文字 ··· 119

5.1.7 编辑文字 ··············· 120

5.2 填写明细表的技巧 ············· 121

5.3 创建表格对象 ················· 122

5.3.1 表格样式 ··············· 122

5.3.2 创建及修改空白表格 ······ 124

5.3.3 用 TABLE 命令创建及填写

标题栏 ·················· 126

5.4 标注尺寸的方法 ··············· 127

5.4.1 创建国标尺寸样式 ········ 127

5.4.2 删除和重命名尺寸样式 ···· 132

5.4.3 标注水平、竖直及倾斜

方向尺寸 ················ 132

5.4.4 创建对齐尺寸标注 ········ 134

5.4.5 创建连续型尺寸标注和基线型

尺寸标注 ················ 134

5.4.6 创建角度尺寸 ············ 135

5.4.7 将角度数值水平放置 ······ 136

5.4.8 标注直径和半径尺寸 ······ 138

5.4.9 标注尺寸公差及形位公差 ·· 139

5.4.10 引线标注 ··············· 141

5.4.11 编辑尺寸标注 ··········· 146

5.5 尺寸标注综合练习 ············· 148

5.5.1 标注平面图形 ············ 148

5.5.2 插入图框、标注零件尺寸及表面

粗糙度 ·················· 149

5.6 综合练习——书写多行文字 ····· 152

5.7 综合练习——尺寸标注 ········· 152

5.8 小结 ························· 157

5.9 习题 ···158

第6章 零件图 ·····························159

6.1 用 AutoCAD 绘制机械图的过程 ···159
  6.1.1 建立绘图环境 ····················160
  6.1.2 布局主视图 ·······················160
  6.1.3 生成主视图局部细节 ·········161
  6.1.4 布局其他视图 ·················161
  6.1.5 向左视图投影几何特征并
      绘制细节 ····························162
  6.1.6 向俯视图投影几何特征并
      绘制细节 ····························163
  6.1.7 修饰图样 ·······················163
  6.1.8 插入标准图框 ·················164
  6.1.9 标注零件尺寸及表面粗糙度 ·······165
  6.1.10 书写技术要求 ················166
6.2 获取零件图的几何信息 ···········166
  6.2.1 计算零件图面积及周长 ·····167
  6.2.2 计算带长及带轮中心距 ·····167
6.3 保持图形标准一致 ···············168
  6.3.1 创建及使用样板图 ···········168
  6.3.2 通过"设计中心"复制图层、
      文字样式及尺寸样式 ·········168
6.4 综合练习——绘制轴类零件图 ···170
6.5 小结 ·································173
6.6 习题 ·································173

第7章 轴类零件 ·····················175

7.1 轴类零件的画法特点 ···········175
7.2 传动轴 ·······························177
7.3 定位套 ·······························179
7.4 齿轮轴 ·······························180
7.5 小结 ·································182

第8章 盘盖类零件 ·················183

8.1 盘盖类零件的画法特点 ·········183
8.2 联接盘 ·······························184
8.3 导向板 ·······························186
8.4 扇形齿轮 ···························187
8.5 小结 ·································189

第9章 叉架类零件 ·················190

9.1 叉架类零件的画法特点 ·········190
9.2 弧形连杆 ···························191
9.3 导向支架 ···························193
9.4 转轴支架 ···························194
9.5 小结 ·································196

第10章 箱体类零件 ···············197

10.1 箱体类零件的画法特点 ········197
10.2 尾座 ·································199
10.3 蜗轮箱 ····························201
10.4 导轨座 ····························202
10.5 小结 ································204

第11章 机械加工工艺规程的
      制定 ······························205

11.1 机械加工工艺规程的作用 ·····205
11.2 机械加工工艺规程的制定程序 ···205
  11.2.1 分析加工零件的工艺性 ····206
  11.2.2 选择毛坯 ······················207
  11.2.3 拟定工艺过程 ·················208
  11.2.4 工序设计 ······················208
  11.2.5 工序卡片的形式 ·············208
11.3 工艺过程设计 ·····················210
  11.3.1 定位基准的选择 ·············210
  11.3.2 零件表面的加工方法和顺序 ···211
  11.3.3 工序设计 ······················212
11.4 典型零件的机械加工工序 ·······212
  11.4.1 块状零件的加工工艺 ·······213
  11.4.2 盘盖类零件的加工工艺 ·····214
  11.4.3 轴类零件的加工工艺 ·······217
  11.4.4 齿轮加工工艺 ·················220
11.5 小结 ································223
11.6 习题 ································223

第12章 AutoCAD 产品设计方法及
      装配图 ·························225

12.1 用 AutoCAD 开发新产品的步骤 ···225
  12.1.1 绘制 1∶1 的总体方案图 ····225

12.1.2 设计方案的对比及修改 ……………225
12.1.3 详细的结构设计 ………………226
12.1.4 由部件结构图拆画零件图 ……227
12.1.5 "装配"零件图以检验配合
尺寸的正确性 …………………228
12.1.6 由零件图组合装配图 …………229
12.2 标注零件序号 ………………………231
12.3 编写明细表 …………………………233
12.4 小结 …………………………………233

第13章 打印图形 ……………………234
13.1 打印图形的过程 ……………………234
13.2 设置打印参数 ………………………235
13.2.1 选择打印设备 …………………236
13.2.2 使用打印样式 …………………237
13.2.3 选择图纸幅面 …………………238
13.2.4 设置打印区域 …………………239
13.2.5 设置打印比例 …………………240
13.2.6 设置着色打印 …………………240
13.2.7 调整图形打印方向和位置 ……241
13.2.8 预览打印效果 …………………241
13.2.9 保存打印设置 …………………241
13.3 打印图形实例 ………………………242
13.4 将多张图纸布置在一起打印 ………243
13.5 创建电子图纸 ………………………245
13.6 在虚拟图纸上布图、标注尺寸及打
印虚拟图纸 …………………………246
13.7 小结 …………………………………249
13.8 习题 …………………………………249

第14章 三维绘图 ……………………250
14.1 三维建模空间 ………………………250
14.2 观察三维模型 ………………………251
14.2.1 用标准视点观察 3D 模型 ……251
14.2.2 三维动态观察 …………………252
14.2.3 利用相机视图观察模型 ………253
14.2.4 视觉样式 ………………………253
14.2.5 快速建立平面视图 ……………255
14.2.6 平行投影模式及透视投影模式 …256
14.3 用户坐标系及动态用户坐标系 ……256

14.4 创建三维实体和曲面 ………………258
14.4.1 三维基本立体 …………………258
14.4.2 多段体 …………………………259
14.4.3 将二维对象拉伸成实体或
曲面 ………………………………260
14.4.4 旋转二维对象形成实体或
曲面 ………………………………262
14.4.5 通过扫掠创建实体或曲面 ……263
14.4.6 通过放样创建实体或曲面 ……264
14.4.7 创建平面 ………………………266
14.4.8 加厚曲面形成实体 ……………266
14.4.9 利用平面或曲面切割实体 ……266
14.4.10 螺旋线、涡状线及弹簧 ……267
14.4.11 与实体显示有关的系统变量 …268
14.5 利用布尔运算构建复杂实体模型 …269
14.6 实体建模综合练习 …………………271
14.7 小结 …………………………………273
14.8 习题 …………………………………273

第15章 编辑三维图形 ………………275
15.1 三维移动 ……………………………275
15.2 三维旋转 ……………………………276
15.3 3D 阵列 ……………………………278
15.4 3D 镜像 ……………………………279
15.5 3D 对齐 ……………………………279
15.6 3D 倒圆角 …………………………280
15.7 3D 倒斜角 …………………………281
15.8 编辑实心体的面、边和体 …………282
15.8.1 拉伸面 …………………………283
15.8.2 移动面 …………………………284
15.8.3 偏移面 …………………………284
15.8.4 旋转面 …………………………285
15.8.5 锥化面 …………………………286
15.8.6 复制面 …………………………286
15.8.7 删除面及改变面的颜色 ………286
15.8.8 编辑实心体的棱边 ……………287
15.8.9 抽壳 ……………………………287
15.8.10 压印 …………………………288
15.8.11 拆分、清理及检查实体 ……288
15.9 利用"选择并拖动"方式创建及

　　修改实体 ················289

15.10　由三维模型投影成二维视图 ·····289

15.11　综合练习——实体建模技巧 ·····289

15.12　小结 ·················293

15.13　习题 ·················293

第 16 章　零件建模及装配——平口虎钳 ·············295

16.1　虎钳钳身 ··············295

16.2　活动钳口 ··············297

16.3　钳口螺母 ··············298

16.4　丝杠 ·················299

16.5　固定螺钉 ··············300

16.6　钳口板 ···············300

16.7　零件装配——平口虎钳 ·······301

16.8　小结 ·················302

第 17 章　渲染机械产品 ·······303

17.1　创建渲染图像的过程 ········303

17.1.1　添加光源 ············303

17.1.2　打开阴影 ············305

17.1.3　指定材质 ············305

17.1.4　设置背景 ············306

17.1.5　渲染模型 ············307

17.2　渲染实例 ··············307

17.2.1　调整架 ·············308

17.2.2　手提式照明灯 ··········310

第1章
AutoCAD 基本操作及 CAD 制图的一般规定

通过本章的学习，读者不仅可以熟悉 AutoCAD 用户界面，掌握一些基本操作，同时可以了解机械 CAD 制图的一般规定。

1.1 CAD 概述

计算机辅助设计（Computer Aided Design，CAD）是指通过计算机的计算功能和图形处理能力，对开发项目进行辅助设计分析、修改和优化。概括来说，CAD 的设计对象有两大类，一类是机械、电气、电子、轻工和纺织产品；另一类是工程建筑。如今，CAD 技术的应用范围已经延伸到艺术、电影、动画、广告、娱乐等领域，产生了巨大的经济及社会效益，有着广泛的应用前景。

AutoCAD 是美国 Autodesk 公司开发的一个交互式绘图软件。它是用于二维及三维设计、绘图的系统工具，用户可以使用它来创建、浏览、管理、打印、输出、共享及准确使用富含信息的设计图形。本书以 AutoCAD 2008 中文版为基础进行介绍。

1.2 AutoCAD 2008 新增功能简介

AutoCAD 2008 的新增功能，大致可以分为以下几点：
- 缩放注释；
- 标注和引线；
- 表格；
- 图层；
- 可视化；
- 用户界面；
- 自定义；
- 绘图效率。

1. 缩放注释
在模型空间与图纸空间加入文字说明、批注等对象时，最困扰大家的就是比例问题。此版本加入的自动调整批注比例功能，为大部分用户提供了很大的便利。

同时，AutoCAD 2008 定义了一个新名词：可批注的性质。凡具有这些可批注的对象，就可以完成自动调整的功能，而这些可批注的对象包含：文字、多行文字、标注、剖面线、公差、多重引线、引线、图块、属性等，即文字、尺寸标注、图块、属性四大类。用户必须先行设定这些对象是否具有可批注的性质以及比例、高度等，这些设置会与模型空间、视端口配置、模型视图等一起储存。当用户插入或加入这些批注对象时，系统就会依据当初的设定值，自动在窗口中调整比例。

2. 标注和引线

在 AutoCAD 2008 中新增的标注功能包括：公差对齐、角度标注以及半径标注的延伸弧线。主要的重点是：公差对齐中，上下正负公差的符号与数值可以对齐；角度标注时，可以控制正在进行标注的文字位置，如果使用者自行在角度外侧指定文字的位置，系统就会为角度数值建立延伸的标注弧线；半径标注是可以指定具有延伸弧线的半径、直径和延伸线转折的位置。

另外，AutoCAD 2008 为用户提供了三种不同的顺序来绘制引线。第一种是由箭头开始，先选择箭头位置，然后引线位置，再来就是符号位置。第二种是由引线开始，先完成引线，然后指定箭头位置，符号位置就会自动加入到引线的末端。第三种方式是由符号先开始，点选符号位置，然后引线位置，再来才是箭头位置。无论采用上述哪种方式，都可以完成一个引线加上符号的标注。除了标准的引线之外，用户还可以排列引线的位置与标注方式。

3. 表格

新增的表格功能主要分为以下三个方面：链接表格数据，创建表格样式，从图形中提取数据。

● 链接表格数据：可以将表格数据链接至 Microsoft Excel 中的数据。数据链接可以包括指向整个电子表格、单个单元或多个单元区域的链接。

● 创建表格样式：表格样式得到增强，添加了用于表格和表格单元中边界及边距的其他格式选项和显示选项。可以从图形中的现有表格快速创建表格样式。

● 从图形中提取数据：使用数据提取向导，可以从图形中的对象（包括块和属性）提取特性数据和图形信息。可以将提取的数据链接至 Microsoft Excel 电子表格中的信息，并输出到表格或外部文件。

4. 图层

AutoCAD 2008 新加入的图层功能与视端口显示有直接的关系。为了克服同样的对象在不同视端口显示不同的颜色、线型、线宽、出图形式等，图层管理的功能中分别加入了视图颜色、视图线型、视图线宽、视端口出图形式等。经由这个新增的视端口控制功能，用户就可以在不同的视图中，控制同样对象的显示颜色、线型、线宽、出图形式等，这样对于习惯使用视图出图的使用者而言，的确又增加了比较完整的控制功能。

5. 可视化

AutoCAD 2008 可视化的一个新功能体现在室内设计时，使用光度控制光源照亮场景，可以获得更为逼真的渲染图像。光度控制光源使用"真实世界"值来调整光源。例如，如果场景要求使用包含一个 60W 灯泡的装置（灯具），则可以从工具选项板选择一个 60W 的灯泡，可以使用烛光、流明或勒克斯单位调整光照强度。可视化的另一个功能就是材质贴附。AutoCAD 2008 针对材质贴附的方式又提供了几个新方式：棋盘、噪波、斑点、瓦和波等，有了这些新的贴附程序，使用者可以创造出更拟真的材质表现。

6. 用户界面

在 AutoCAD 2008 中界面相对有些改动，"二维草图与注释"工作空间仅包含与二维草图和注释相关的工具栏、菜单和选项板。面板显示了与二维草图和注释相关联的按钮和控件。而在图形状态栏中包含用于缩放注释的工具。对于模型空间和图纸空间将显示不同的工具。图形状态栏关闭后，其工具将移到应用程序状态栏上。

7．自定义

针对于工具栏，自定义的更改包括：可以在"工具栏预览"窗格中或直接在应用程序窗口中交互添加、重新定位以及删除命令。

8．绘图效率

在 AutoCAD 2008 中还做了一些其他改进，以增加用户的绘图效率。例如，拼写检查改进，图层特性管理器的改进，图层状态管理器的改进等。

1.3　AutoCAD 2008 中文版工作界面简介

AutoCAD 2008 中文版工作界主要包括标题栏、菜单栏、工具栏、绘图窗口、面板、命令提示窗口、状态栏以及滚动条等，如图 1-1 所示。下面分别介绍各部分的功能。

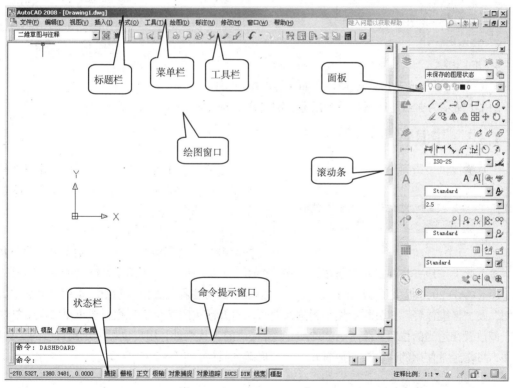

图 1-1　AutoCAD 2008 工作界面

1.3.1　标题栏

标题栏在程序窗口的最上方，它上面显示了 AutoCAD 的程序图标及当前所操作的图形文件名称和路径。和一般 Windows 应用程序相似，用户可通过标题栏最右边的 3 个按钮使 AutoCAD 最小化、最大化或关闭。

1.3.2 菜单栏

单击菜单栏上的菜单项，弹出对应的下拉菜单。下拉菜单包含了 AutoCAD 的核心命令和功能，选取其中的某个选项，AutoCAD 就执行相应命令。AutoCAD 菜单选项有以下 3 种形式。

● 菜单项后面带有三角形标记。选取这种菜单项后，将弹出新菜单，用户可做进一步选择。

● 菜单项后面带有省略号标记 "..."。选取这种菜单项后，AutoCAD 将打开一个对话框，通过该对话框用户可做进一步操作。

● 单独的菜单项。

除了菜单栏中的菜单项，还有一种形式的菜单经常会使用，即快捷菜单。当单击鼠标右键时，在光标的位置上将弹出快捷菜单。快捷菜单提供的命令选项与光标的位置及 AutoCAD 的当前状态有关。例如，将光标放在绘图区域或工具栏上再单击鼠标右键，打开的快捷菜单是不一样的。此外，如果 AutoCAD 正在执行某一命令或者用户事先选取了任意实体对象，也将显示不同的快捷菜单。

在以下的 AutoCAD 区域中单击鼠标右键可显示快捷菜单。

● 绘图区域。

● 模型空间或图纸空间选项卡。

● 状态栏。

● 工具栏。

● 一些对话框或 Windows 窗口（如 AutoCAD 设计中心）。

图 1-2 所示为在绘图区域中单击鼠标右键时弹出的快捷菜单。

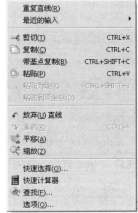

图 1-2　快捷菜单

1.3.3 工具栏

工具栏提供了访问 AutoCAD 命令的快捷方式，它包含了许多命令按钮，用户只需单击某个按钮，AutoCAD 就会执行相应命令，图 1-3 所示为"绘图"工具栏。

图 1-3　"绘图"工具栏

工具栏中的按钮有些是单一型的，有些是嵌套型的。嵌套型按钮的右下角带有小黑三角形，按下此类按钮，将弹出一些新按钮。在"绘图"工具栏中，按钮就是嵌套型的。

AutoCAD 2008 提供了 37 个工具栏，在"二维草图与注释"工作空间中，系统仅显示"工作空间"及"标准注释"工具栏。用户根据需要可以打开或关闭某个工具栏，还可以移动工具栏，将它们放置在适当的位置。除了 AutoCAD 本身提供的工具栏外，用户也可以定制自己的工具栏，例如，可将经常使用的命令按钮放置在一起形成新工具栏。

1.3.4 绘图窗口

绘图窗口是用户绘图的工作区域，类似于手工作图时的图纸，用户的所有工作结果都反映在此窗口中。AutoCAD 提供的绘图区是无穷大的，读者可根据需要自行设置显示在屏幕上的绘图区域的大小，即长、高各有多少数量单位。

在绘图窗口左下方有一个表示坐标系的图标，它表明了绘图区的方位，图标中"X、Y"字母分别指示 x 轴和 y 轴的正方向。默认情况下，AutoCAD 使用世界坐标系，如果有必要，用户也可通过 UCS 命令建立自己的坐标系。

当在绘图区移动鼠标时，其中的十字形光标会跟随移动，与此同时在绘图区底部的状态条上将显示光标点的坐标读数。坐标读数的显示方式有以下 3 种，可通过单击坐标显示区进行切换。

● 坐标读数随光标移动而变化——动态显示，坐标值显示形式是"x,y,z"。

● 仅当用户指定点时，坐标读数才变化——静态显示，坐标值显示形式是"x,y,z"。例如，用 LINE 命令画线时，AutoCAD 只显示线段端点的坐标值。

● 坐标读数随光标移动而以极坐标形式（相对上一点的距离<角度，距离和角度用"<"分开）显示，这种方式只在 AutoCAD 提示"指定下一点"时才能得到。

绘图窗口包含两种作图环境，一种称为模型空间，另一种称为图纸空间。在此窗口底部有 3 个选项卡 模型 布局1 布局2 。默认情况下，"模型"选项卡是按下的，表明当前作图环境是模型空间，用户在这里一般按实际尺寸绘制二维或三维图形。当选中"布局 1"或"布局 2"选项卡时，就切换至图纸空间。大家可以将图纸空间想象成一张图纸（AutoCAD 提供的模拟图纸），用户可在这张图纸上将模型空间的图样按不同缩放比例布置在图纸上。

1.3.5　面板

"面板"是一种特殊形式的选项板，它由工具按钮及一些功能控件组成，单击菜单命令"工具"/"选项板"/"面板"即可打开或关闭它。面板的内容与当前的绘图任务相关，当在"二维草图与注释"及"三维建模"空间中时，面板包含的内容是不一样的。

1.3.6　命令提示窗口

命令提示窗口位于 AutoCAD 程序窗口的底部。用户通过键盘输入的命令、AutoCAD 的提示及相关信息都反映在此窗口中，该窗口是用户与 AutoCAD 进行命令交互的窗口。默认情况下，命令提示窗口仅显示两行，用户也可根据需要改变它的大小。将光标放在命令提示窗口的上边缘使其变成双向箭头，按住鼠标左键向上拖动光标就可以增加命令窗口显示的行数。

用户应特别注意命令提示窗口中显示的文字，因为它是 AutoCAD 与用户的对话内容，这些信息记录了 AutoCAD 与用户的交流过程。如果要详细了解这些信息，可以利用窗口右边的滚动条来阅读，或是按 F2 键打开命令提示窗口，如图 1-4 所示。在该窗口中将显示已经使用过的命令，再次按 F2 键就可关闭该窗口。

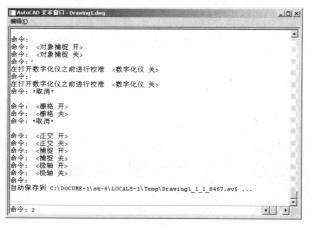

图 1-4　命令提示窗口

1.3.7　状态栏

绘图过程中的许多信息都将在状态栏中显示出来。例如，十字形光标的坐标值和一些提示文字等。另外，状态栏中还含有 10 个控制按钮，各按钮的功能如下。

● 捕捉：单击此按钮可以控制是否使用捕捉功能。当打开这种模式时，光标只能沿 x 轴或 y 轴移动，每次位移的距离可在"草图设置"对话框中设定。鼠标右键单击 捕捉 按钮，弹出快捷菜单，选取"设置"选项，打开"草图设置"对话框，如图 1-5 所示。在该对话框的"捕捉和栅格"选项卡的"捕捉间距"分组框中可以设置光标位移的距离。

● 栅格：通过此按钮可打开或关闭栅格显示。当显示栅格时，屏幕上的某个矩形区域内将出现一系列排列规则的小点，这些点的作用类似于手工作图时的方格纸，将有助于绘图定位。栅格沿 x 轴、y 轴的间距在"草图设置"对话框中"捕捉和栅格"选项卡的"栅格间距"分组框中设置，如图 1-5 所示。

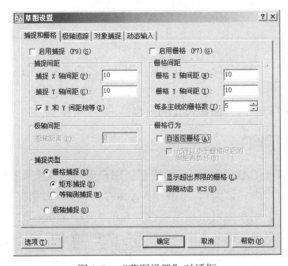

图 1-5　"草图设置"对话框

● 正交：利用此按钮可以控制是否以正交方式绘图。打开此模式时，用户只能绘制水平或竖直线段。

● 极轴：打开或关闭极坐标捕捉模式。

● 对象捕捉：打开或关闭自动捕捉实体模式。打开此模式时，在绘图过程中 AutoCAD 将自动捕捉圆心、端点和中点等几何点。用户可在"草图设置"对话框的"对象捕捉"选项卡中设置自动捕捉方式。

● 对象追踪：控制是否使用自动追踪功能。

● DUCS：打开或关闭动态 UCS 功能。当打开此项功能后，在命令执行过程中，每当光标移动到实体表面时，UCS 的 xy 平面会自动与实体面对齐。

● DYN：打开或关闭动态输入和动态提示功能。当打开动态输入及动态提示功能并启动 AutoCAD 命令后，在光标附近就显示出命令提示信息、点的坐标值和线段的长度及角度等。此时，用户可直接在命令提示信息中选取命令选项或输入坐标、长度及角度等参数。

● 线宽：控制是否在图形中显示带宽度的线条。

● 模型：当处于模型空间时，单击此按钮就可以切换到图纸空间，按钮也变为 图纸，再次单击它, 就进入浮动模型视口。浮动模型视口是指在图纸空间的模拟图纸上创建的可移动视口, 通过该视口就可观察到模型空间的图形, 并能进行绘图及编辑操作。用户可以改变浮动模型视口的大小, 还可将其复制到图纸的其他地方。进入图纸空间后, AutoCAD 将自动创建一个浮动模型视口, 若要激活它, 可以单击 图纸 按钮。

一些控制按钮的打开或关闭可通过相应的快捷键来实现, 控制按钮及其相应的快捷键如表 1-1 所示。

表 1-1　　　　　　　　　　　　控制按钮及相应的快捷键

按　　钮	快　捷　键	按　　钮	快　捷　键
捕捉	F9	对象捕捉	F3
栅格	F7	对象追踪	F11
正交	F8	DUCS	F6
极轴	F10	DYN	F12

1.4　AutoCAD 2008 中文版图形文件管理

AutoCAD 的图形文件管理主要包括新建文件、打开文件、保存文件等操作。

1.4.1　新建文件

命令启动方法

- 菜单命令: "文件" / "新建"。
- 工具栏: "标准" 工具栏上的 ⬜ 按钮。
- 命令: NEW。

选取菜单命令 "文件" / "新建", 打开 "选择样板" 对话框, 如图 1-6 所示。该对话框中列出了许多用于创建新图形的样板文件, 默认的样板文件是 "acadiso.dwt"。单击 打开(0) 按钮, 开始绘制新图形。

图 1-6　"选择样板" 对话框

在具体的设计工作中, 为使图纸统一, 许多项目都需要设定为相同标准, 如字体、标注样式、图层、标题栏等。建立标准绘图环境的有效方法是使用样板文件，在样板文件中已经保存了各种标准设置，这样每当建立新图时，就能以此文件为原型文件，将它的设置复制到当前图样中，使新图具有与样板图相同的作图环境。

AutoCAD 有许多标准的样板文件，它们都保存在 AutoCAD 安装目录中的"Template"文件夹中，扩展名为".dwt"。用户也可根据需要建立自己的标准样板。

AutoCAD 提供的样板文件分为 6 大类，分别对应不同的制图标准。

- ANSI 标准。
- DIN 标准。
- GB 标准。
- ISO 标准。
- JIS 标准。
- 公制标准。

在"选择样板"对话框的 打开⑪ 按钮旁边有一个带箭头的 ▾ 按钮。单击此按钮，弹出下拉列表，该列表的部分选项如下。

- 无样板打开-英制：基于英制测量系统创建新图形。AutoCAD 使用内部默认值控制文字、标注、线型和填充图案文件等。
- 无样板打开-公制：基于公制测量系统创建新图形。AutoCAD 使用内部默认值控制文字、标注、线型和填充图案文件等。

AutoCAD 2008 之前的版本都有"创建新图形"对话框，可以在"选项"对话框中的"系统"选项卡中设置。AutoCAD 2008 取消了这个设置，不过我们可以通过其他方式调出"创建新图形"对话框。在命令提示窗口中输入 startup 和 1，然后输入 filedia 和 1，如图 1-7 所示。

执行创建新文件命令，将会弹出如图 1-8 所示的"创建新图形"对话框。该对话框中包含了"从草图开始"、"使用样板"和"使用向导"3 个选项。如果选择了"从草图开始"选项，可以选择默认的英制或公制格式，然后单击"确定"按钮即可开始绘图。

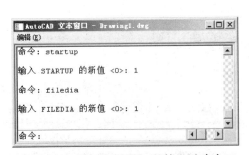

图 1-7 "创建新图形"对话框调出命令

图 1-8 "创建新图形（从草图开始）"对话框

选择"使用样板"选项，则会出现如图 1-9 所示的"创建新图形（使用样板）"对话框。从该对话框中可以选择样板文件，扩展名为".dwt"。单击 浏览... 按钮则弹出"选择样板"对话框。

在"创建新图形"对话框中选择"使用向导"选项，其下拉列表包括"快速设置"和"高级设置"两种模式，如图 1-10 所示。

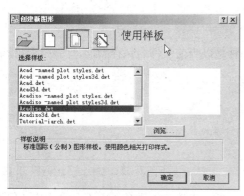

图 1-9　"创建新图形（使用样板）"对话框

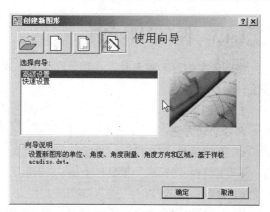

图 1-10　"创建新图形（使用向导）"对话框

1.4.2　打开文件

命令启动方法

- 下拉菜单："文件"/"打开"。
- 工具栏："标准"工具栏上的 按钮。
- 命令：OPEN。

启动打开图形命令后，AutoCAD 打开"选择文件"对话框，如图 1-11 所示。该对话框与微软公司 Office 2000 中相应对话框的样式及操作方式类似。用户可直接在对话框中选择要打开的一个或多个文件（按住 Ctrl 或 Shift 键选择多个文件），也可在"文件名"文本框中输入要打开的文件名称（可以包含路径）。此外，还可在"名称"列表框中通过双击文件名打开文件。该对话框顶部有"搜索"下拉列表，左边显示的是文件位置列表，可利用它们确定要打开文件的位置。

"选择文件"对话框还提供了图形文件预览功能。用鼠标左键单击某一图形文件名称，在预览区域中即可显示该文件的小型图片，这样用户在未打开图形文件之前就能查看其内容。

图 1-11　"选择文件"对话框

如果需要根据名称、位置或修改日期等条件来查找文件，可在"选择文件"对话框的"工具"下拉列表中选取"查找"选项。此时，AutoCAD 打开"查找"对话框，在该对话框中，用户可利用某种特定的过滤器在子目录、驱动器、服务器或局域网中搜索所需文件。

1.4.3 保存图形文件

将图形文件存入磁盘时，一般采取两种方式，一种是以当前文件名保存图形，另一种是指定新文件名存储图形。

1. 快速保存

命令启动方法

- 下拉菜单："文件" / "保存"。
- 工具栏："标准"工具栏上的 按钮。
- 命令：QSAVE。

发出快速保存命令后，系统将当前图形文件以原文件名直接存入磁盘，而不会给用户任何提示。若当前图形文件名是系统默认的且是第一次存储文件，则 AutoCAD 弹出"图形另存为"对话框，如图 1-12 所示，在该对话框中用户可指定文件存储位置、文件类型及输入新文件名。

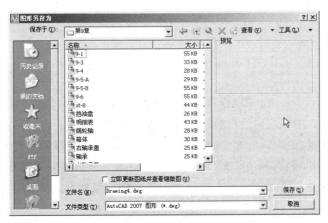

图 1-12 "图形另存为"对话框

2. 换名存盘

命令启动方法

- 下拉菜单："文件" / "另存为"。
- 命令：SAVEAS。

启动换名保存命令后，AutoCAD 弹出"图形另存为"对话框，如图 1-12 所示。用户在该对话框的"文件名"文本框中输入新文件名，并可在"保存于"及"文件类型"下拉列表中分别设置文件的存储位置和类型。

1.4.4 输出文件

命令启动方法

- 菜单命令："文件" / "输出"。
- 命令：EXPORT。

编辑的文件可以转换成其他格式的文件供其他软件读取。AutoCAD 2008 提供了多种输出格式。执行该命令后，弹出如图 1-13 所示的"输出数据"对话框。

在该对话框中可以选择不同的存储格式，同样可以改变存储位置。

图 1-13 "输出数据"对话框

1.5 学习 AutoCAD 的基本操作

本节将介绍用 AutoCAD 绘制图形的基本过程，并讲解常用的基本操作。

1.5.1 绘制一个简单图形

【练习 1-1】 用 AutoCAD 绘图的基本过程。

（1）启动 AutoCAD 2008。

（2）选取菜单命令"文件"/"新建"，打开"选择样板"对话框，如图 1-14 所示。该对话框中列出了用于创建新图形的样板文件，默认的样板文件是"acadiso.dwt"。单击 打开(0) 按钮，即根据选择的样板新建一个图形文件。此时，即可开始绘制新图形。

图 1-14 在"选择样板"对话框中选择样板文件

（3）程序窗口上部的下拉列表显示"二维草图与注释"选项，表明现在处于"二维草图与注释"工作空间。按下程序窗口底部的 极轴 、对象捕捉 及 对象追踪 按钮，注意，不要按下 DYN 按钮。

（4）单击程序窗口右边"面板"上的 ╱ 按钮，AutoCAD 提示如下：

命令：_line 指定第一点：   //单击 A 点，如图 1-15 所示

指定下一点或 [放弃(U)]：520   //向下移动鼠标光标，输入线段长度并按 Enter 键

指定下一点或 [放弃(U)]：300   //向右移动鼠标光标，输入线段长度并按 Enter 键

指定下一点或 [闭合(C)/放弃(U)]：130 //向下移动鼠标光标，输入线段长度并按 Enter 键

指定下一点或 [闭合(C)/放弃(U)]：800 //向右移动鼠标光标，输入线段长度并按 Enter 键

指定下一点或 [闭合(C)/放弃(U)]：c //输入选项"C"，按 Enter 键结束命令

结果如图 1-15 所示。

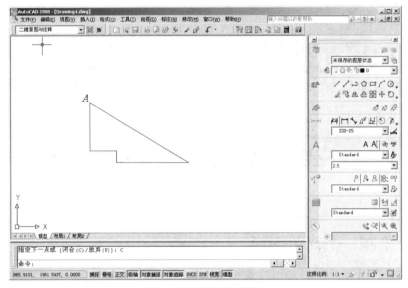

图 1-15　绘制封闭线框

（5）按 Enter 键重复画线命令，绘制线段 BC，如图 1-16 所示。

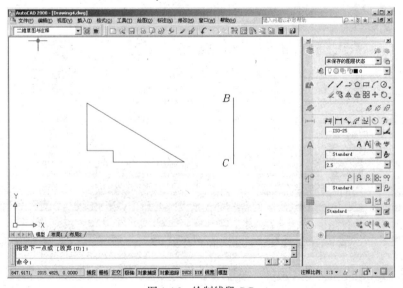

图 1-16　绘制线段 BC

（6）单击程序窗口上部的 按钮，线段 BC 消失，再单击该按钮，连续折线也消失。单击 按钮，连续折线又显示出来，继续单击该按钮，线段 BC 也显示出来。

（7）输入绘制圆命令全称 CIRCLE 或简称 C，AutoCAD 提示如下：

命令：CIRCLE　　　　　　　　　　　　　　　//输入命令，按 Enter 键确认

指定圆的圆心或 [三点(3P)/两点(2P)/相切、相切、半径(T)]：

　　　　　　　　　　　　　　　　　　　　//单击 D 点，指定圆心，如图 1-17 所示

指定圆的半径或 [直径(D)]<150.0000>：150　　//输入圆半径，按 Enter 键确认

结果如图 1-17 所示。

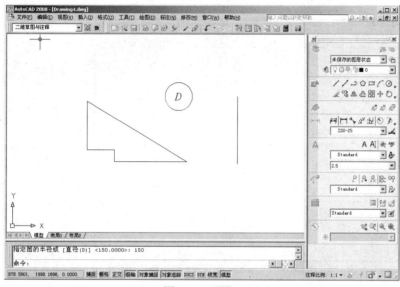

图 1-17　画圆 D

（8）单击程序窗口右边"面板"上的⊘按钮，AutoCAD 提示如下：

命令：_circle 指定圆的圆心或 [三点(3P)/两点(2P)/相切、相切、半径(T)]：

　　　//将鼠标光标移动到端点 E 处，系统自动捕捉该点，单击鼠标左键确认，如图 1-18 所示

指定圆的半径或 [直径(D)]<150.0000>：200　　　　　//输入圆半径，按 Enter 键

结果如图 1-18 所示。

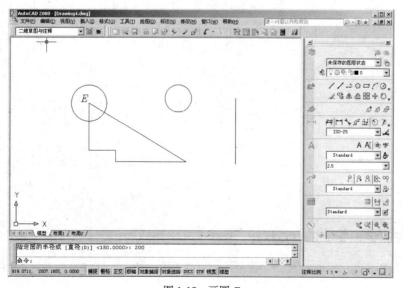

图 1-18　画圆 E

（9）打开程序窗口上部的下拉列表，选择"AutoCAD 经典"选项，进入"AutoCAD 经典"工作空间，观察程序界面的变化。再选择"二维草图与注释"选项，即可返回"二维草图与注释"工作空间。

（10）单击程序窗口右边"面板"上的 按钮，鼠标光标变成手的形状 。按住鼠标左键向右拖动鼠标光标，直至图形不可见为止，按 Esc 键或 Enter 键退出。

（11）单击程序窗口右边"面板"上的 按钮，图形又全部显示在窗口中，如图 1-19 所示。

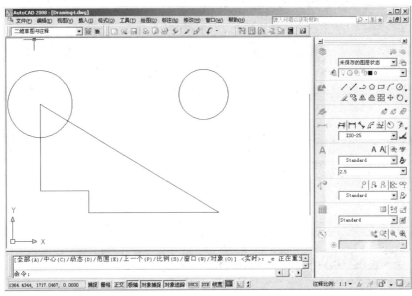

图 1-19　范围缩放图形

（12）单击程序窗口右边"面板"上的 按钮，鼠标光标变成放大镜形状 ，此时按住鼠标左键向下拖动鼠标光标，图形缩小，如图 1-20 所示，按 Esc 键或 Enter 键退出。

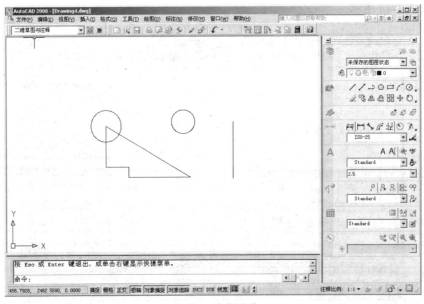

图 1-20　缩小图形

（13）单击程序窗口右边 "面板" 上的 按钮（删除对象），AutoCAD 提示如下：

命令: _erase	
选择对象：	//单击 F 点，如图 1-21 左图所示
指定对角点：找到 4 个	//向右下方拖动鼠标光标，出现一个实线矩形窗口
	//在 G 点处单击一点，矩形窗口内的对象被选中，被选中对象变为虚线
选择对象：	//按 Enter 键删除对象
命令:ERASE	//按 Enter 键重复命令
选择对象：	//单击 H 点
指定对角点：找到 2 个	//向左下方拖动鼠标光标，出现一个虚线矩形窗口
	//在 I 点处单击一点，矩形窗口内及与该窗口相交的所有对象都被选中
选择对象：	//按 Enter 键删除圆和直线

结果如图 1-21 右图所示。

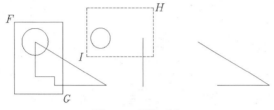

图 1-21　删除对象

（14）选择菜单命令 "文件" / "另存为"，弹出 "图形另存为" 对话框，在该对话框的 "文件名" 文本框中输入新文件名。该文件默认类型为 ".dwg"，用户若想更改文件类型，可在 "文件类型" 下拉列表中选择其他类型。

1.5.2　切换工作空间

工作空间是 AutoCAD 用户界面中包含的工具栏、面板及选项板等元素的组合。当用户绘制二维或三维图形时，就切换到相应的工作空间，此时，AutoCAD 仅显示与绘图任务密切相关的工具栏及面板等，而隐藏一些不必要的界面元素。

AutoCAD 提供的默认的工作空间有以下 3 个。

● 二维草图与注释。

● 三维建模。

● AutoCAD 经典。

用户可以修改已定义的工作空间，也可根据绘图需要创建新的工作空间。

【练习 1-2】　修改及创建工作空间。

（1）利用默认的样板文件 "acadiso.dwt" 创建新图形。

（2）打开 "工作空间" 工具栏中的下拉列表，选择 "二维草图与注释" 选项，进入 "二维草图与注释" 工作空间，如图 1-22 所示。该空间包含 "工作空间" 工具栏、"标准注释" 工具栏及二维绘图 "面板"。"面板" 中包含了二维绘图常用的命令按钮，选取菜单命令 "工具" / "选项板" / "面板" 就可打开或关闭该面板。

（3）将鼠标光标放在任一工具栏上，单击鼠标右键，弹出快捷菜单，选择 "绘图" 及 "修改" 选项，打开 "绘图" 及 "修改" 工具栏。

（4）打开 "工作空间" 工具栏中的下拉列表，选择 "将当前工作空间另存为" 选项，弹出

"保存工作空间"对话框，如图 1-23 所示。该对话框"名称"下拉列表中列出了已有的工作空间，选择其中之一或是直接在列表中输入新的工作空间名称，单击 保存 按钮即可将当前工作空间保存。

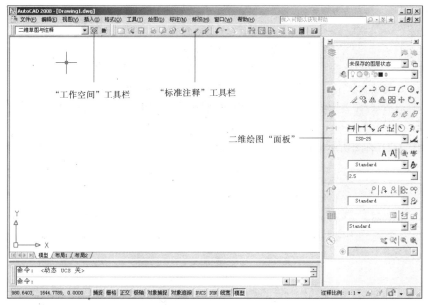

图 1-22　　"二维草图与注释"工作空间

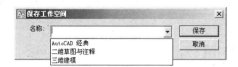

图 1-23　　"保存工作空间"对话框

1.5.3　调用命令

启动 AutoCAD 命令的方法一般有两种：一种是在命令行中输入命令全称或简称，另一种是用鼠标选择一个菜单命令或单击工具栏中的命令按钮。

1．使用键盘发出命令

在命令行中输入命令全称或简称就可以使系统执行相应的命令。

一个典型的命令执行过程如下：

命令: circle　　　　　　　　　　　　　　　　　　//输入命令全称 circle 或简称 c，按 Enter 键
指定圆的圆心或 [三点(3P)/两点(2P)/相切、相切、半径(T)]:90,100
　　　　　　　　　　　　　　　　　　　　　　　　//输入圆心的 x、y 坐标，按 Enter 键
指定圆的半径或 [直径(D)] <50.7720>: 70　　　　//输入圆半径，按 Enter 键

（1）方括弧"[ ]"中以"/"隔开的内容表示各个选项。若要选择某个选项，则需输入圆括号中的字母，可以是大写形式，也可以是小写形式。例如，想通过三点画圆，就输入"3P"。

（2）尖括号"<>"中的内容是当前默认值。

AutoCAD 中的命令执行过程是交互式的。用户输入命令后必须按 Enter 键确认，系统才执行该命令。在执行命令的过程中，系统有时要等待用户输入必要的绘图参数，如输入命令选项、点

的坐标或其他几何数据等，输入完成后也要按 Enter 键，系统才能继续执行下一步操作。

　　当使用某一命令时按 F1 键，系统将显示该命令的帮助信息。

2．利用鼠标发出命令

　　用鼠标选择一个菜单命令或单击工具栏上的命令按钮，系统即可执行相应的命令。用 AutoCAD 绘图时，用户多数情况下是通过鼠标发出命令的。鼠标各按键的作用如下。

　　● 左键：拾取键，用于单击工具栏上的按钮及选取菜单选项以发出命令，也可在绘图过程中指定点和选择图形对象等。

　　● 右键：一般作为回车键，命令执行完成后，常单击右键来结束命令。在有些情况下，单击右键将弹出快捷菜单，该菜单上有"确认"选项。

　　● 滚轮：转动滚轮将放大或缩小图形，默认情况下，缩放增量为 10％。按住滚轮并拖动鼠标光标，则平移图形。

1.5.4　选择对象的常用方法

　　用户在使用编辑命令时，选择的多个对象将构成一个选择集。系统提供了多种构造选择集的方法。默认情况下，用户可以逐个地拾取对象或是利用矩形、交叉窗口一次选取多个对象。

1．用矩形窗口选择对象

　　当系统提示选择要编辑的对象时，用户在图形元素的左上角或左下角单击一点，然后向右拖动鼠标光标，AutoCAD 显示一个实线矩形窗口，让此窗口完全包含要编辑的图形实体，再单击一点，则矩形窗口中的所有对象（不包括与矩形边相交的对象）被选中，被选中的对象将显示为虚线。

　　下面通过 ERASE 命令来演示这种选择方法。

【练习 1-3】　用矩形窗口选择对象。

　　打开素材文件 "\dwg\第 01 章\1-3.dwg"，如图 1-24 左图所示。用 ERASE 命令将左图修改为如图 1-24 右图所示的图形。

```
命令:_erase
选择对象:                    //在A点处单击一点，如图 1-24 左图所示
指定对角点: 找到 6 个         //在B点处单击一点
选择对象:                    //按 Enter 键结束
```

结果如图 1-24 右图所示。

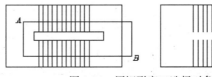

图 1-24　用矩形窗口选择对象

　　当 HIGHLIGHT 系统变量处于打开状态时（等于 1），系统才以高亮度形式显示被选择的对象。

2. 用交叉窗口选择对象

当 AutoCAD 提示"选择对象"时，在要编辑的图形元素右上角或右下角单击一点，然后向左拖动鼠标光标，此时出现一个虚线矩形框，使该矩形框包含被编辑对象的一部分，而让其余部分与矩形框边相交，再单击一点，则框内的对象和与框边相交的对象全部被选中。

下面通过 ERASE 命令来演示这种选择方法。

【练习 1-4】 用交叉窗口选择对象。

打开素材文件"\dwg\第 01 章\1-4.dwg"，如图 1-25 左图所示。用 ERASE 命令将左图修改为如图 1-25 右图所示的图形。

```
命令: _erase
选择对象:                          //在 C 点处单击一点，如图 1-25 左图所示
指定对角点: 找到 31 个             //在 D 点处单击一点
选择对象:                          //按 Enter 键结束
```

结果如图 1-25 右图所示。

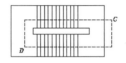

图 1-25　用交叉窗口选择对象

3. 给选择集添加或删除对象

编辑过程中，用户构造选择集常常不能一次完成，需向选择集中添加或从选择集中删除对象。在添加对象时，可直接选择或利用矩形窗口、交叉窗口选择要加入的图形元素。若要删除对象，可先按住 Shift 键，再从选择集中选择要清除的多个图形元素。

下面通过 ERASE 命令来演示修改选择集的方法。

【练习 1-5】 修改选择集。

打开素材文件"\dwg\第 01 章\1-5.dwg"，如图 1-26 左图所示。用 ERASE 命令将图 1-26 左图修改为如图 1-26 右图所示的图形。

```
命令: _erase
选择对象: 指定对角点: 找到 25 个    //在 A 点处单击一点，如图 1-26 左图所示
选择对象: 找到 1 个，删除 1 个      //在 B 点处单击一点
选择对象: 找到 1 个，删除 1 个      //按住 Shift 键，选择线段 C，该线段从选择集中去除
选择对象: 找到 1 个，删除 1 个      //按住 Shift 键，选取线段 D，该线段从选择集中去除
选择对象:                          //按住 Shift 键，选取线段 E，该线段从选择集中去除
                                   //按 Enter 键结束
```

结果如图 1-26 右图所示。

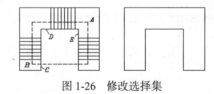

图 1-26　修改选择集

1.5.5　删除对象

ERASE 命令用来删除图形对象，该命令没有任何选项。要删除一个对象，可以用鼠标先选择

该对象，然后单击"修改"工具栏上的 ✎ 按钮或输入 ERASE 命令（命令简称为 E）。也可先发出删除命令，再选择要删除的对象。

1.5.6　撤销和重复命令

发出某个命令后，用户可随时按 Esc 键终止该命令的执行。此时，系统又返回到命令行。

用户经常遇到这种情况，在图形区域内偶然选择了图形对象，该对象上出现了一些高亮的小框，这些小框被称为"关键点"，可用于编辑对象（在第 3 章中将详细介绍），要取消这些关键点，按 Esc 键即可。

在绘图过程中，用户会经常重复使用某个命令，重复刚使用过的命令的方法是直接按 Enter 键。

1.5.7　取消已执行的操作

在使用 AutoCAD 绘图的过程中，不可避免地会出现各种各样的错误，用户要取消已执行的错误操作，可使用 UNDO 命令或单击"标准注释"工具栏上的 ⟲ 按钮。如果想要取消前面执行的多个操作，可多次使用 UNDO 命令或多次单击 ⟲ 按钮。此外，也可打开"标准注释"工具栏上的"放弃"下拉列表（单击 ⟲ 按钮右边的 ▾ 按钮），从中选择要放弃的几个操作。

当取消一个或多个操作后，若又想恢复原来的效果，可使用 MREDO 命令或单击"标准注释"工具栏上的 ⟳ 按钮。此外，也可打开"标准注释"工具栏上的"重做"下拉列表（单击 ⟳ 按钮右边的 ▾ 按钮），从中选择要恢复的几个操作。

1.5.8　快速缩放及移动图形

AutoCAD 的图形缩放及移动功能是很完备的，使用起来也很方便。绘图时经常通过"标准"工具栏或二维绘图"面板"上的 ⚲、✋ 按钮来实现这两项功能。

1. 通过 ⚲ 按钮缩放图形

单击 ⚲ 按钮，AutoCAD 进入实时缩放状态，鼠标光标变成放大镜形状 ⚲⁺，此时按住鼠标左键并向上拖动鼠标，即可放大视图，向下拖动鼠标即可缩小视图。要退出实时缩放状态，可按 Esc 键或 Enter 键，或单击鼠标右键打开快捷菜单，从中选择"退出"选项。

2. 通过 ✋ 按钮平移图形

单击 ✋ 按钮，AutoCAD 进入实时平移状态，鼠标光标变成手的形状 ✋，此时按住鼠标左键并拖动鼠标光标，就可以平移视图。要退出实时平移状态，可按 Esc 键或 Enter 键，或单击鼠标右键打开快捷菜单，从中选择"退出"选项。

1.5.9　利用矩形窗口放大视图及返回上一次的显示

在绘图过程中，用户经常要将图形的局部区域放大，以方便绘图。绘制完成后又要返回上一次的显示状态，以观察图形的整体效果。利用"标准"工具栏或二维绘图"面板"上的 ⚲、⚲（"面板"上为 ⟲）按钮可实现这两项功能。

1. 通过 ⚲ 按钮放大局部区域

单击 ⚲ 按钮，AutoCAD 提示"指定第一个角点:"，拾取 A 点，再根据 AutoCAD 的提示拾取 B 点，如图 1-27 左图所示。矩形框 AB 是设定的放大区域，其中心是新的显示中心，系统将尽可能地将该矩形内的图形放大以充满整个程序窗口，图 1-27 右图显示了放大后的效果。

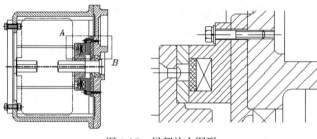

图 1-27　局部放大图形

2. 通过 ⬚ 按钮返回上一次的显示

单击 ⬚ 按钮，AutoCAD 将显示上一次的视图。若用户连续单击此按钮，则系统将恢复前几次显示过的图形（最多 10 次）。绘图时，常利用此项功能返回到原来的某个视图。

1.5.10　将图形全部显示在窗口中

绘图过程中有时需将图形全部显示在程序窗口中。要实现这个目标，可选取菜单命令"视图" / "缩放" / "范围"，或单击"标准"工具栏上的 ⬚ 按钮（该按钮嵌套在 ⬚ 按钮中）。

1.5.11　设置绘图区域的大小

AutoCAD 的绘图空间是无限大的，但用户可以设置绘图区域的大小。事先设置绘图区域的大小将有助于用户了解图形分布的范围。当然，也可在绘图过程中随时缩放（使用 ⬚ 按钮）图形以控制其在绘图区域中显示的效果。

设置绘图区域大小有以下两种方法。

● 将一个圆充满整个程序窗口显示出来，依据圆的尺寸就能轻易地估算出当前绘图区域的大小了。

【练习 1-6】　设置绘图区域的大小。

（1）单击程序窗口右边"面板"上的 ⬚ 按钮，AutoCAD 提示如下：

命令：_circle 指定圆的圆心或 [三点(3P)/两点(2P)/相切、相切、半径(T)]：

　　　　　　　　　　　　　　　　//在屏幕的适当位置单击一点

指定圆的半径或 [直径(D)]：50　　　　　//输入圆半径

（2）选取菜单命令"视图" / "缩放" / "范围"，或单击"标准"工具栏上的 ⬚ 按钮，则一个直径为 100 的圆将充满整个绘图窗口，如图 1-28 所示。

● 用 LIMITS 命令设置绘图区域的大小。该命令可以改变栅格的长宽尺寸及位置。所谓栅格是点在矩形区域中按行、列形式分布形成的图案。当栅格在程序窗口中显示出来后，用户就可根据栅格分布的范围估算出当前绘图区域的大小了。

【练习 1-7】　用 LIMITS 命令设置绘图区域的大小。

（1）选取菜单命令"格式" / "图形界限"，AutoCAD 提示如下：

命令：'_limits

指定左下角点或 [开(ON)/关(OFF)] <0.0000,0.0000>：

　　　　//单击 A 点，如图 1-29 所示

指定右上角点 <420.0000,297.0000>：@300,200

　　　　//输入 B 点相对于 A 点的坐标，按 Enter 键（在 2.1.1 小节中将介绍相对坐标）

（2）选取菜单命令"视图" / "缩放" / "范围"，或单击"标准"工具栏上的 ⬚ 按钮，则当前绘图窗口长宽尺寸近似为 300×200。

（3）将鼠标光标移动到程序窗口下方的 栅格 按钮上，单击鼠标右键，选择"设置"选项，打开"草图设置"对话框，取消对"显示超出界线的栅格"复选项的选取。

（4）关闭"草图设置"对话框，单击 栅格 按钮，打开栅格显示，该栅格的长宽尺寸显示为 300×200，如图 1-29 所示。

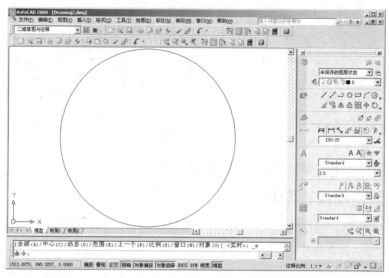

图 1-28　依据圆的尺寸设置绘图区域的大小

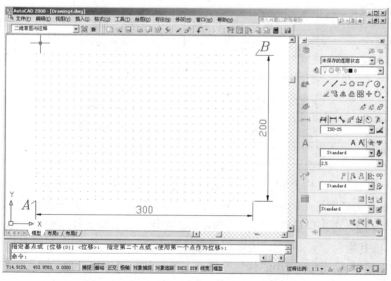

图 1-29　用 LIMITS 命令设置绘图区域的大小

1.6　图层、线型、线宽及颜色

可以将 AutoCAD 图层想象成透明胶片，用户把各种类型的图形元素画在这些胶片上，AutoCAD 将这些胶片叠加在一起显示出来，如图 1-30 所示。在图层 A 上绘制了挡板，图层 B 上绘制了支架，图层 C 上绘制了螺钉，最终显示结果是各层内容叠加后的效果。

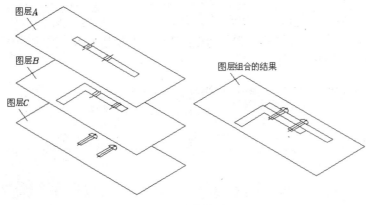

图 1-30　图层组合

本节介绍图层、线型、颜色及线宽的设置和图层状态的控制。

1.6.1　创建及设置图层

AutoCAD 的图形对象总是位于某个图层上。默认情况下，当前层是 0 层，此时所画图形对象在 0 层上。每个图层都有与其相关联的颜色、线型及线宽等属性信息，用户可以对这些信息进行设置或修改。

【练习 1-8】　创建以下图层并设置图层颜色、线型及线宽。

名　称	颜　色	线　型	线　宽
轮廓线层	白色	Continuous	0.5
中心线层	红色	Center	默认
虚线层	黄色	Dashed	默认
剖面线层	绿色	Continuous	默认
尺寸标注层	绿色	Continuous	默认
文字说明层	绿色	Continuous	默认

（1）单击"图层"工具栏上的 ▧ 按钮，打开"图层特性管理器"对话框，再单击 ▧ 按钮，列表框中显示出名称为"图层 1"的图层，直接输入"轮廓线层"，按 Enter 键结束。

（2）按 Enter 键，再次创建新图层。共创建 6 个图层，并分别为图层命名，结果如图 1-31 所示。图层"0"前有绿色"√"标记，表示该图层是当前层。

（3）指定图层颜色。选中"中心线层"图层，单击与所选图层关联的 ▧白色 图标，打开"选择颜色"对话框，从中选择红色，如图 1-32 所示。然后用同样的方法设置其他图层的颜色。

（4）给图层分配线型。默认情况下，图层线型是"Continuous"。选中"中心线层"图层，单击与所选图层关联的"Continuous"，打开"选择线型"对话框，如图 1-33 所示，在此对话框中用户可以选择一种线型或从线型库文件中加载更多线型。

（5）单击 加载(L)... 按钮，打开"加载或重载线型"对话框，如图 1-34 所示。选择线型"CENTER"及"DASHED"，再单击 确定 按钮，这些线型就被加载到系统中。当前线型库文件是"acadiso.lin"，单击 文件(F)... 按钮，可选择其他的线型库文件。

（6）返回"选择线型"对话框，选择"CENTER"，单击 确定 按钮，该线型就分配给"中心线层"。使用相同的方法将"DASHED"线型分配给"虚线层"。

（7）设置线宽。选中"轮廓线层"，单击与所选图层关联的 —— 默认 图标，打开"线宽"对话框，指定线宽为"0.50 毫米"，如图 1-35 所示。

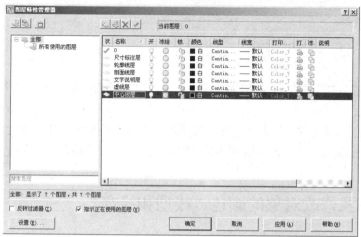

图 1-31　"图层特性管理器"对话框

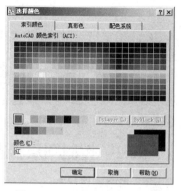

图 1-32　"选择颜色"对话框

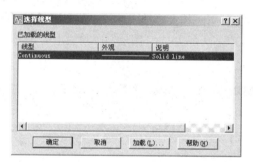

图 1-33　"选择线型"对话框

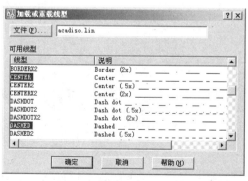

图 1-34　"加载或重载线型"对话框

图 1-35　"线宽"对话框

要点提示

如果要使图形对象的线宽在模型空间中显示得更宽或更窄一些，可以调整线宽比例。在状态栏的 线宽 按钮上单击鼠标右键，弹出快捷菜单，从中选择"设置"命令，打开"线宽设置"对话框，如图 1-36 所示，在"调整显示比例"区域中移动滑块可以改变显示比例值。

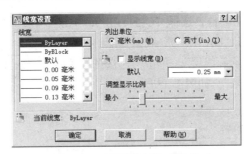

图 1-36　"线宽设置"对话框

（8）指定当前层。选中"轮廓线层"图层，单击 按钮，图层前出现绿色标记"√"，说明"轮廓线层"变为当前层。

（9）关闭"图层特性管理器"对话框，单击"绘图"工具栏上的 按钮，绘制任意几条直线，这些线条的颜色为绿色，线宽为 0.5mm。再设置"中心线层"或"虚线层"为当前层，绘制直线，观察效果。

1.6.2　控制图层状态及修改对象的颜色、线型和线宽

1．控制图层状态

每个图层都具有打开与关闭、冻结与解冻、锁定与解锁和打印与不打印等状态，通过改变图层状态，就能控制图层上对象的可见性及可编辑性等。用户可通过"图层特性管理器"对话框对图层状态进行控制，如图 1-37 所示。单击"图层"工具栏上的 按钮就可打开"图层特性管理器"对话框。

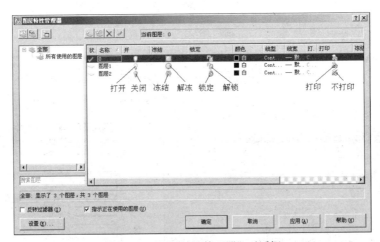

图 1-37　"图层特性管理器"对话框

对图层状态简要说明如下。

● 打开/关闭：单击 图标，将关闭或打开某一图层。打开的图层是可见的，关闭的图层则不可见，也不能被打印。当图形重新生成时，被关闭的层将一起被生成。

● 解冻/冻结：单击 图标，将冻结或解冻某一图层。解冻的图层是可见的，冻结的图层为不可见，也不能被打印。当重新生成图形时，系统不再重新生成冻结图层上的对象，因而冻结一些图层后，可以加快许多操作的速度。

● 解锁/锁定：单击 图标，将锁定或解锁图层。被锁定的图层是可见的，但图层上的对象

不能被编辑。可以将锁定的图层设置为当前层，并可以向它添加图形对象。

● 打印/不打印：单击 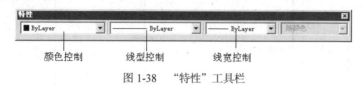 图标，就可设定图层是否打印。指定某个图层不打印后，该图层上的对象仍会显示出来。图层的不打印设置只对图样中的可见图层（图层是打开的并且是解冻的）有效。若图层设为可打印但该层是冻结的或关闭的，此时 AutoCAD 不会打印该图层。

2. 修改对象的颜色、线型和线宽

用户通过"特性"工具栏可以方便地修改或设置对象的颜色、线型和线宽等属性。默认情况下，该工具栏的"颜色控制"、"线型控制"和"线宽控制"等 3 个列表框中显示"ByLayer"，如图 1-38 所示。"ByLayer"的意思是所绘对象的颜色、线型和线宽等属性与当前层所设置的完全相同。

图 1-38　"特性"工具栏

要设置将要绘制的对象的颜色、线型及线宽等属性，可直接在"颜色控制"、"线型控制"和"线宽控制"下拉列表中选择相应的选项。

要修改已有对象的颜色、线型及线宽等属性，可先选择对象，然后在"颜色控制"、"线型控制"和"线宽控制"下拉列表中选择新的颜色、线型及线宽即可。

【练习 1-9】　控制图层状态、切换图层、修改对象所在的图层及改变对象的线型和线宽。

（1）打开素材文件"\dwg\第 01 章\1-9.dwg"。

（2）打开"图层"工具栏中的"图层控制"下拉列表，单击尺寸标注层前面的 图标，然后将鼠标光标移出下拉列表并单击一点，关闭图层，则该层上的对象变为不可见。

（3）打开"图层控制"下拉列表，单击轮廓线层前面的 图标，然后将鼠标光标移出下拉列表并单击一点，冻结图层，则该层上的对象变为不可见。

（4）选中所有黄色线条，则"图层控制"下拉列表中显示这些线条所在的图层——虚线层。在该列表中选择"中心线层"，操作结束后，列表框自动关闭，被选择对象转移到中心线层上。

（5）打开"图层控制"下拉列表，单击尺寸标注层前面的 图标，再单击轮廓线层前面的 图标，打开尺寸标注层及解冻轮廓线层，则两个图层上的对象变为可见。

（6）选中所有图形对象，打开"特性"工具栏上的"颜色控制"下拉列表，从中选择"蓝色"，则所有对象变为蓝色。

1.7　机械工程 CAD 制图的一般规定

机械工程 CAD 制图规则（国标）是计算机辅助绘图时必须遵循的规则，下面介绍其中的部分内容。

1.7.1　图纸幅面、标题栏及明细栏

绘制图样时，应优先选用表 1-2 中规定的幅面尺寸。无论图样是否装订，均应在图幅内绘制图框线，图框线采用粗实线。

表 1-2   图纸幅面尺寸

幅 面 代 号	A0	A1	A2	A3	A4
B×L	841×1189	594×841	420×594	294×420	210×297
e	20			10	
c	10			5	
a	25				

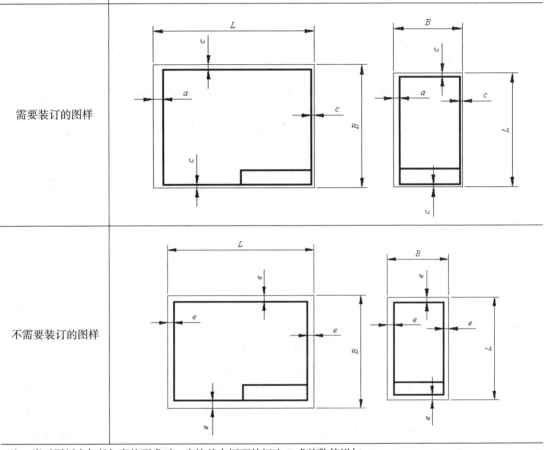

注：当对图纸有加长加宽的要求时，应按基本幅面的短边 B 成整数倍增加

在图框的右下角必须绘制标题栏，标题栏的外框是粗实线，内部的分栏用细实线绘制。标题栏中文字的方向是看图的方向。标题栏的格式和尺寸如图 1-39 所示。

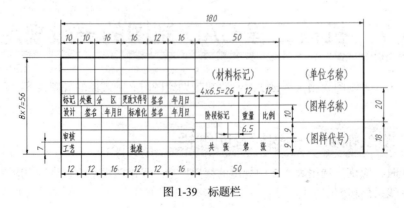

图 1-39 标题栏

明细栏一般配置在装配图中标题栏的上方，按由下而上的顺序填写，明细栏格式及尺寸如图 1-40 所示。当装配图中不能在标题栏的上方配置明细栏时，可作为装配图的续页按 A4 幅面单独给出，其顺序应是由上而下延伸，还可连续加页，但应在明细栏的下方配置标题栏，并在标题栏中填写与装配图相一致的名称和代号，如图 1-41 所示。

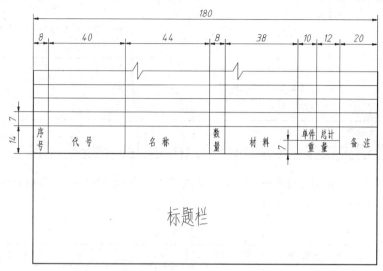

图 1-40　由下而上的顺序填写的明细栏

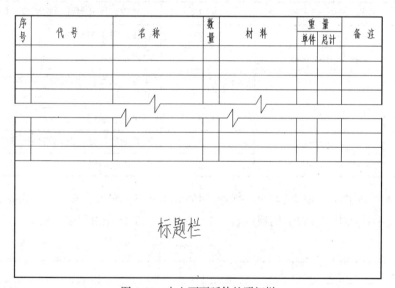

图 1-41　由上而下延伸的明细栏

1.7.2　标准绘图比例及使用 AutoCAD 绘图时采用的比例

绘图比例是指图样中机件要素的线性尺寸与实际机件相应要素的线性尺寸之比。手工绘图时，对于大而简单的机件可采用缩小比例的方法，对于小而复杂的机件可采用放大比例的方法。

使用 AutoCAD 绘图时采用 1∶1 比例，当打印图样时，才对图样进行缩放，所以打印时的打印比例等于手工绘图时的绘图比例。

机械制图国家标准规定的绘图比例如表 1-3 所示，应优先选用第一系列中的比例。

表 1-3　　　　　　　　　　　　　　　　　　　绘图比例

种　　类	比　　　例	
	第一系列	第二系列
原值比例	1 : 1	
缩小比例	1 : 2　1 : 5　1 : 10　1 : 1×10n 1 : 2×10n　　1 : 5×10n	1 : 1.5　1 : 2.5　1 : 3　1 : 4　1 : 6 1 : 1.5×10n　1 : 2.5×10n 1 : 3×10n　　1 : 4×10n　　1 : 6×10n
放大比例	2 : 1　5 : 1　1×10n : 1 2×10n : 1　5×10n : 1	2.5 : 1　4 : 1　2.5×10n : 1 4×10n : 1

注：n 为正整数

1.7.3　图线规定以及 AutoCAD 中的图线和线型比例

机械图样中的图形是用各种不同型式的图线画成的，不同的图线在图样中表示不同的含义。图线的线型、宽度及应用如表 1-4 所示。

表 1-4　　　　　　　　　　　　　　　　　图线的线型及应用

图 线 名 称	图线的线型	线　宽	一　般　应　用
粗实线	——————	$d(0.5 \sim 2\text{mm})$	可见轮廓线、相贯线、螺纹牙顶线
细实线	——————	$d/2$	尺寸线、尺寸界线、指引线、剖面线
细点划线	— · — · — · —	$d/2$	轴线、对称中心线
粗点划线	— · — · — · —	d	限定范围表示线
细双点划线	— ·· — ·· — ·· —	$d/2$	相邻辅助零件的轮廓线、可动零件的极限位置的轮廓线
细虚线	- - - - - - - -	$d/2$	不可见轮廓线
波浪线	～～～	$d/2$	断裂处边界线、视图与剖视图的分界线
双折线	—／\—	$d/2$	断裂处边界线

图线分为粗、细两种，粗线的宽度 d 应按图的大小和复杂程度，在 0.5 ~ 2mm 之间选择。机械工程 CAD 制图规则中对线宽值的规定如表 1-5 所示，一般优先采用第 4 组。

表 1-5　　　　　　　　　　　　　　　　　　图线线宽

组别	1	2	3	4	5	一般用途
线宽(mm)	2.0	1.4	1.0	0.7	0.5	粗实线、粗点划线
	1.0	0.7	0.5	0.35	0.25	细实线、波浪线、双折线、虚线、细点划线、双点划线

在 AutoCAD 中，各种图线的颜色及采用的线型如表 1-6 所示，同一类型的图线应采用同样的颜色。

表 1-6　　　　　　　　　　　　　　　　　图线的颜色

图 线 名 称	线　　型	颜　　色
粗实线	Continuous	白色

续表

图 线 名 称	线 型	颜 色
细实线	Continuous	绿色
波浪线	Continuous	
双折线	Continuous	
虚线	Dashed	黄色
细点划线	Center	红色
粗点划线	Center	棕色
双点划线	Phantom	粉红色

　　点划线、虚线中的短划线及空格大小可通过线型全局比例因子调整，增加该比例因子，短划线及空格尺寸就会增加。

　　短划线及空格显示在图形窗口中的尺寸与打印在图纸上的尺寸一般是不同的，除非绘图比例（即打印比例）为 1：1。若按 1：2 比例出图，则短划线及空格的长度为图形窗口中长度的二分之一。因此，要保证非连续线按图形窗口中的真实尺寸打印，应将线型全局比例因子放大一倍，即等于绘图比例的倒数。

　　打开"特性"工具栏上的"线型控制"下拉列表，从中选择"其他"选项，打开"线型管理器"对话框，再单击 显示细节⑩ 按钮，则该对话框底部显示"详细信息"区域，如图 1-42 所示。在该区域的"全局比例因子"文本框中设置线型全局比例因子。

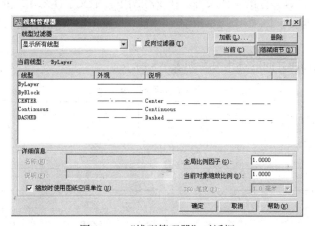

图 1-42　"线型管理器"对话框

1.7.4　CAD 工程图的图层管理

图样中的各种线型在计算机中的分层管理如表 1-7 所示。

表 1-7　　　　　　　　　　　　　　　　图层的设置

图 层 名	描 述	线 型	颜 色	线 宽
01 粗实线	粗实线，剖切面的粗剖切线	Continuous	白色	0.7
02 细实线	细实线，细波浪线，细折断线	Continuous	绿色	0.35
03 粗虚线	粗虚线	Dashed	黄色	0.7

续表

图 层 名	描 述	线 型	颜 色	线 宽
04 细虚线	细虚线	Dashed	黄色	0.35
05 细点划线	细点划线	Center	红色	0.35
06 粗点划线	粗点划线	Center	棕色	0.7
07 细双点划线	细双点划线	Phantom	粉红色	0.35
08 尺寸线	尺寸标注，投影连线，尺寸终端与符号细实线	Continuous	绿色	0.35
09 辅助	参考圆，包括引出线和终端（如箭头）	Continuous	绿色	0.35
10 剖面符号	剖面符号	Continuous	绿色	0.35
11 细文本	文本（细实线）	Continuous	绿色	0.35

1.7.5　国标字体及 AutoCAD 中的字体

国家标准对图样中的汉字、字母及阿拉伯数字的形式作了规定。字体的字号规定了 8 种：20、14、10、7、5、3.5、2.5 和 1.8。字体的号数即是字体高度，如 5 号字，其字高为 5mm。字体的宽度一般是字体高度的 2/3 左右。

- 汉字应写成长仿宋体字，汉字的高度不应小于 3.5mm。
- 字母和数字分斜体和直体两种。斜体字的字头向右倾斜，与水平线成 75°。图样上一般采用斜体字。

AutoCAD 提供了符合国标的字体文件。在工程图中，中文字体采用 "gbcbig.shx"，该字体文件包含了长仿宋字。西文字体采用 "gbeitc.shx" 或 "gbenor.shx"，前者是斜体西文，后者是直体西文。

字体高度与图纸幅面之间的选用关系如表 1-8 所示。

表 1-8　　　　　　　　　选用的字体高度

字高 ＼ 图幅	A0	A1	A2	A3	A4
字母与数字			3.5		
汉字			5		

1.8　小　　结

本章主要介绍了 AutoCAD 2008 的工作界面、多文档环境、图形文件管理及如何发出/撤销命令等基本操作。

AutoCAD 工作界面主要由标题栏、绘图窗口、下拉菜单、工具栏、面板、状态栏和命令提示窗口等 7 部分组成。进行工程设计时，用户通过工具栏、下拉菜单或命令提示窗口发出命令，在绘图区中画出图形。而状态栏则显示作图过程中的各种信息，并提供给用户各种辅助绘图工具。因此，用户要想顺利地完成设计任务，较完整地了解 AutoCAD 2008 界面各部分的功能是非常必要的。

AutoCAD 2008 可以通过 "图层特性管理器" 对话框创建图层、控制图层状态及设置对象的颜色和线型等。

　　在使用 AutoCAD 2008 绘制机械工程图时，在图纸幅面、绘图比例以及图层管理等方面要遵循机械工程 CAD 制图规则。

1.9　习　　题

1. 启动 AutoCAD 2008，将用户界面布置成如图 1-43 所示的形式。

图 1-43　布置用户界面

2. 本练习的内容包括创建及存储图形文件、熟悉 AutoCAD 命令执行过程和快速查看图形等。

（1）利用 AutoCAD 提供的样板文件"Acad.dwt"创建新文件。

（2）进入"AutoCAD 经典"工作空间，用 LIMITS 命令将绘图区域的大小设置为 10000×8000。

（3）单击状态栏上的 栅格 按钮，再单击"标准"工具栏上的 按钮，使栅格充满整个绘图窗口。

（4）单击"绘图"工具栏上的 按钮，AutoCAD 提示如下：

命令：_circle 指定圆的圆心或 [三点(3P)/两点(2P)/相切、相切、半径(T)]：

　　　　　　　　　　　　　　　　　//在屏幕上单击一点

指定圆的半径或 [直径(D)] <30.0000>：50　　　//输入圆半径

命令：　　　　　　　　　　　　　//按 Enter 键重复上一个命令

CIRCLE 指定圆的圆心或 [三点(3P)/两点(2P)/相切、相切、半径(T)]：

　　　　　　　　　　　　　　　　　//在屏幕上单击一点

指定圆的半径或 [直径(D)] <50.0000>：100　　//输入圆半径

命令：　　　　　　　　　　　　　//按 Enter 键重复上一个命令

CIRCLE 指定圆的圆心或 [三点(3P)/两点(2P)/相切、相切、半径(T)]：*取消*

　　　　　　　　　　　　　　　　　//按 Esc 键取消命令

（5）单击"标准"工具栏上的 按钮，使圆充满整个绘图窗口。

（6）利用"标准注释"工具栏上的 和 按钮分别移动和缩放图形。

（7）以文件名"User-1.dwg"保存图形。

3. 本练习的内容包括创建图层、控制图层状态、将图形对象修改到其他图层及改变对象的颜色及线型。

（1）打开素材文件 "\dwg\第 01 章\1-10.dwg"。

（2）创建以下图层。

名 称	颜 色	线 型	线 宽
轮廓线	白色	Continuous	0.70
中心线	红色	Center	0.35
尺寸线	绿色	Continuous	0.35
剖面线	绿色	Continuous	0.35
文本	绿色	Continuous	0.35

（3）将图形的轮廓线、对称轴线、尺寸标注、剖面线及文字等分别修改到"轮廓线"层、"中心线"层、"尺寸线"层、"剖面线"层及"文本"层上。

（4）通过"特性"工具栏上的"颜色控制"下拉列表把尺寸标注及对称轴线修改为蓝色。

（5）利用"特性"工具栏上的"线宽控制"下拉列表将轮廓线的线宽修改为 0.5。

（6）通过"特性"工具栏上的"线型控制"下拉列表将轮廓线的线型修改为 Dashed。

（7）关闭或冻结"尺寸线"层。

第2章
平面绘图基本训练（一）

通过本章的学习，读者可以掌握绘制线段、圆、多边形等基本几何图形及复制、阵列和镜像对象的方法，并能够灵活运用相应命令绘制简单图形。

2.1　绘制直线、切线及平行线

本节介绍如何绘制线段、斜线、切线及平行线，并讲解调整线条长度的方法。

2.1.1　利用点坐标、正交模式及对象捕捉功能绘制线段及切线

LINE 命令可在二维或三维空间中创建线段，发出命令后，用户通过鼠标光标指定线段的端点或利用键盘输入端点坐标，AutoCAD 就将这些点连接成线段。此外，还可利用对象捕捉、极轴追踪等工具快速精确地画线。

1. 输入点的坐标画线

常用的点坐标形式如下。

● 绝对或相对直角坐标。绝对直角坐标的输入格式为"x,y"，相对直角坐标的输入格式为"$@x,y$"。x 表示点的 x 坐标值，y 表示点的 y 坐标值。两坐标值之间用","分隔开。例如：（-60,30）、（40,70）分别表示图 2-1 中的 A 点和 B 点。

● 绝对或相对极坐标。绝对极坐标输入格式为"$R<\alpha$"，相对极坐标的输入格式为"$@R<\alpha$"。R 表示点到原点的距离，α 表示极轴方向与 x 轴正向间的夹角。若从 x 轴正向逆时针旋转到极轴方向，则 α 角为正，否则 α 角为负。例如：（70<120）、（50<-30）分别表示图 2-1 中的 C 点和 D 点。

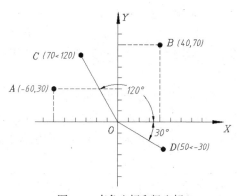

图 2-1　直角坐标和极坐标

【**练习 2-1**】　图形左下角点的绝对坐标及图形尺寸如图 2-2 所示，下面用 LINE 命令绘制此图形。

请读者先观看素材文件"\avi\第 02 章\2-1.avi"，然后按照以下操作步骤练习。

（1）设置绘图区域大小为 80×80，该区域左下角点的坐标为（190,150），右上角点的相对坐标为（@80,80）。单击"标准"工具栏上的 按钮，使绘图区域充满整个绘图窗口。

（2）单击"绘图"工具栏上的 ✏ 按钮或输入命令代号 LINE，启动画线命令。

命令: _line 指定第一点: 200,160   //输入 A 点的绝对直角坐标，如图 2-3 所示

指定下一点或 [放弃(U)]: @66,0   //输入 B 点的相对直角坐标

指定下一点或 [放弃(U)]: @0,48   //输入 C 点的相对直角坐标

指定下一点或 [闭合(C)/放弃(U)]: @-40,0   //输入 D 点的相对直角坐标

指定下一点或 [闭合(C)/放弃(U)]: @0,-8   //输入 E 点的相对直角坐标

指定下一点或 [闭合(C)/放弃(U)]: @-17,0   //输入 F 点的相对直角坐标

指定下一点或 [闭合(C)/放弃(U)]: @-9,-25 //输入 G 点的相对直角坐标

指定下一点或 [闭合(C)/放弃(U)]: c   //使线框闭合

结果如图 2-3 所示。

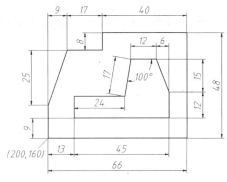

图 2-2 用 LINE 命令绘制图形

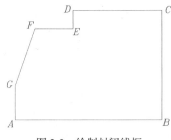

图 2-3 绘制封闭线框

（3）请读者绘制图形的其余部分。

LINE 命令的常用选项如下。

● 放弃(U)：在"指定下一点"提示下输入字母 U，将删除上一条线段，多次输入 U，则会删除多条线段，该选项可以及时纠正绘图过程中的错误。

● 闭合(C)：在"指定下一点"提示下输入字母 C，AutoCAD 将使连续折线自动封闭。

2. 利用正交模式辅助画线

单击状态栏上的 正交 按钮，打开正交模式。在正交模式下鼠标光标只能沿水平或竖直方向移动。画线时若同时打开该模式，则只需输入线段的长度值，AutoCAD 就自动绘制出水平或竖直线段。

3. 使用对象捕捉功能精确画线

用 LINE 命令绘制线的过程中，可启动对象捕捉功能以拾取一些特殊的几何点，如端点、圆心及切点等。"对象捕捉"工具栏中包含了各种对象捕捉工具，其功能及命令代号如表 2-1 所示。

表 2-1   对象捕捉工具及代号

捕捉按钮	代号	功能
	FROM	正交偏移捕捉。先指定基点，再输入相对坐标确定新点
	END	捕捉端点
	MID	捕捉中点
	INT	捕捉交点
	EXT	捕捉延伸点。从线段端点开始沿线段方向捕捉一点
	CEN	捕捉圆、圆弧、椭圆的中心

续表

捕捉按钮	代　号	功　　能
◇	QUA	捕捉圆、椭圆的 0°、90°、180° 或 270° 处的点——象限点
○	TAN	捕捉切点
⊥	PER	捕捉垂足
∥	PAR	平行捕捉。先指定线段起点，再利用平行捕捉绘制平行线
无	M2P	捕捉两点间连线的中点

【练习 2-2】　打开素材文件"\dwg\第 02 章\2-2.dwg"，如图 2-4 左图所示，使用 LINE 命令将左图修改为右图。本题练习对象捕捉的运用。

请读者先观看素材文件"\dwg\第 02 章\2-2.avi"，然后按照以下操作步骤练习。

（1）单击状态栏上的 对象捕捉 按钮，打开自动捕捉方式。在此按钮上单击鼠标右键，选择"设置"选项，打开"草图设置"对话框，在该对话框的"对象捕捉"选项卡中设置自动捕捉类型为"端点"、"中点"及"交点"，如图 2-5 所示。

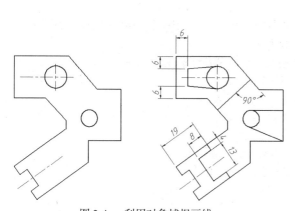

图 2-4　利用对象捕捉画线

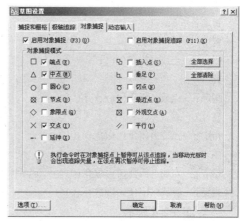

图 2-5　"草图设置"对话框

（2）绘制线段 *BC*、*EF* 等，*B*、*E* 两点的位置用正交偏移捕捉确定，如图 2-6 所示。

命令：_line 指定第一点：from //输入正交偏移捕捉代号"FROM"，按 Enter 键

基点：　　　　　　//将鼠标光标移动到 *A* 点处，AutoCAD 自动捕捉该点，单击左键确认

<偏移>：@6,-6　　　　　　　　　　　　//输入 *B* 点的相对坐标

指定下一点或 [放弃(U)]：tan 到　　　　　//输入切点代号"TAN"并按 Enter 键，捕捉切点 *C*

指定下一点或 [放弃(U)]：　　　　　　　//按 Enter 键结束

命令：　　　　　　　　　　　　　　　//重复命令

LINE 指定第一点：from　　　　　　　　//使用正交偏移捕捉

基点：　　　　　　//将鼠标光标移动到 *D* 点处，AutoCAD 自动捕捉该点，单击左键确认

<偏移>：@6,6　　　　　　　　　　　　//输入 *E* 点的相对坐标

指定下一点或 [放弃(U)]：tan 到　　　　　//输入切点代号"TAN"并按 Enter 键，捕捉切点 *F*

指定下一点或 [放弃(U)]：　　　　　　　//按 Enter 键结束

命令：　　　　　　　　　　　　　　　//重复命令

LINE 指定第一点：　　　　　　　　　　//自动捕捉端点 *B*

指定下一点或 [放弃(U)]：　　　　　　　//自动捕捉端点 *E*

指定下一点或 [放弃(U)]:   //按 Enter 键结束

（3）绘制线段 *GH*、*IJ* 等，如图 2-6 所示。

命令：_line 指定第一点：   //自动捕捉中点 *G*

指定下一点或 [放弃(U)]: per 到   //输入垂足代号捕捉垂足 *H*

指定下一点或 [放弃(U)]:   //按 Enter 键结束

命令：   //重复命令

LINE 指定第一点：qua 于   //输入象限点代号捕捉象限点 *I*

指定下一点或 [放弃(U)]: per 到   //输入垂足代号捕捉垂足 *J*

指定下一点或 [放弃(U)]:   //按 Enter 键结束

命令：   //重复命令

LINE 指定第一点：   //自动捕捉端点 *K*

指定下一点或 [放弃(U)]: tan 到   //输入切点代号捕捉切点 *L*

指定下一点或 [放弃(U)]:   //按 Enter 键结束

（4）绘制线段 *NO*、*OP* 等，如图 2-6 所示。

命令：_line 指定第一点:ext//输入延伸点代号 "EXT" 并按 Enter 键

于 19   //从 *M* 点开始沿线段进行追踪，输入 *N* 点与 *M* 点的距离

指定下一点或 [放弃(U)]:par   //输入平行偏移捕捉代号 "PAR" 并按 Enter 键

到 4   //将鼠标光标从线段 *MT* 处移动到 *NO* 处，再输入 *NO* 线段的长度

指定下一点或 [放弃(U)]: par   //使用平行捕捉

到 8   //输入 *P* 点与 *O* 点的距离

指定下一点或 [闭合(C)/放弃(U)]: par   //使用平行捕捉

到 13   //输入 *Q* 点与 *P* 点的距离

指定下一点或 [闭合(C)/放弃(U)]: par   //使用平行捕捉

到 8   //输入 *R* 点与 *Q* 点的距离

指定下一点或 [闭合(C)/放弃(U)]: per 到 //输入垂足代号捕捉垂足 *S*

指定下一点或 [闭合(C)/放弃(U)]:   //按 Enter 键结束

结果如图 2-6 所示。

调用对象捕捉功能的方法有以下 3 种。

（1）绘图过程中，当 AutoCAD 提示输入一个点时，用户可单击对象捕捉按钮或输入捕捉命令代号来启动对象捕捉功能。然后将鼠标光标移动到要捕捉的特征点附近，AutoCAD 即可自动捕捉该点。

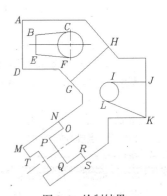

（2）利用快捷菜单。发出 AutoCAD 命令后，按下 Shift 键并单击鼠标右键，弹出快捷菜单，通过此菜单，用户可选择捕捉何种类型的点。

（3）上述两种捕捉方式仅对当前操作有效，命令结束后，捕捉模式自动关闭，这种捕捉方式称为覆盖捕捉方式。除此之外，用户可以采用自动捕捉方式来定位点，单击状态栏上的 对象捕捉 按钮，就可打开这种方式。

图 2-6 绘制结果

2.1.2 结合对象捕捉、极轴追踪及自动追踪功能绘制线

首先简要说明 AutoCAD 极轴追踪及自动追踪功能，然后通过练习掌握其使用方法。

1. 极轴追踪

打开极轴追踪功能并启动 LINE 命令后，鼠标光标就沿用户设定的极轴方向移动，AutoCAD 在该方向上显示一条追踪辅助线及光标点的极坐标值，如图 2-7 所示。输入线段的长度，按 Enter 键，即可绘制出指定长度的线段。

2. 自动追踪

自动追踪是指 AutoCAD 从一点开始自动沿某一方向进行追踪，追踪方向上将显示一条追踪辅助线及光标点的极坐标值。输入追踪距离，然后按 Enter 键，即可确定新的点。在使用自动追踪功能时，必须打开对象捕捉功能。AutoCAD 首先捕捉一个几何点作为追踪参考点，然后沿水平、竖直方向或设定的极轴方向进行追踪，如图 2-8 所示。

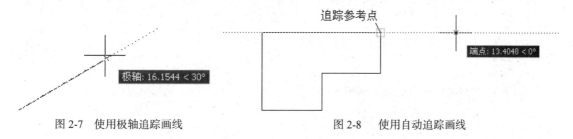

图 2-7 使用极轴追踪画线　　　　图 2-8 使用自动追踪画线

【练习 2-3】 打开素材文件"\dwg\第 02 章\2-3.dwg"，如图 2-9 左图所示。用 LINE 命令并结合极轴追踪、对象捕捉及自动追踪功能将左图修改为右图。

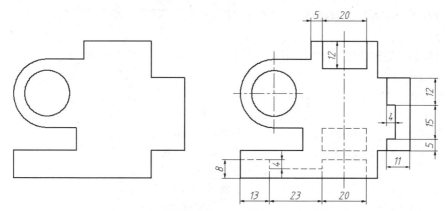

图 2-9 结合极轴追踪、对象捕捉及自动追踪画线

请读者先观看素材文件"\avi\第 02 章\2-3.avi"，然后按照以下操作步骤练习。

（1）创建以下 3 个图层。

名　称	颜　色	线　型	线　宽
轮廓线层	白色	Continuous	0.5
虚线层	红色	Dashed	默认
中心线层	蓝色	Center	默认

（2）通过"特性"工具栏中的"线型控制"下拉列表，打开"线型管理器"对话框，在此对话框中设置线型全局比例因子为"0.2"。

（3）用鼠标右键单击状态栏上的对象捕捉按钮，选择"设置"选项，打开"草图设置"对话框，在此对话框的"对象捕捉"选项卡中设置捕捉点的类型，如图 2-10 所示。

（4）进入"极轴追踪"选项卡，在该选项卡的"增量角"下拉列表中设定极轴角增量为 90°，如图 2-11 所示。此后若用户打开极轴追踪绘制线，则鼠标光标将自动沿 0°、90°、180°、270°方向进行追踪，再输入线段长度值，AutoCAD 就在该方向上绘制线段。单击 确定 按钮，关闭"草图设置"对话框。

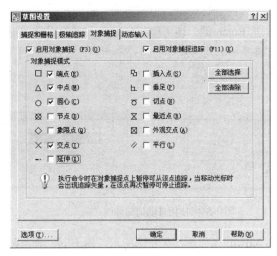

图 2-10   "对象捕捉"选项卡

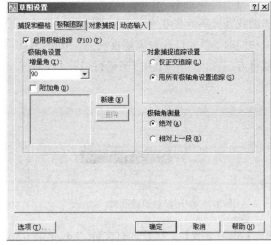

图 2-11   "极轴追踪"选项卡

（5）分别单击状态栏上的 极轴 、 对象捕捉 及 对象追踪 按钮，打开极轴追踪、对象捕捉及自动追踪功能。

（6）切换到"轮廓线层"，绘制圆的定位线及线段 BC、CD 等，如图 2-12 所示。

命令: _line 指定第一点: 5	//从 A 点向右追踪并输入追踪距离
指定下一点或 [放弃(U)]: 12	//从 B 点向下追踪并输入追踪距离
指定下一点或 [放弃(U)]: 20	//从 C 点向右追踪并输入追踪距离
指定下一点或 [闭合(C)/放弃(U)]:	//从 D 点向上追踪并捕捉交点 E
指定下一点或 [闭合(C)/放弃(U)]:	//按 Enter 键结束
命令:	//重复命令
LINE 指定第一点:	//从圆心 F 向上追踪到 G 点
指定下一点或 [放弃(U)]:	//从 G 点向下追踪到 H 点
指定下一点或 [放弃(U)]:	//按 Enter 键结束
命令:	//重复命令
LINE 指定第一点:	//从圆心 F 向左追踪到 I 点
指定下一点或 [放弃(U)]:	//从 I 点向右追踪到 J 点
指定下一点或 [放弃(U)]:	//按 Enter 键结束
命令:	//重复命令
LINE 指定第一点:	//从中点 K 向上追踪到 L 点
指定下一点或 [放弃(U)]:	//从 L 点向下追踪到 M 点
指定下一点或 [放弃(U)]:	//按 Enter 键结束

（7）绘制线段 OP、PQ 等，如图 2-12 所示。

| 命令: _line 指定第一点: | //以 N、C 为追踪参考点确定 O 点 |
| 指定下一点或 [放弃(U)]: | //以 D 点为追踪参考点确定 P 点 |

指定下一点或 [放弃(U)]：	//以 S 点为追踪参考点确定 Q 点
指定下一点或 [闭合(C)/放弃(U)]：	//以 O 点为追踪参考点确定 R 点
指定下一点或 [闭合(C)/放弃(U)]：	//捕捉端点 O
指定下一点或 [闭合(C)/放弃(U)]：	//按 Enter 键结束

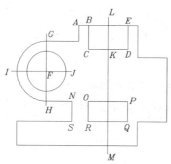

图 2-12　绘制 BC、CD、OP、PQ 等

（8）请读者绘制图形的其余部分，然后修改某些对象所在的图层。

2.1.3　创建平行线、延伸及修剪线条

OFFSET 命令可将对象平移指定的距离，创建一个与原对象类似的新对象。使用该命令时，用户可以通过两种方式创建平行对象，一种是输入平行线间的距离，另一种是指定新平行线通过的点。

利用 EXTEND 命令可以将线段、曲线等对象延伸到一个边界对象，使其与边界对象相交。有时对象延伸后并不与边界直接相交，而是与边界的延长线相交。

使用 TRIM 命令可将多余线条修剪掉。启动 TRIM 命令后，首先指定一个或几个对象作为剪切边（可以将其想象为剪刀），然后选择被修剪的部分即可进行修剪。

【练习 2-4】　用 OFFSET、EXTEND 及 TRIM 等命令绘制图 2-13 所示的图形。

请读者先观看素材文件 "\avi\第 02 章\2-4.avi"，然后按照以下操作步骤练习。

（1）设置绘图区域大小为 100×100。单击 "标准" 工具栏上的 按钮，使绘图区域充满整个绘图窗口。

（2）打开极轴追踪、对象捕捉及自动追踪功能。指定极轴追踪角度增量为 90°，设置对象捕捉方式为 "端点"、"交点"。

（3）用 LINE 命令绘制两条作图基准线 A 和 B，其长度约为 90，再用 OFFSET 命令偏移线段 A、B 得到它们的平行线 C 和 D，如图 2-14 所示。

单击 "绘图" 工具栏上的 按钮或输入命令代号 OFFSET，启动偏移命令。

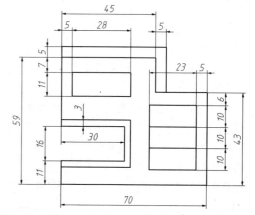

图 2-13　用 OFFSET、EXTEND 及 TRIM 等命令绘图

```
命令: _offset
指定偏移距离或 [通过(T)/删除(E)/图层(L)] <10.0000>: 70    //输入平移距离
选择要偏移的对象，或 [退出(E)/放弃(U)] <退出>:              //选择线段 A
指定要偏移的那一侧上的点，或 [退出(E)/多个(M)/放弃(U)] <退出>:
```

选择要偏移的对象，或 [退出(E)/放弃(U)] <退出>：	//在线段 A 的右边单击一点
命令：OFFSET	//按 Enter 键结束
指定偏移距离或 <70.0000>：59	//重复命令
选择要偏移的对象，或 <退出>：	//输入平移距离
指定要偏移的那一侧上的点：	//选择线段 B
选择要偏移的对象，或 <退出>：	//在线段 B 的上边单击一点
	//按 Enter 键结束

结果如图 2-14 所示。

（4）用 TRIM 命令修剪多余线条，结果如图 2-15 所示。

单击"修改"工具栏上的 ⊸ 按钮或输入命令代号 TRIM，启动修剪命令。

命令： _trim	
选择对象：指定对角点：找到 4 个	//选择剪切边 A、B、C、D
选择对象：	//按 Enter 键
选择要修剪的对象，或按住 Shift 键选择要延伸的对象，或	
[栏选(F)/窗交(C)/投影(P)/边(E)/删除(R)/放弃(U)]：	//选择要修剪的多余线条
	//按 Enter 键结束

结果如图 2-15 所示。

（5）用 OFFSET 及 TRIM 命令形成线段 E、F、G 等，如图 2-16 所示。

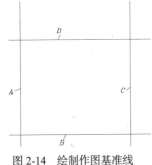

图 2-14　绘制作图基准线
A、B、C 及 D

图 2-15　修剪多余线条

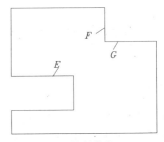

图 2-16　绘制线段 E、F、G

（6）用 OFFSET 命令绘制平行线 H、I，如图 2-17 所示。用 EXTEND 命令延伸线条 H、I、J，如图 2-18 所示。

单击"修改"工具栏上的 ⊸ 按钮或输入命令代号 EXTEND，启动延伸命令。

命令： _extend	
选择对象或 <全部选择>：找到 1 个	//选择延伸边界 I，如图 2-17 所示
选择对象：	//按 Enter 键
选择要延伸的对象，或按住 Shift 键选择要修剪的对象，或	
[栏选(F)/窗交(C)/投影(P)/边(E)/放弃(U)]：	//选择要延伸的对象 J
选择要延伸的对象，或按住 Shift 键选择要修剪的对象，或	
[栏选(F)/窗交(C)/投影(P)/边(E)/放弃(U)]：	//按 Enter 键结束
命令：EXTEND	//重复命令
选择对象：找到 1 个，总计 2 个	//选择延伸边界 H、I
选择对象：	//按 Enter 键
选择要延伸的对象，或按住 Shift 键选择要修剪的对象，或	

[栏选(F)/窗交(C)/投影(P)/边(E)/放弃(U)]：e　　//使用"边(E)"选项
输入隐含边延伸模式 [延伸(E)/不延伸(N)] <不延伸>:e//使用"延伸(E)"选项
选择要延伸的对象，或按住 Shift 键选择要修剪的对象，或
[栏选(F)/窗交(C)/投影(P)/边(E)/放弃(U)]：　　　　//选择要延伸的对象 H
选择要延伸的对象，或按住 Shift 键选择要修剪的对象，或
[栏选(F)/窗交(C)/投影(P)/边(E)/放弃(U)]：　　　　//选择要延伸的对象 I
选择要延伸的对象，或按住 Shift 键选择要修剪的对象，或
[栏选(F)/窗交(C)/投影(P)/边(E)/放弃(U)]：　　　　//按 Enter 键结束

结果如图 2-18 所示。

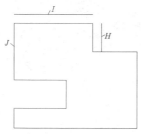
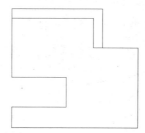

图 2-17　绘制平行线 *H*、*I*　　　　　　图 2-18　延伸线条 *H*、*I*、*J*

（7）请读者用 OFFSET、EXTEND 及 TRIM 命令绘制图形的其余部分。

常用的命令选项如表 2-2 所示。

表 2-2　　　　　　　　　　　　　命令选项及其功能

命　令	选　项	功　能
OFFSET	通过(T)	通过指定点创建新的偏移对象
	删除(E)	偏移源对象后将其删除
	图层(L)	指定将偏移后的新对象放置在当前图层上或源对象所在的图层上
	多个(M)	在要偏移的一侧单击多次，即可创建多个等距对象
EXTEND	按住 Shift 键选择要修剪的对象	将选择的对象修剪到边界而不是将其延伸
	栏选(F)	用户绘制连续折线，与折线相交的对象被延伸
	窗交(C)	利用交叉窗口选择对象
	边(E)	当边界边太短、延伸对象后不能与其直接相交时，就打开该选项，此时 AutoCAD 假想将边界边延长，然后延伸线条到边界边
TRIM	按住 Shift 键选择要延伸的对象	将选定的对象延伸至剪切边
	栏选(F)	用户绘制连续折线，与折线相交的对象被修剪
	窗交(C)	利用交叉窗口选择对象
	边(E)	如果剪切边太短，没有与被修剪对象相交，就利用此选项假想将剪切边延长，然后执行修剪操作

2.1.4　用 LINE 及 XLINE 命令绘制任意角度斜线

用户可用以下两种方法绘制倾斜线段。

（1）用 LINE 命令沿某一方向绘制任意长度的线段。启动该命令，当 AutoCAD 提示输入点时，

输入一个小于号"<"及角度值，该角度表明了画线的方向，AutoCAD 将把鼠标光标锁定在此方向上。移动鼠标光标，线段的长度就发生变化，获取适当长度后，单击鼠标左键结束画线操作，这种画线方式称为"角度覆盖"。

（2）用 XLINE 命令绘制任意角度斜线。XLINE 命令可以绘制无限长的构造线，利用它能直接绘制出水平方向、竖直方向及倾斜方向的直线，作图过程中采用此命令绘制定位线或绘图辅助线是很方便的。

【**练习 2-5**】 打开素材文件"\dwg\第 02 章\2-5.dwg"，如图 2-19 左图所示。用 LINE、XLINE 及 TRIM 命令将左图修改为右图。

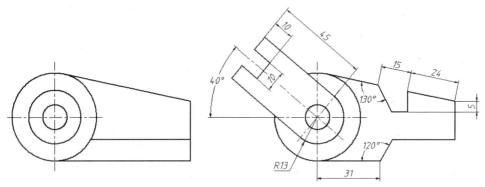

图 2-19 用 LINE、XLINE 及 TRIM 命令绘图

请读者先观看素材文件"\avi\第 02 章\2-5.avi"，然后按照以下操作步骤练习。

（1）用 XLINE 命令绘制直线 G、H、I，用 LINE 命令绘制斜线 J，如图 2-20 左图所示。修剪多余线条，结果如图 2-20 右图所示。

单击"绘图"工具栏上的▨按钮或输入命令代号 XLINE，启动绘制构造线命令。

命令: _xline 指定点或 [水平(H)/垂直(V)/角度(A)/二等分(B)/偏移(O)]: v
　　　　　　　　　　　　　　　　　　　//使用"垂直(V)"选项

指定通过点: ext　　　　　　　　　//捕捉延伸点 B

于 24　　　　　　　　　　　　　//输入 B 点与 A 点的距离

指定通过点:　　　　　　　　　　//按 Enter 键结束

命令:　　　　　　　　　　　　　//重复命令

XLINE 指定点或 [水平(H)/垂直(V)/角度(A)/二等分(B)/偏移(O)]: h
　　　　　　　　　　　　　　　　　　　//使用"水平(H)"选项

指定通过点: ext　　　　　　　　　//捕捉延伸点 C

于 5　　　　　　　　　　　　　//输入 C 点与 A 点的距离

指定通过点:　　　　　　　　　　//按 Enter 键结束

命令:　　　　　　　　　　　　　//重复命令

XLINE 指定点或 [水平(H)/垂直(V)/角度(A)/二等分(B)/偏移(O)]: a
　　　　　　　　　　　　　　　　　　　//使用"角度(A)"选项

输入构造线的角度 (0) 或 [参照(R)]: r　　//使用"参照(R)"选项

选择直线对象:　　　　　　　　　//选择线段 AB

输入构造线的角度 <0>: 130　　　//输入构造线与线段 AB 的夹角

指定通过点: ext　　　　　　　　　//捕捉延伸点 D

于 39　　　　　　　　　　　　　//输入 D 点与 A 点的距离

指定通过点：	//按 Enter 键结束
命令：_line 指定第一点：ext	//捕捉延伸点 F
于 31	//输入 F 点与 E 点的距离
指定下一点或 [放弃(U)]：<60	//设定画线的角度
指定下一点或 [放弃(U)]：	//沿 60° 方向移动鼠标光标
指定下一点或 [放弃(U)]：	//单击一点结束

结果如图 2-20 左图所示。修剪多余线条，结果如图 2-20 右图所示。

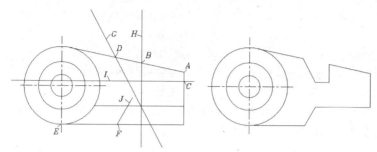

图 2-20　绘制直线 *G*、*H*、*I*、*J* 并修剪多余线条

（2）请读者用 XLINE、OFFSET 及 TRIM 命令绘制图形的其余部分。

XLINE 命令的常用选项如下。

- 水平（H）：绘制水平方向直线。
- 垂直（V）：绘制竖直方向直线。
- 角度（A）：通过某点绘制一条与已知线段成一定角度的直线。
- 二等分（B）：绘制一条平分已知角度的直线。
- 偏移（O）：通过输入一个平移距离绘制平行线，或指定直线通过的点来创建新平行线。

2.1.5　打断及修改线条长度

BREAK 命令可以删除对象的一部分，常用于打断线段、圆、圆弧、椭圆等，此命令既可以在一个点打断对象，也可以在指定的两点打断对象。

LENGTHEN 命令可一次改变线段、圆弧、椭圆弧等多个对象的长度。使用此命令时，经常采用"动态"选项，即直观地拖动对象来改变其长度。

打开正交或极轴追踪模式，选择水平或竖直线段，线段上出现填充的矩形点，选择端点处的点并移动鼠标光标，线段的长度就会沿水平或竖直方向改变。

【练习 2-6】　打开素材文件 "\dwg\第 02 章\2-6.dwg"，如图 2-21 左图所示。用 BREAK、LENGTHEN 等命令将左图修改为右图。

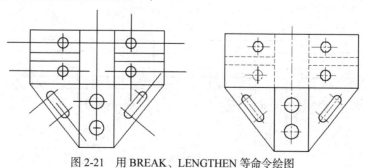

图 2-21　用 BREAK、LENGTHEN 等命令绘图

请读者先观看素材文件"\avi\第 02 章\2-5.avi",然后按照以下操作步骤练习。

（1）用 BREAK 命令打断线条，如图 2-22 所示。

单击"修改"工具栏上的 □ 按钮或输入命令代号 BREAK，启动打断命令。

命令： _break 选择对象：   //在 A 点处选择对象，如图 2-22 左图所示

指定第二个打断点 或 [第一点(F)]：   //在 B 点处选择对象

命令：   //重复命令

BREAK 选择对象：   //在 C 点处选择对象

指定第二个打断点 或 [第一点(F)]：   //在 D 点处选择对象

命令：   //重复命令

BREAK 选择对象：   //选择线段 E

指定第二个打断点 或 [第一点(F)]： f   //使用选项"第一点(F)"

指定第一个打断点： int 于   //捕捉交点 F

指定第二个打断点： @   //输入相对坐标符号，按 Enter 键，在同一点打断对象

再将线段 E 修改到虚线层上，结果如图 2-22 右图所示。

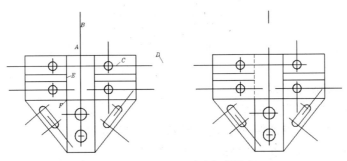

图 2-22   用 BREAK 命令打断线条

（2）用 LENGTHEN 命令调整线段 G、H 的长度，如图 2-23 所示。

选取菜单命令"修改"/"拉长"或输入命令代号 LENGTHEN，启动拉长命令。

命令： _lengthen

选择对象或 [增量(DE)/百分数(P)/全部(T)/动态(DY)]： dy

              //使用"动态(DY)"选项

选择要修改的对象或 [放弃(U)]：   //在线段 G 的左端点处选中对象

指定新端点：   //向右移动鼠标光标，单击一点

选择要修改的对象或 [放弃(U)]：   //在线段 H 的左端点处选中对象

指定新端点：   //向右移动鼠标光标，单击一点

选择要修改的对象或 [放弃(U)]：   //按 Enter 键结束

结果如图 2-23 右图所示。

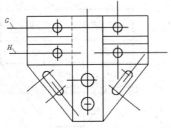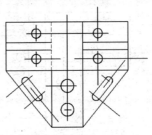

图 2-23   用 LENGTHEN 命令调整线条长度

（3）请读者用 BREAK、LENGTHEN 等命令修改图形的其他部分。

BREAK 和 LENGTHEN 命令常用的命令选项如表 2-3 所示。

表 2-3　　　　　　　　　　　　　　　　命令选项及其功能

命　令	选　项	功　能
BREAK	指定第二个打断点	在图形对象上选取第二点后，AutoCAD 将第一打断点与第二打断点间的部分删除
	第一点(F)	该选项使用户可以重新指定第一打断点
LENGTHEN	增量(DE)	以指定的增量值改变线段或圆弧的长度。对于圆弧，还可通过设定角度增量改变其长度
	百分数(P)	以对象总长度的百分比形式改变对象长度
	全部(T)	通过指定线段或圆弧的新长度来改变对象总长
	动态(DY)	拖动鼠标光标就可以动态地改变对象长度

2.1.6　上机练习——绘制曲轴零件图

【练习 2-7】　使用 LINE、OFFSET 及 TRIM 等命令绘制曲轴零件图，如图 2-24 所示。由于目前所学命令有限，读者尽可能多地绘制图形对象即可。

主要作图步骤如图 2-25 所示，详细绘图过程请参见素材文件 "\avi\第 02 章\2-7.avi"。

（1）创建以下 3 个图层。

名　称	颜　色	线　型	线　宽
轮廓线层	白色	Continuous	0.5
虚线层	红色	Dashed	默认
中心线层	蓝色	Center	默认

（2）通过 "线型控制" 下拉列表打开 "线型管理器" 对话框，在此对话框中设置线型全局比例因子为 "0.1"。

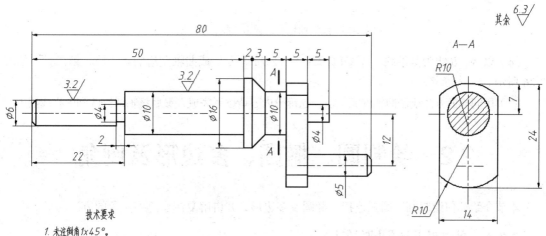

图 2-24　绘制曲轴零件图

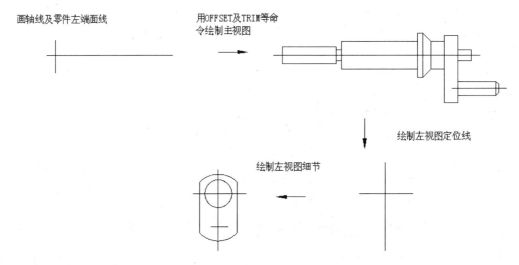

画轴线及零件左端面线

用OFFSET及TRIM等命令绘制主视图

绘制左视图定位线

绘制左视图细节

图 2-25　主要作图步骤（练习 2-7）

（3）打开极轴追踪、对象捕捉及自动追踪功能。指定极轴追踪角度增量为 90°，设置对象捕捉方式为"端点"、"交点"。

（4）设置绘图区域大小为 100×100。单击"标准"工具栏上的 ⊕ 按钮，使绘图区域充满整个绘图窗口。

（5）切换到"轮廓线层"，绘制两条作图基准线 A 和 B，如图 2-26 所示。线段 A 的长度约为 120，线段 B 的长度约为 30。

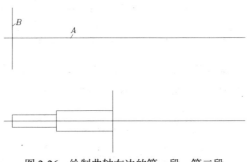

图 2-26　绘制曲轴左边的第一段、第二段

（6）以 A、B 线为基准线，用 OFFSET 及 TRIM 命令形成曲轴左边的第一段、第二段，如图 2-26 所示。

（7）用同样的方法绘制曲轴的其他段，这部分内容请读者完成，最后将轴线修改到中心线层上。

2.2　绘制圆、椭圆、多边形及倒角

本节介绍如何绘制圆、圆弧连接、椭圆及多边形，并讲解复制及阵列对象的方法。

2.2.1　绘制圆及圆弧连接

可以用 CIRCLE 命令绘制圆及圆弧连接。默认圆的绘制方法是通过指定圆心和半径来绘制。

此外，还可通过两点或三点来绘制圆。

【练习 2-8】　用 CIRCLE 及 TRIM 命令绘制图 2-27 所示的图形。

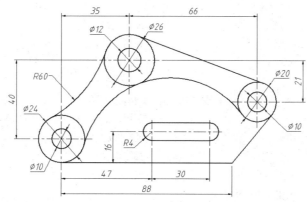

图 2-27　用 CIRCLE 及 TRIM 命令绘图

请读者先观看素材文件 "\avi\第 02 章\2-8.avi"，然后按照以下操作步骤练习。

（1）创建以下两个图层。

名　称	颜　色	线　型	线　宽
轮廓线层	白色	Continuous	0.5
中心线层	蓝色	Center	默认

（2）通过"线型控制"下拉列表打开"线型管理器"对话框，在此对话框中设置线型全局比例因子为"0.2"。

（3）打开极轴追踪、对象捕捉及自动追踪功能。指定极轴追踪角度增量为 90°，设置对象捕捉方式为"端点"、"交点"。

（4）设置绘图区域大小为 100×100。单击"标准"工具栏上的 ⊕ 按钮使绘图区域充满整个绘图窗口。

（5）切换到"中心线层"，用 LINE 命令绘制圆的定位线 *A* 和 *B*，其长度约为 35，再用 OFFSET 及 LENGTHEN 命令形成其他定位线，如图 2-28 所示。

（6）切换到"轮廓线层"，绘制圆，如图 2-29 所示。

单击"绘图"工具栏上的 ⊙ 按钮或输入命令代号 CIRCLE，启动绘制圆命令。

命令：_circle 指定圆的圆心或 [三点(3P)/两点(2P)/相切、相切、半径(T)]:　　　　　　//捕捉 *C* 点

指定圆的半径或 [直径(D)]: 12　　　　　　//输入圆半径

继续绘制其他圆，结果如图 2-29 所示。

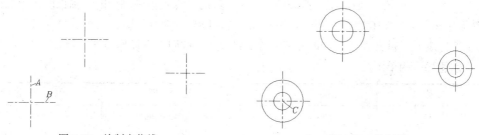

图 2-28　绘制定位线　　　　　　　图 2-29　绘制圆

（7）用 CIRCLE 命令绘制相切圆，然后修剪多余线条，如图 2-30 所示。

命令：_circle 指定圆的圆心或 [三点(3P)/两点(2P)/相切、相切、半径(T)]：3p

//使用"三点(3P)"选项

指定圆上的第一点：tan 到　　　　　　　　//捕捉切点 D

指定圆上的第二点：tan 到　　　　　　　　//捕捉切点 E

指定圆上的第三点：tan 到　　　　　　　　//捕捉切点 F

命令：　　　　　　　　　　　　　　　　　//重复命令

CIRCLE 指定圆的圆心或 [三点(3P)/两点(2P)/相切、相切、半径(T)]：t

//利用"相切、相切、半径(T)"选项

指定对象与圆的第一个切点：　　　　　　　//捕捉切点 G

指定对象与圆的第二个切点：　　　　　　　//捕捉切点 H

指定圆的半径 <10.8258>:60　　　　　　　//输入圆半径

再修剪多余线条，结果如图 2-30 所示。

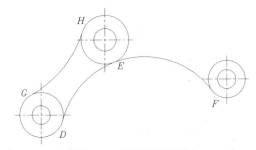

图 2-30　绘制相切圆弧

（8）请读者用 LINE、CIRCLE 及 TRIM 等命令绘制图形的其余部分。

CIRCLE 命令的常用选项如下。

● 三点(3P)：输入 3 个点绘制圆。

● 两点(2P)：指定直径的两个端点绘制圆。

● 相切、相切、半径(T)：选取与圆相切的两个对象，然后输入圆半径。

2.2.2　绘制矩形、正多边形及椭圆

RECTANG 命令用于绘制矩形。用户只需指定矩形对角线的两个端点就能绘制出矩形。绘制时，可指定顶点处的倒角距离及圆角半径。

POLYGON 命令用于绘制正多边形。多边形的边数可以从 3 到 1024。绘制方式包括：根据外接圆生成正多边形以及根据内切圆生成正多边形。

ELLIPSE 命令用于绘制椭圆。绘制椭圆的默认方法是指定椭圆第一根轴线的两个端点及另一轴长度的一半。另外，也可通过指定椭圆中心、第一轴的端点及另一轴线的半轴长度来绘制椭圆。

【练习 2-9】　用 RECTANG、POLYGON 及 ELLIPSE 等命令绘图，如图 2-31 所示。

请读者先观看素材文件"\avi\第 02 章\2-9.avi"，然后按照以下操作步骤练习。

（1）创建如下两个图层。

名　　称	颜　　色	线　　型	线　　宽
轮廓线层	白色	Continuous	0.5
中心线层	蓝色	Center	默认

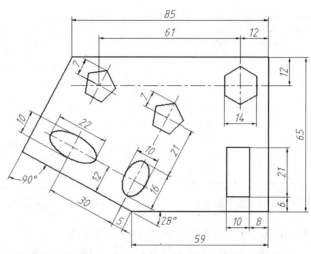

图 2-31 用 RECTANG、POLYGON 及 ELLIPSE 等命令绘图

（2）通过"线型控制"下拉列表打开"线型管理器"对话框，在此对话框中设置线型全局比例因子为"0.2"。

（3）打开极轴追踪、对象捕捉及自动追踪功能。指定极轴追踪角度增量为 90°，设置对象捕捉方式为"端点"、"交点"。

（4）设置绘图区域大小为 100×100。单击"标准"工具栏上的 ⊕ 按钮使绘图区域充满整个绘图窗口。

（5）切换到"轮廓线层"，用 LINE 命令绘制图形的外轮廓线，再绘制矩形，如图 2-32 所示。

单击"绘图"工具栏上的 □ 按钮或输入命令代号 RECTANG，启动绘制矩形命令。

```
命令: _rectang
指定第一个角点或 [倒角(C)/标高(E)/圆角(F)/厚度(T)/宽度(W)]: from
                                              //使用正交偏移捕捉
基点:                                         //捕捉交点 A
 <偏移>: @-8,6                                //输入 B 点的相对坐标
指定另一个角点或 [面积(A)/尺寸(D)/旋转(R)]: @-10,21   //输入 C 点的相对坐标
```

结果如图 2-32 所示。

（6）用 OFFSET、LINE 命令形成正六边形及椭圆的定位线，然后绘制正六边形及椭圆，如图 2-33 所示。

单击"绘图"工具栏上的 ⬡ 按钮或输入命令代号 POLYGON，启动绘制正多边形命令。

```
命令: _polygon 输入边的数目 <4>: 6            //输入多边形的边数
指定正多边形的中心点或 [边(E)]:               //捕捉交点 D
输入选项 [内接于圆(I)/外切于圆(C)] < I >: c   //按外切于圆的方式画多边形
指定圆的半径: @7<0                            //输入 E 点的相对坐标
```

单击"绘图"工具栏上的 ⬭ 按钮或输入命令代号 ELLIPSE，启动绘制椭圆命令。

```
命令: _ellipse
指定椭圆的轴端点或 [圆弧(A)/中心点(C)]: c      //使用"中心点(C)"选项
指定椭圆的中心点:                             //捕捉 F 点
指定轴的端点: @8<62                           //输入 G 点的相对坐标
指定另一条半轴长度或 [旋转(R)]: 5             //输入另一半轴长度
```

结果如图 2-33 所示。

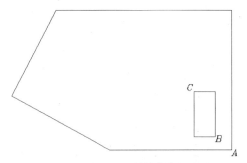

图 2-32　绘制图形的外轮廓线和矩形

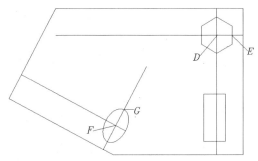

图 2-33　绘制正六边形及椭圆

（7）请读者绘制图形的其余部分，然后修改定位线所在的图层。

RECTANG、POLYGON 和 ELLIPSE 命令常用的命令选项如表 2-4 所示。

表 2-4　　　　RECTANG、POLYGON 和 ELLIPSE 命令的常用命令选项及其功能

命　　令	选　　项	功　　能
RECTANG	倒角(C)	指定矩形各顶点倒斜角的大小
	圆角(F)	指定矩形各顶点倒圆角的半径
	宽度(W)	设置矩形边的线宽
	面积(A)	先输入矩形面积，再输入矩形长度或宽度值创建矩形
	尺寸(D)	输入矩形的长、宽尺寸创建矩形
	旋转(R)	设定矩形的旋转角度
POLYGON	边(E)	输入多边形边数后，再指定某条边的两个端点即可绘制正多边形
	内接于圆(I)	根据外接圆生成正多边形
	外切于圆(C)	根据内切圆生成正多边形
ELLIPSE	圆弧(A)	绘制一段椭圆弧。过程是先绘制一个完整的椭圆，随后 AutoCAD 提示用户指定椭圆弧的起始角及终止角
	中心点(C)	通过椭圆中心点及长轴、短轴来绘制椭圆
	旋转(R)	按旋转方式绘制椭圆，即 AutoCAD 将圆绕直径转动一定角度后，再投影到平面上形成椭圆

2.2.3　绘制倒圆角及倒斜角

倒圆角是利用指定半径的圆弧光滑地连接两个对象，操作的对象包括直线、多段线、样条线、圆和圆弧等。

倒斜角使用一条斜线连接两个对象，倒角时既可以输入每条边的倒角距离，也可以指定某条边上倒角的长度及与此边的夹角。

【练习 2-10】　打开素材文件 "\dwg\第 02 章\2-10.dwg"，如图 2-34 左图所示。用 FILLET 及 CHAMFER 命令将左图修改为右图。

请读者先观看素材文件 "\avi\第 02 章\2-10.avi"，然后按照以下操作步骤练习。

（1）创建圆角，如图 2-35 所示。

单击"修改"工具栏上的▨按钮或输入命令代号 FILLET，启动创建圆角命令。

命令：_fillet

选择第一个对象或 [放弃(U)/多段线(P)/半径(R)/修剪(T)/多个(M)]：r

　　　　　　　　　　　　　　　　　　　　　　　　　　　//设置圆角半径

指定圆角半径 <3.0000>：5　　　　　　　　　　　　　//输入圆角半径值

选择第一个对象或 [放弃(U)/多段线(P)/半径(R)/修剪(T)/多个(M)]：

　　　　　　　　　　　　　　　　　　　　　　　　　　　//选择线段 A

选择第二个对象，或按住 Shift 键选择要应用角点的对象：

　　　　　　　　　　　　　　　　　　　　　　　　　　　//选择线段 B

结果如图 2-35 所示。

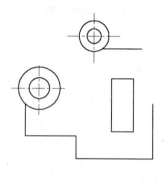 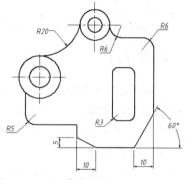 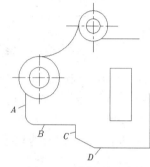

图 2-34　用 FILLET 及 CHAMFER 命令绘图　　　　　　　图 2-35　创建圆角及倒角

（2）创建倒角，如图 2-35 所示。

单击"修改"工具栏上的 按钮或输入命令代号 CHAMFER，启动创建倒角命令。

命令：_chamfer

选择第一条直线[放弃(U)/多段线(P)/距离(D)/角度(A)/修剪(T)/方式(E)/多个(M)]：d

　　　　　　　　　　　　　　　　　　　　　　　　　　　//设置倒角距离

指定第一个倒角距离 <3.0000>：5　　　　　　　　　　//输入第一个边的倒角距离

指定第二个倒角距离 <5.0000>：10　　　　　　　　　//输入第二个边的倒角距离

选择第一条直线或 [放弃(U)/多段线(P)/距离(D)/角度(A)/修剪(T)/方式(E)/多个(M)]：

　　　　　　　　　　　　　　　　　　　　　　　　　　　//选择线段 C

选择第二条直线，或按住 Shift 键选择要应用角点的直线：　　//选择线段 D

结果如图 2-35 所示。

（3）请读者创建其余圆角及斜角。

FILLET 和 CHAMFER 命令常用的命令选项如表 2-5 所示。

表 2-5　　　　　　　　FILLET 和 CHAMFER 命令的常用命令选项及其功能

命　　令	选　　项	功　　能
FILLET	多段线(P)	对多段线的每个顶点进行倒圆角操作
	半径(R)	设定圆角半径。若圆角半径为 0，则系统将使被圆角的两个对象交于一点
	修剪(T)	指定倒圆角操作后是否修剪对象
	多个(M)	可一次创建多个圆角
	按住 Shift 键选择要应用角点的对象	若按住 Shift 键选择第二个圆角对象时，则以 0 值替代当前的圆角半径

命　　令	选　　项	功　　能
CHAMFER	多段线(P)	对多段线的每个顶点执行倒斜角操作
	距离(D)	设定倒角距离。若倒角距离为 0，则系统将被倒角的两个对象交于一点
	角度(A)	指定倒角距离及倒角角度
	修剪(T)	设置倒斜角时是否修剪对象
	多个(M)	可一次创建多个圆角
	按住 Shift 键选择要应用角点的直线	若按住 Shift 键选择第二个倒角对象时，则以 0 值替代当前的倒角距离

2.2.4 移动、复制、阵列及镜像对象

移动及复制图形的命令分别是 MOVE 和 COPY，这两个命令的使用方法相似。启动 MOVE 或 COPY 命令后，首先选择要移动或复制的对象，然后通过两点或直接输入位移值指定对象移动的距离和方向，AutoCAD 就将图形元素从原位置移动或复制到新位置。

利用 ARRAY 命令可创建矩形阵列及环形阵列。

● 矩形阵列。将对象按行、列方式进行排列。矩形阵列的主要参数有：行数、列数、行间距及列间距等。

● 环形阵列。把对象绕阵列中心等角度均匀分布。环形阵列的主要参数有：阵列中心、阵列总角度及阵列数目。

对于对称图形，用户只需绘制出图形的一半，另一半可以用 MIRROR 命令镜像出来。操作时，先告诉 AutoCAD 要对哪些对象进行镜像，然后再指定镜像线位置即可。

【练习 2-11】　打开素材文件 "\dwg\第 02 章\2-11.dwg"，如图 2-36 左图所示。用 MOVE、COPY、ARRAY 及 MIRROR 等命令将左图修改为右图。

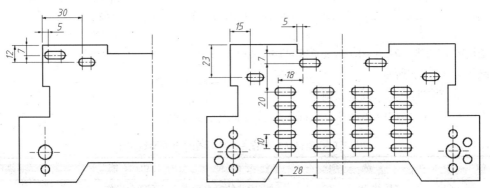

图 2-36　用 MOVE、COPY、ARRAY 及 MIRROR 等命令绘图

请读者先观看素材文件 "\avi\第 02 章\2-11.avi"，然后按照以下操作步骤练习。

（1）移动对象 A、B，如图 2-37 所示。

单击 "修改" 工具栏上的 ✛ 按钮或输入命令代号 MOVE，启动移动命令。

命令：_move

选择对象：指定对角点：找到 7 个　　　　　　//选择对象 A

选择对象：	//按 Enter 键确认
指定基点或 [位移(D)] <位移>：	//捕捉交点 C
指定第二个点或 <使用第一个点作为位移>：	//捕捉交点 D
命令:MOVE	//重复命令
选择对象：指定对角点：找到 7 个	//选择对象 B
选择对象：	//按 Enter 键确认
指定基点或 [位移(D)] <位移>： -15,-11	//输入沿 x、y 轴移动的距离
指定第二个点或 <使用第一个点作为位移>：	//按 Enter 键结束

结果如图 2-37 右图所示。

（2）复制对象 E，如图 2-37 右图所示。

单击"修改"工具栏上的 按钮或输入命令代号 **COPY**，启动复制命令。

命令: _copy	
选择对象：指定对角点：找到 7 个	//选择对象 E
选择对象：	//按 Enter 键
指定基点或 [位移(D)/模式(O)] <位移>： -18,-20	//输入沿 x、y 轴复制的距离
指定第二个点或 <使用第一个点作为位移>：	//按 Enter 键结束

结果如图 2-37 所示。

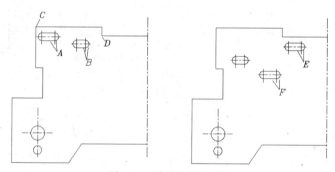

图 2-37　移动及复制对象

（3）单击"修改"工具栏上的 按钮或输入命令代号 **ARRAY**，启动阵列命令，弹出"阵列"对话框，在该对话框中选择"矩形阵列"单选项，如图 2-38 所示。

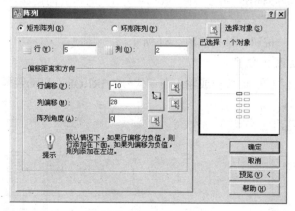

图 2-38　"阵列"对话框

（4）单击 按钮，AutoCAD 提示："选择对象"，选择要阵列的图形对象 F，如图 2-37 所示。

（5）分别在"行"、"列"文本框中输入阵列的行数"5"及列数"2"，如图 2-38 所示。"行"的方向与坐标系的 x 轴平行，"列"的方向与 y 轴平行。

（6）分别在"行偏移"、"列偏移"文本框中输入行间距"-10"及列间距"28"，如图 2-38 所示。行、列间距的数值可为正值或负值，若是正值，则 AutoCAD 沿 x 轴、y 轴的正方向形成阵列；否则，沿反方向形成阵列。

（7）在"阵列角度"中输入阵列方向与 x 轴的夹角，如图 2-38 所示。该角度逆时针为正，顺时针为负。

（8）利用 预览(V) ＜ 按钮，用户可预览阵列效果。单击此按钮，AutoCAD 返回绘图窗口，并按设置的参数显示矩形阵列。

（9）单击 确定 按钮，结果如图 2-39 所示。

（10）再次启动阵列命令，弹出"阵列"对话框，在该对话框中选择"环形阵列"单选项，如图 2-40 所示。

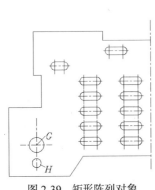

图 2-39　矩形阵列对象

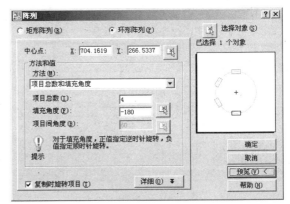

图 2-40　"阵列"对话框

（11）单击 按钮，AutoCAD 提示："选择对象"，选择要阵列的图形对象 H，如图 2-39 所示。

（12）在"中心点"区域中单击 按钮，AutoCAD 切换到绘图窗口，然后用户在绘图窗口中指定阵列中心点 G，如图 2-39 所示。

（13）在"项目总数"框中输入环形阵列的数目，在"填充角度"框中输入阵列分布的总角度值，如图 2-40 所示。若阵列角度为正，则 AutoCAD 沿逆时针方向创建阵列；否则，按顺时针方向创建阵列。

（14）单击 确定 按钮，结果如图 2-41 所示。

（15）镜像图形，如图 2-42 所示。

单击"修改"工具栏上的 按钮或输入命令代号 MIRROR，启动镜像命令。

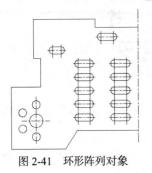

图 2-41　环形阵列对象

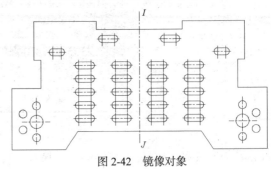

图 2-42　镜像对象

命令：_mirror

选择对象：指定对角点：找到 102 个　　　　　//选择要镜像的对象

选择对象：　　　　　　　　　　　　　　　　　//按 Enter 键

指定镜像线的第一点：end 于　　　　　　　　//捕捉端点 I

指定镜像线的第二点：end 于　　　　　　　　//捕捉端点 J

要删除源对象吗？[是(Y)/否(N)] <N>：　　　//按 Enter 键镜像时不删除原对象

结果如图 2-42 所示。

使用 MOVE 或 COPY 命令时，可通过以下方式指明对象移动或复制的距离和方向。

● 在绘图窗口中指定两个点，这两点的距离和方向代表了实体移动的距离和方向。当 AutoCAD 提示"指定基点"时，指定移动的基准点。在 AutoCAD 提示"指定第二个点"时，捕捉第二点或输入第二点相对于基准点的相对直角坐标或极坐标。

● 以"X，Y"方式输入对象沿 x 轴、y 轴移动的距离，或用"距离<角度"方式输入对象位移的距离和方向。当 AutoCAD 提示"指定基点"时，输入位移值。在 AutoCAD 提示"指定第二个点"时，按 Enter 键确认，这样，AutoCAD 即可以输入位移值来移动实体对象。

● 打开正交或极轴追踪功能，就能方便地将实体只沿 x 轴或 y 轴方向移动。当 AutoCAD 提示"指定基点"时，单击一点并把实体向水平或竖直方向移动，然后输入位移的数值。

● 使用"位移(D)"选项。启动该选项后，AutoCAD 提示"指定位移"。此时，以"X，Y"方式输入对象沿 x 轴、y 轴移动的距离，或以"距离<角度"方式输入对象位移的距离和方向。

2.2.5　上机练习——绘制轮芯零件图

【练习 2-12】　使用 LINE、OFFSET 及 ARRAY 等命令绘制轮芯零件图，如图 2-43 所示。

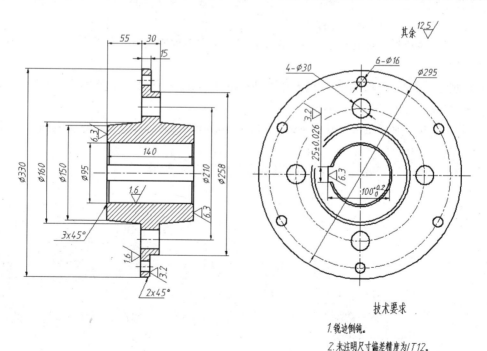

图 2-43　轮芯零件图

主要作图步骤如图 2-44 所示，详细绘图过程请参见素材文件"\avi\第 02 章\2-12.avi"。

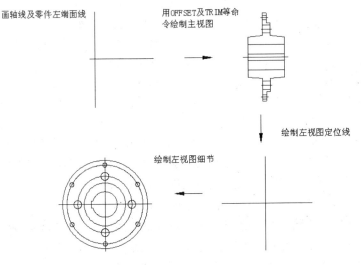

图 2-44　主要作图步骤（练习 2-12）

（1）创建如下 3 个图层。

名　　　称	颜　　色	线　　型	线　　宽
轮廓线层	白色	Continuous	0.5
虚线层	红色	Dashed	默认
中心线层	蓝色	Center	默认

（2）设置线型全局比例因子为"0.5"。设置绘图区域大小为 500×500，单击"标准"工具栏上的 按钮使绘图区域充满整个绘图窗口。

（3）打开极轴追踪、对象捕捉及自动追踪功能。指定极轴追踪角度增量为 90°，设置对象捕捉方式为"端点"、"交点"。

（4）切换到"轮廓线层"，绘制两条作图基准线 A 和 B，如图 2-45 左图所示。线段 A 的长度约为 180，线段 B 的长度约为 400。

（5）以 A、B 线为基准线，用 OFFSET、TRIM 及 MIRROR 命令形成零件主视图，如图 2-45 右图所示。

（6）绘制左视图定位线 C 和 D，然后绘制圆，如图 2-46 所示。

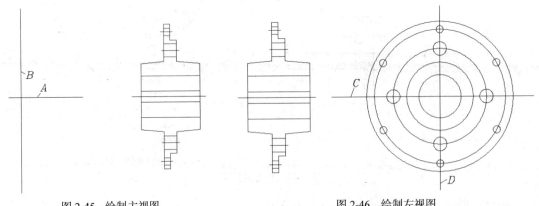

图 2-45　绘制主视图　　　　　　　　图 2-46　绘制左视图

（7）绘制圆角、键槽等细节，再将轴线、定位线等修改到中心线层上。

2.3 绘制多段线、断裂线及填充剖面图案

本节介绍绘制多段线、断裂线及填充剖面图案的方法。

2.3.1 绘制多段线

PLINE 命令用来绘制二维多段线。多段线是由几段线段和圆弧构成的连续线条，它是一个单独的图形对象。对于图 2-47 所示图形中的长槽及箭头就可以使用 PLINE 命令一次绘制出来。

在绘制图 2-47 所示图形的外轮廓时，也可利用多段线构图。首先用 LINE、CIRCLE 等命令形成外轮廓线框，然后用 PEDIT 命令将此线框编辑成一条多段线，最后用 OFFSET 命令偏移多段线就形成了内轮廓线框。

【练习 2-13】 用 LINE、PLINE 及 PEDIT 等命令绘制图 2-47 所示的图形。

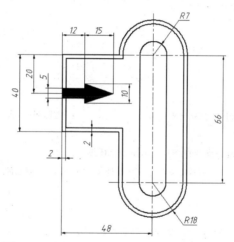

图 2-47 用 LINE、PLINE 及 PEDIT 等命令绘图

请读者先观看素材文件 "\avi\第 02 章\2-13.avi"，然后按照以下操作步骤练习。

（1）创建如下两个图层。

名 称	颜 色	线 型	线 宽
轮廓线层	白色	Continuous	0.5
中心线层	蓝色	Center	默认

（2）设置线型全局比例因子为 "0.2"。设置绘图区域大小为 100×100，单击 "标准" 工具栏上的 按钮使绘图区域充满整个绘图窗口。

（3）打开极轴追踪、对象捕捉及自动追踪功能。指定极轴追踪角度增量为 90°，设置对象捕捉方式为 "端点"、"交点"。

（4）用 LINE、CIRCLE 及 TRIM 命令绘制定位中心线及闭合线框 A，如图 2-48 所示。再用 PEDIT 命令将线框 A 编辑成一条多段线。

（5）选取菜单命令 "修改" / "对象" / "多段线" 或输入命令代号 PEDIT，启动编辑多段线

命令。

命令: pedit

选择多段线或 [多条(M)]:   //选择线框 A 中的一条线段

是否将其转换为多段线? <Y>   //按 Enter 键

输入选项 [闭合(C)/合并(J)/宽度(W)/编辑顶点(E)/拟合(F)/样条曲线(S)/非曲线化(D)/线型生成(L)/

放弃(U)]: j   //使用选项"合并(J)"

选择对象:总计 11 个   //选择线框 A 中的其余线条

选择对象: //按 Enter 键

输入选项 [打开(O)/合并(J)/宽度(W)/编辑顶点(E)/拟合(F)/样条曲线(S)/非曲线化(D)/线型生成(L)/

放弃(U)]:   //按 Enter 键结束

(6)用 OFFSET 命令向内偏移线框 A,偏移距离为 2,结果如图 2-49 所示。

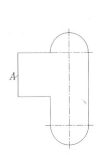

图 2-48　绘制闭合线框 A

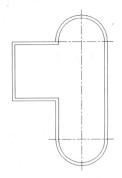

图 2-49　偏移线框

(7)用 PLINE 命令绘制长槽及箭头,如图 2-50 所示。

单击"绘图"工具栏上的 按钮或输入命令代号 PLINE,启动绘制多段线命令。

命令: _pline

指定起点: 7   //从 B 点向右追踪并输入追踪距离

指定下一个点或 [圆弧(A)/半宽(H)/长度(L)/放弃(U)/宽度(W)]:

                 //从 C 点向上追踪并捕捉交点 D

指定下一点或 [圆弧(A)/闭合(C)/半宽(H)/长度(L)/放弃(U)/宽度(W)]: a

                 //使用"圆弧(A)"选项

指定圆弧的端点或[角度(A)/圆心(CE)/闭合(CL)/方向(D)/半宽(H)/直线(L)/半径(R)/第二个点(S)/放弃

(U)/宽度(W)]: 14   //从 D 点向左追踪并输入追踪距离

指定圆弧的端点或[角度(A)/圆心(CE)/闭合(CL)/方向(D)/半宽(H)/直线(L)/半径(R)/第二个点(S)/放弃

(U)/宽度(W)]: l   //使用"直线(L)"选项

指定下一点或 [圆弧(A)/闭合(C)/半宽(H)/长度(L)/放弃(U)/宽度(W)]:

                 //从 E 点向下追踪并捕捉交点 F

指定下一点或 [圆弧(A)/闭合(C)/半宽(H)/长度(L)/放弃(U)/宽度(W)]: a

                 //使用"圆弧(A)"选项

指定圆弧的端点或[角度(A)/圆心(CE)/闭合(CL)/方向(D)/半宽(H)/直线(L)/半径(R)/第二个点(S)/放弃

(U)/宽度(W)]:   //从 F 点向右追踪并捕捉端点 C

指定圆弧的端点或[角度(A)/圆心(CE)/闭合(CL)/方向(D)/半宽(H)/直线(L)/半径(R)/第二个点(S)/放弃

(U)/宽度(W)]:   //按 Enter 键结束

命令:PLINE   //重复命令

指定起点：20   //从 G 点向下追踪并输入追踪距离

指定下一个点或 [圆弧(A)/半宽(H)/长度(L)/放弃(U)/宽度(W)]: w

                                         //使用"宽度(W)"选项

指定起点宽度 <0.0000>: 5   //输入多段线起点宽度值

指定端点宽度 <5.0000>:   //按 Enter 键

指定下一个点或 [圆弧(A)/半宽(H)/长度(L)/放弃(U)/宽度(W)]: 12

                                         //向右追踪并输入追踪距离

指定下一点或 [圆弧(A)/闭合(C)/半宽(H)/长度(L)/放弃(U)/宽度(W)]: w

                                         //使用"宽度(W)"选项

指定起点宽度 <5.0000>: 10   //输入多段线起点宽度值

指定端点宽度 <10.0000>: 0   //输入多段线终点宽度值

指定下一点或 [圆弧(A)/闭合(C)/半宽(H)/长度(L)/放弃(U)/宽度(W)]: 15

                                         //向右追踪并输入追踪距离

指定下一点或 [圆弧(A)/闭合(C)/半宽(H)/长度(L)/放弃(U)/宽度(W)]:

                                         //按 Enter 键结束

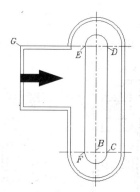

图 2-50 绘制长槽及箭头

2.3.2 绘制断裂线及填充剖面图案

SPLINE 命令用于绘制光滑曲线，该线是样条线，AutoCAD 通过拟合给定的一系列数据点形成这条曲线。绘制机械图时，可利用 SPLINE 命令形成断裂线。

BHATCH 命令可在闭合的区域内生成填充图案。启动该命令后，用户选择图案类型，再指定填充比例、图案旋转角度及填充区域，就可生成图案填充。

HATCHEDIT 命令用于编辑填充图案，如改变图案的角度、比例或用其他样式的图案填充图形等，其用法与 BHATCH 命令类似。

【练习 2-14】 打开素材文件 "\dwg\第 02 章\2-14.dwg"，如图 2-51 左图所示。用 SPLINE 和 BHATCH 等命令将左图修改为右图。

请读者先观看素材文件 "\avi\第 02 章\2-14.avi"，然后按照以下操作步骤练习。

（1）绘制断裂线，如图 2-52 所示。

单击"绘图"工具栏上的 ～ 按钮或输入命令代号 SPLINE，启动绘制样条曲线命令。

命令：_spline   //画样条曲线

指定第一个点或 [对象(O)]:   //单击 A 点

指定下一点：   //单击 B 点

指定下一点或 [闭合(C)/拟合公差(F)] <起点切向>:   //单击 C 点

指定下一点或 [闭合(C)/拟合公差(F)] <起点切向>:   //单击 D 点

指定下一点或 [闭合(C)/拟合公差(F)] <起点切向>:   //按 Enter 键

指定起点切向: //移动鼠标光标调整起点切线方向，按 Enter 键确认

指定端点切向: //移动鼠标光标调整终点切线方向，按 Enter 键确认

修剪多余线条，结果如图 2-52 右图所示。

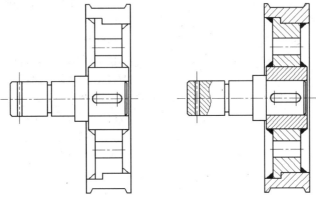

图 2-51　用 SPLINE 和 BHATCH 等命令绘图

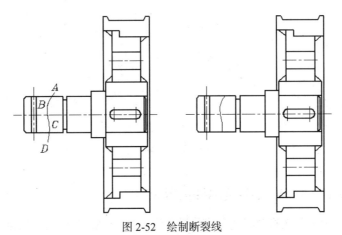

图 2-52　绘制断裂线

（2）单击"绘图"工具栏上的 ▥ 按钮或输入命令代号 BHATCH，启动图案填充命令，打开"图案填充和渐变色"对话框，如图 2-53 所示。

（3）单击"图案"下拉列表框右边的 … 按钮，打开"填充图案选项板"对话框，打开"ANSI"选项卡，然后选择剖面图案"ANSI31"，如图 2-54 所示，单击"确定"按钮。

（4）在"图案填充和渐变色"对话框的"角度"框中输入图案旋转角度值"90"；在"比例"框中输入数值"1.5"。单击 ▥ 按钮（拾取点），AutoCAD 提示"拾取内部点"。在想要填充的区域内单击 E、F、G、H 点，如图 2-55 所示，然后按 Enter 键确认。

要点提示

在"图案填充和渐变色"对话框的"角度"框中输入的数值并不是剖面线与 x 轴的倾斜角度，而是剖面线以初始方向为起始位置的转动角度。该值可正、可负，若是正值，剖面线沿逆时针方向转动；否则，按顺时针方向转动。

对于"ANSI31"图案，当分别输入角度值−45°、90° 和 15° 时，剖面线与 x 轴的夹角分别是 0°、135° 和 60°。

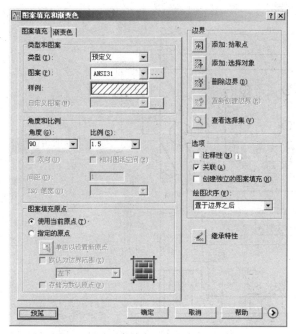

图 2-53　"图案填充和渐变色"对话框

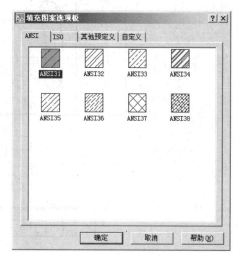

图 2-54　"填充图案选项板"对话框

（5）单击 预览(W) 按钮，观察填充的预览图。

（6）单击 确定 按钮，填充剖面图案。

（7）编辑剖面图案。单击"修改Ⅱ"工具栏上的 按钮或输入命令代号 HATCHEDIT，启动编辑图案填充命令。选择编辑对象，打开"图案填充编辑"对话框，在该对话框的"比例"框中输入数值 0.5。单击 确定 按钮，结果如图 2-56 所示。

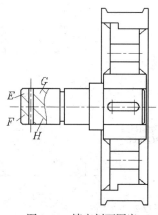

图 2-55　填充剖面图案

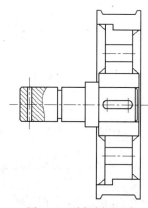

图 2-56　编辑剖面图案

（8）请读者创建其余填充图案。

2.3.3　上机练习——绘制定位板零件图

【练习 2-15】　使用 LINE、OFFSET、TRIM 及 ARRAY 等命令绘制定位板零件图，如图 2-57 所示。

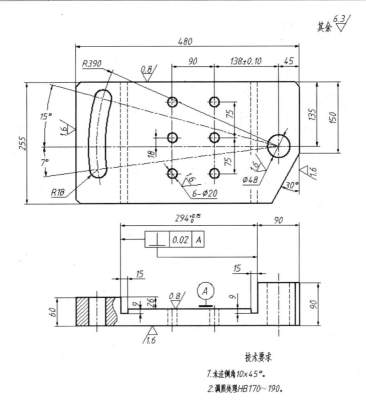

图 2-57　定位板零件图

主要作图步骤如图 2-58 所示，详细绘图过程请参见素材文件 "\avi\第 02 章\2-15.avi"。

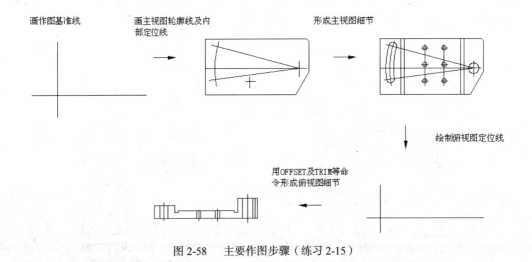

图 2-58　主要作图步骤（练习 2-15）

（1）创建如下 4 个图层。

名　称	颜　色	线　型	线　宽
轮廓线层	白色	Continuous	0.5
虚线层	红色	Dashed	默认
中心线层	蓝色	Center	默认
剖面层	红色	Continuous	默认

（2）设置线型全局比例因子为"0.6"。设置绘图区域大小为 700×700，单击"标准"工具栏上的 按钮使绘图区域充满整个绘图窗口。

（3）打开极轴追踪、对象捕捉及自动追踪功能。指定极轴追踪角度增量为 90°，设置对象捕捉方式为"端点"、"交点"。

（4）切换到"轮廓线层"，绘制两条作图基准线 A 和 B，如图 2-59 左图所示。线段 A 的长度约为 400，线段 B 的长度约为 600。

图 2-59　绘制主视图轮廓线

（5）以 A、B 线为基准线，用 OFFSET、TRIM 及 LINE 命令形成主视图轮廓线，如图 2-59 右图所示。

（6）用 OFFSET、LINE 等命令绘制定位线，如图 2-60 左图所示。然后绘制圆及圆弧，如图 2-60 右图所示。

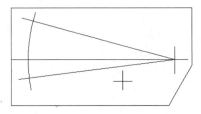 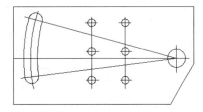

图 2-60　绘制圆及圆弧

（7）请读者绘制零件图的其余部分。

2.4　平面绘图综合练习

【练习 2-16】　绘制如图 2-61 所示的图形。

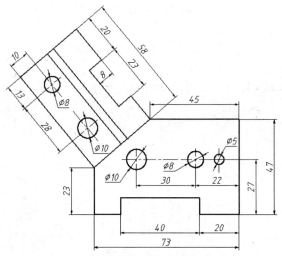

图 2-61　绘制平面图形（练习 2-16）

主要作图步骤如图 2-62 所示，详细绘图过程请参见素材文件"\avi\第 02 章\2-16.avi"。

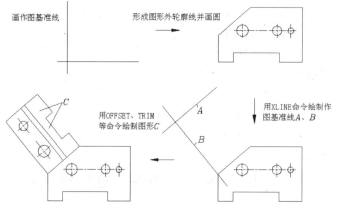

图 2-62　主要作图步骤（练习 2-16）

【练习 2-17】　绘制如图 2-63 所示的图形。

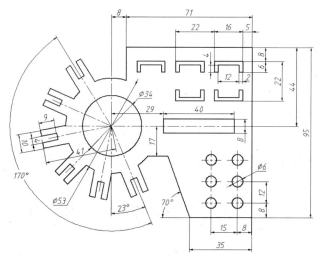

图 2-63　绘制平面图形（练习 2-17）

主要作图步骤如图 2-64 所示，详细绘图过程请参见素材文件"\avi\第 02 章\2-17.avi"。

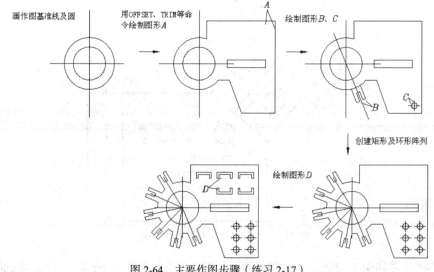

图 2-64　主要作图步骤（练习 2-17）

2.5 小   结

本章主要介绍了如何创建直线、圆、椭圆及多边形等基本几何对象，并提供了一系列绘图实例供读者实战练习。

图纸设计的大部分工作是画线，用户绘制水平、竖直及倾斜线段构成零件的各个视图，因此快速、准确地绘制线段是提高设计效率的关键。AutoCAD 为用户提供了多种画线及定位的辅助工具，如正交模式、对象捕捉、极轴追踪及自动追踪等，用户若能掌握这些工具并学会一些实用技巧，将极大地提高画线速度。实际绘图时，用户可同时打开对象捕捉、极轴追踪及自动追踪功能，这样就既能方便地沿极轴方向画线，又能较容易地沿极轴方向定位。

在 AutoCAD 中创建基本几何对象是很简单的，例如使用 CIRCLE、RECTANG 命令就可在任意位置上绘制不同大小的圆和矩形。但要真正掌握 AutoCAD 并使之为你有效地服务，仅停留在熟悉单个作图命令的使用上是不行的，重要的是能够将这些命令组合起来灵活地、准确地创建各种复杂图形。要达到这个目的，方法之一就是将单个命令与具体练习相结合，在练习过程中巩固已学习的命令及体会作图的方法，只有这样才能全面、深入地掌握 AutoCAD。

2.6 习   题

1. 利用点的相对坐标绘图，如图 2-65 所示。
2. 打开极轴追踪、对象捕捉及自动追踪功能并绘制，如图 2-66 所示的图形。

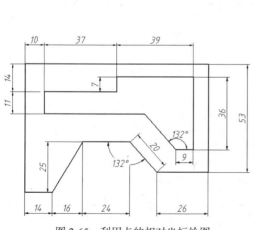

图 2-65 利用点的相对坐标绘图

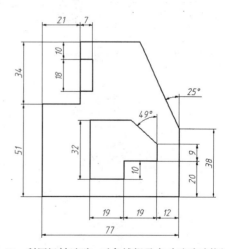

图 2-66 利用极轴追踪、对象捕捉及自动追踪功能绘图

3. 用 OFFSET 及 TRIM 命令绘图，如图 2-67 所示。
4. 绘制如图 2-68 所示的图形。
5. 绘制如图 2-69 所示的图形。
6. 绘制如图 2-70 所示的图形。

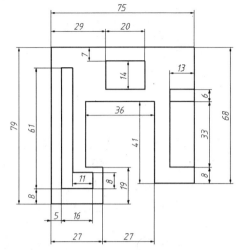

图 2-67　用 OFFSET 及 TRIM 命令绘图

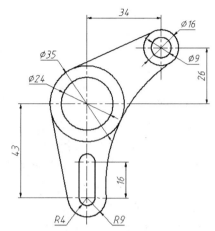

图 2-68　绘制平面图形一

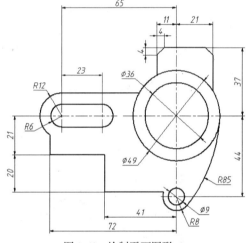

图 2-69　绘制平面图形二

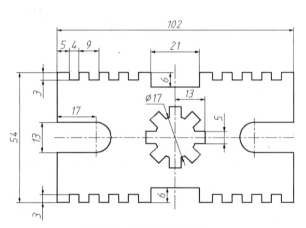

图 2-70　绘制平面图形三

第3章
平面绘图基本训练（二）

通过本章的学习，读者可以掌握旋转、拉伸及按比例缩放图形的方法，了解关键点的编辑方式，并学会一些编辑技巧。

3.1 调整图形倾斜方向及形状

本节介绍旋转、对齐、拉伸及按比例缩放图形的方法。

3.1.1 旋转及对齐实体

ROTATE 命令可以旋转图形对象，改变图形对象方向。使用此命令时，用户指定旋转基点并输入旋转角度就可以转动图形实体。此外，也可以用某个方位作为参照位置，然后选择一个新对象或输入一个新角度值来指明要旋转到的位置。

ALIGN 命令可以同时移动、旋转一个对象使之与另一对象对齐。例如，用户可以使图形对象中某点、某条直线或某一个面（三维实体）与另一实体的点、线、面对齐。操作过程中，用户只需按照 AutoCAD 提示指定源对象与目标对象的一点、两点或三点对齐就可以了。

【练习3-1】 打开素材文件"\dwg\第 03 章\3-1.dwg"，用 LINE、CIRCLE、ROTATE 和 ALIGN 等命令将图 3-1 中的左图修改为右图。

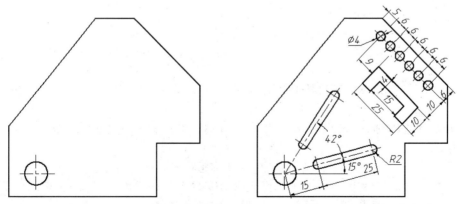

图 3-1 用 LINE、CIRCLE、ROTATE 和 ALIGN 等命令绘图

请读者先观看素材文件"\avi\第 03 章\3-1.avi"，然后按照以下操作步骤练习。

（1）用 LINE、CIRCLE 等命令绘制线框 *A*，如图 3-2 左图所示，再用 ROTATE 命令旋转该线框，如图 3-2 右图所示。

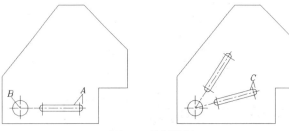

图 3-2　绘制线框

单击"修改"工具栏上的 ⟳ 按钮或输入命令代号 ROTATE，启动旋转命令。

命令：_rotate

选择对象：指定对角点：找到 7 个　　　　　　　　//选择线框 A，如图 3-2 左图所示

选择对象：　　　　　　　　　　　　　　　　　　//按 Enter 键确认

指定基点：cen 于　　　　　　　　　　　　　　　//捕捉圆心 B

指定旋转角度，或 [复制(C)/参照(R)] <345>: 15　//输入旋转角度

命令：ROTATE　　　　　　　　　　　　　　　　　//重复命令

选择对象：指定对角点：找到 7 个　　　　　　　　//选择线框 C，如图 3-2 右图所示

选择对象：　　　　　　　　　　　　　　　　　　//按 Enter 键确认

指定基点：cen 于　　　　　　　　　　　　　　　//捕捉圆心 B

指定旋转角度，或 [复制(C)/参照(R)] <15>: c　　//使用"复制(C)"选项

指定旋转角度，或 [复制(C)/参照(R)] <15>: 42　//输入旋转角度

结果如图 3-2 右图所示。

（2）绘制定位线 D、E 及图形 F，如图 3-3 左图所示，再用 ALIGN 命令将图形 F 定位到正确的位置，如图 3-3 右图所示。

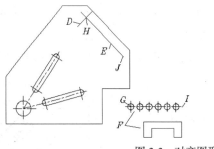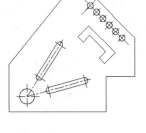

图 3-3　对齐图形

输入命令代号 ALIGN，启动对齐命令。

命令：align

选择对象：指定对角点：找到 22 个　　　　　　　//选择图形 F，如图 3-3 左图所示

选择对象：　　　　　　　　　　　　　　　　　　//按 Enter 键

指定第一个源点：cen 于　　　　　　　　　　　　//捕捉第一个源点 G

指定第一个目标点：int 于　　　　　　　　　　　//捕捉第一个目标点 H

指定第二个源点：end 于　　　　　　　　　　　　//捕捉第二个源点 I

指定第二个目标点：end 于　　　　　　　　　　　//捕捉第二个目标点 J

指定第三个源点或 <继续>:　　　　　　　　　　　//按 Enter 键

是否基于对齐点缩放对象？[是(Y)/否(N)] <否>:　//按 Enter 键不缩放源对象

结果如图 3-3 右图所示。

ROTATE 命令的常用选项说明如下。

● 指定旋转角度：指定旋转基点并输入绝对旋转角度来旋转实体。如果输入负的旋转角，则选定的对象顺时针旋转，反之选定的对象将逆时针旋转。

● 复制(C)：旋转对象的同时复制对象。

● 参照(R)：将对象从当前位置旋转到新位置。用户首先拾取两个点以表明当前位置，然后再指定一个点表明要旋转到的位置，也可以输入新角度值来指明要旋转到的方位。

3.1.2 拉伸图形及按比例缩放图形

STRETCH 命令可以一次将多个图形对象沿指定的方向进行拉伸，编辑过程中必须用交叉窗口选择对象，除被选中的对象外，其他图形元素的大小及相互间的几何关系将保持不变。

SCALE 命令可将对象按指定的比例因子相对于基点放大或缩小，也可把对象缩放到指定的尺寸。

【练习 3-2】 打开素材文件 "\dwg\第 03 章\3-2.dwg"，用 STRETCH 及 SCALE 命令将图 3-4 中的左图修改为右图。

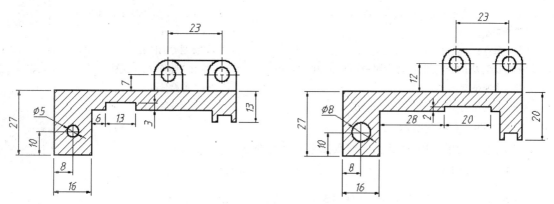

图 3-4　拉伸图形及按比例缩放图形

请读者先观看素材文件 "\avi\第 03 章\3-2.avi"，然后按照以下操作步骤练习。

（1）用交叉窗口选择对象，将选中的对象向上拉伸 5 个图形单位，如图 3-5 所示。

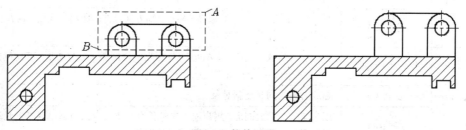

图 3-5　拉伸图形

单击"修改"工具栏上的 按钮或输入命令代号 STRETCH，启动拉伸命令。

命令：_stretch

　　　　　　　　　　　　　　　//以交叉窗口选择要拉伸的对象，如图 3-5 左图所示

选择对象：　　　　　　　　　　//单击 A 点

指定对角点：找到 13 个	//单击 B 点
选择对象：	//按 Enter 键
指定基点或 [位移(D)] <位移>：	//在屏幕上单击一点
指定第二个点或 <使用第一个点作为位移>：@0,5	//输入第二点的相对坐标

结果如图 3-5 右图所示。

（2）用 SCALE 命令将 ∅5 的圆放大到 ∅8，如图 3-6 所示。

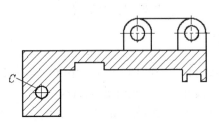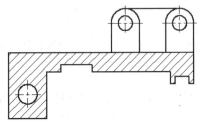

图 3-6　按比例缩放图形

单击"修改"工具栏上的□按钮或输入命令代号 SCALE，启动比例缩放命令。

命令：_scale

选择对象：指定对角点：找到 3 个	//选择圆 C，如图 3-6 左图所示
选择对象：	//按 Enter 键
指定基点：cen 于	//捕捉圆 C 的圆心
指定比例因子或 [复制(C)/参照(R)] <0.8000>：r	//使用"参照(R)"选项
指定参照长度 <1.0000>：5	//输入原始长度
指定新的长度或 [点(P)] <1.0000>：8	//输入缩放后的长度

结果如图 3-6 右图所示。

（3）请读者用 STRETCH 命令修改图形的其他部分。

STRETCH 和 SCALE 命令常用的命令选项如表 3-1 所示。

表 3-1　　　　　　　　　　STRETCH 和 SCALE 命令常用命令选项及其功能

命　令	选　项	功　能
STRETCH	指定基点	打开正交或极轴追踪功能，就能方便地将实体只沿 x 轴或 y 轴方向拉伸。当 AutoCAD 提示"指定基点"时，单击一点并把实体向水平或竖直方向拉伸，然后输入拉伸值即可
	位移(D)	以"X，Y"方式输入对象沿 x 轴、y 轴方向拉伸的距离，或用"距离<角度"方式输入拉伸的距离和方向
SCALE	指定比例因子	直接输入缩放比例因子，AutoCAD 根据此比例因子缩放图形。若比例因子小于 1，则缩小对象；否则，放大对象
	复制(C)	缩放对象的同时复制对象
	参照(R)	以参照方式缩放图形。用户输入参考长度及新长度，AutoCAD 把新长度与参考长度的比值作为缩放比例因子进行缩放

3.1.3　上机练习——绘制导向板零件图

【练习 3-3】　使用 LINE、OFFSET、ROTATE 及 STRETCH 等命令绘制导向板零件图，如图 3-7 所示。

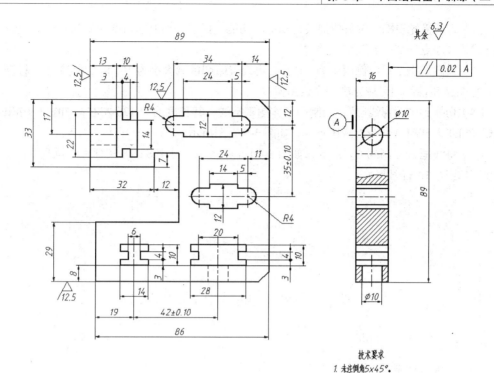

图 3-7 导向板零件图

主要作图步骤如图 3-8 所示,详细绘图过程请参见素材文件 "\avi\第 03 章\3-3.avi"。

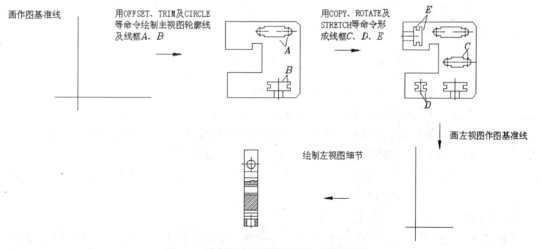

图 3-8 绘制导向板零件图的主要作图步骤

(1) 创建如下 4 个图层。

名 称	颜 色	线 型	线 宽
轮廓线层	绿色	Continuous	0.5
虚线层	黄色	Dashed	默认
中心线层	红色	Center	默认
剖面线层	白色	Continuous	默认

（2）打开极轴追踪、对象捕捉及自动追踪功能。指定极轴追踪角度增量为 90°，设置对象捕捉方式为"端点"、"交点"。

（3）设置线型全局比例因子为"0.2"，再设置绘图区域大小为 120×120。单击"标准"工具栏上的 按钮使绘图区域充满整个绘图窗口。

（4）切换到"轮廓线层"，绘制两条作图基准线，其长度均为 120 左右，如图 3-9 左图所示。用 OFFSET 及 TRIM 命令形成图形 A，如图 3-9 右图所示。

（5）将线框 B 复制到 C、D 处，如图 3-10 左图所示。再用 STRETCH 命令调整线框 C、D 的尺寸，如图 3-10 右图所示。

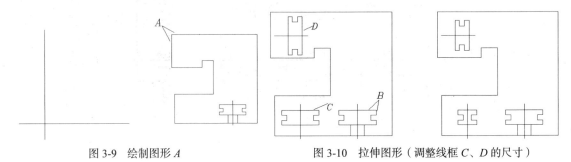

图 3-9　绘制图形 A　　　　　　　　　　图 3-10　拉伸图形（调整线框 C、D 的尺寸）

（6）请读者绘制零件图的其余部分。

3.2　创建点对象、圆环及图块

下面介绍创建点对象、圆环及图块的方法。

3.2.1　创建点对象、等分点及测量点

在 AutoCAD 中可用 POINT 命令创建单独的点对象，这些点可用"nod"进行捕捉。点的外观由点样式控制，一般在创建点之前要先设置点的样式，但也可先绘制点，然后再设置点样式。

DIVIDE 命令根据等分数目在图形对象上放置等分点，这些点并不分割对象，只是标明等分的位置。AutoCAD 中可等分的图形元素包括线段、圆、圆弧、样条线和多段线等。

MEASURE 命令在图形对象上按指定的距离放置点对象，对于不同类型的图形元素，距离测量的起始点是不同的。当操作对象为直线、圆弧或多段线时，起始点位于距选择点最近的端点。如果是圆，则一般从 0° 角开始进行测量。

【练习 3-4】　打开素材文件"\dwg\第 03 章\3-4.dwg"，如图 3-11 左图所示。用 POINT、DIVIDE 及 MEASURE 等命令将左图修改为右图。

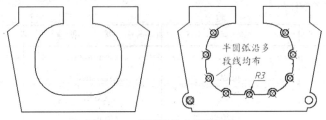

图 3-11　创建等分点及测量点

请读者先观看素材文件"\avi\第 03 章\3-4.avi"，然后按照以下操作步骤练习。

（1）设置点样式。选取菜单命令"格式"/"点样式"，打开"点样式"对话框，如图 3-12 所示。该对话框中提供了多种样式的点，用户可根据需要选择其中的一种，此外，还能通过"点大小"框指定点的大小。点的大小既可相对于屏幕大小来设置，也可直接输入点的绝对尺寸。

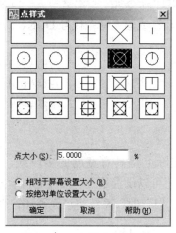

图 3-12　"点样式"对话框

（2）创建等分点及测量点，如图 3-13 左图所示。

选取菜单命令"绘图"/"点"/"定数等分"或输入命令代号 DIVIDE，启动创建等分点命令。

命令: _divide

选择要定数等分的对象:　　　　　　　　　　　//选择多段线 A，如图 3-13 左图所示

输入线段数目或 [块(B)]: 10　　　　　　　　//输入等分的数目

选取菜单命令"绘图"/"点"/"定距等分"或输入命令代号 MEASURE，启动创建测量点命令。

命令: _measure

选择要定距等分的对象:　　　　　　　　　　　//在 B 端处选择线段

指定线段长度或 [块(B)]: 36　　　　　　　　//输入测量长度

命令:

MEASURE　　　　　　　　　　　　　　　　　　　//重复命令

选择要定距等分的对象:　　　　　　　　　　　//在 C 端处选择线段

指定线段长度或 [块(B)]: 36　　　　　　　　//输入测量长度

结果如图 3-13 左图所示。

（3）绘制圆及圆弧，结果如图 3-13 右图所示。

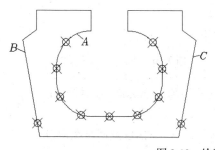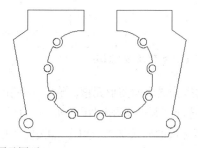

图 3-13　绘制圆及圆弧

3.2.2　绘制圆环或圆点

DONUT 命令用于创建填充圆环或实心填充圆。启动该命令后，用户依次输入圆环内径、外径及圆心，AutoCAD 即可生成圆环。若要绘制实心圆，指定内径为"0"即可。

【练习 3-5】　练习使用 DONUT 命令。

选取菜单命令"绘图"/"圆环"或输入命令代号 DONUT，启动创建圆环命令。

命令：_donut	
指定圆环的内径 <2.0000>: 3	//输入圆环内径
指定圆环的外径 <5.0000>: 6	//输入圆环外径
指定圆环的中心点或<退出>:	//指定圆心
指定圆环的中心点或<退出>:	//按 Enter 键结束

结果如图 3-14 所示。

图 3-14　绘制圆环

DONUT 命令生成的圆环实际上是具有宽度的多段线，用户可用 PEDIT 命令编辑该对象。此外，还可以设置是否对圆环进行填充，在命令行输入 FILLMODE 命令，当把变量 FILLMODE 设置为"1"时，系统将填充圆环；否则，不填充。

3.2.3　定制及插入标准件块

在机械工程中有大量反复使用的标准件，如轴承、螺栓和螺钉等。由于某种类型的标准件其结构形状是相同的，只是尺寸、规格有所不同，因而作图时，常事先将它们生成图块。这样，当用到标准件时只需插入已定义的相应图块即可。

【练习 3-6】　创建及插入图块。

（1）打开素材文件"\dwg\第 03 章\3-6.dwg"，如图 3-15 所示。

（2）单击"绘图"工具栏上的 按钮或键入 BLOCK 命令，AutoCAD 打开"块定义"对话框，在"名称"框中输入块名"螺栓"，如图 3-16 所示。

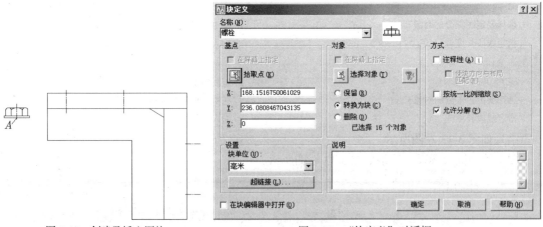

图 3-15　创建及插入图块　　　　图 3-16　"块定义"对话框

（3）选择构成块的图形元素。单击 按钮（选择对象），AutoCAD 返回绘图窗口，并提示"选择对象"，选择"螺栓头及垫圈"，如图 3-15 所示。

（4）指定块的插入基点。单击 按钮（拾取点），AutoCAD 返回绘图窗口，并提示"指定插入基点"，拾取 A 点，如图 3-15 所示。

（5）单击 确定 按钮，AutoCAD 生成图块。

（6）插入图块。单击"绘图"工具栏上的 按钮或键入 INSERT 命令，AutoCAD 打开"插入"对话框，在"名称"下拉列表中选择"螺栓"，并在"插入点"、"比例"及"旋转"区域中选择"在屏幕上指定"复选项，如图 3-17 所示。

（7）单击 确定 按钮，AutoCAD 提示如下：

```
命令: _insert
指定插入点或 [基点(B)/比例(S)/X/Y/Z/旋转(R)]: int 于
                            //指定插入点 B，如图 3-18 所示
输入 X 比例因子，指定对角点，或 [角点(C)/XYZ(XYZ)] <1>: 1
                            //输入 x 方向缩放比例因子
输入 Y 比例因子或 <使用 X 比例因子>: 1      //输入 y 方向缩放比例因子
指定旋转角度 <0>: -90               //输入图块的旋转角度
```

结果如图 3-18 所示。

图 3-17 "插入"对话框

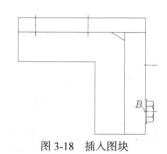

图 3-18 插入图块

可以指定 X、Y 方向的负缩放比例因子，此时插入的图块将做镜像变换。

（8）请读者插入其余图块。

"块定义"及"插入"对话框中常用选项及其功能如表 3-2 所示。

表 3-2   "块定义"及"插入"对话框中常用选项及其功能

对 话 框	选 项	功 能
"块定义"	"名称"框	在此列表框中输入新建图块的名称
	"选择对象"按钮	单击此按钮，AutoCAD 切换到绘图窗口，用户可在绘图区中选择构成图块的图形对象
	"拾取点"按钮	单击此按钮，AutoCAD 切换到绘图窗口，用户可直接在图形中拾取某点作为块的插入基点
	"保留"单选项	AutoCAD 生成图块后，还保留构成块的原对象
	"转换为块"单选项	AutoCAD 生成图块后，把构成块的原对象也转化为块
"插入"	"名称"框	通过这个下拉列表，选择要插入的块。如果要将".dwg"文件插入到当前图形中，首先单击 浏览(R)... 按钮，然后选择要插入的文件
	"统一比例"复选项	使块沿 x 轴、y 轴、z 轴方向的缩放比例都相同
	"分解"复选项	AutoCAD 在插入块的同时分解块对象

3.3 面 域 造 型

域（REGION）是指二维的封闭图形，它可由直线、多段线、圆、圆弧、样条曲线等对象围成，但应保证相邻对象间共享连接的端点，否则将不能创建域。域是一个单独的实体，具有面积、周长及形心等几何特征，使用它作图与传统的作图方法是截然不同的，此时可采用"并"、"交"及"差"等布尔运算来构造不同形状的图形，图 3-19 显示了 3 种布尔运算的结果。

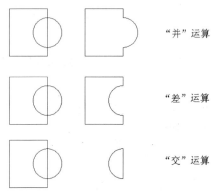

"并"运算

"差"运算

"交"运算

图 3-19　3 种布尔运算的结果

3.3.1 创建面域

REGION 命令用于生成面域，启动该命令后，用户选择 1 个或多个封闭图形，就能创建出面域。

【练习 3-7】 打开素材文件 "\dwg\第 03 章\3-7.dwg"，如图 3-20 所示。用 REGION 命令将该图创建成面域。

单击"绘图"工具栏上的 ⌀ 按钮或输入命令代号 REGION，启动创建面域命令。

```
命令: _region
选择对象: 找到 7 个       //选择矩形及两个圆，如图 3-20 所示
选择对象:              //按 Enter 键结束
```

图 3-20 中包含了 3 个闭合区域，因而 AutoCAD 创建 3 个面域。

图 3-20　创建面域

面域是以线框的形式显示出来的，用户可以对面域进行移动、复制等操作，还可用 EXPLODE 命令分解面域，使其还原为原始图形对象。

默认情况下，REGION 命令在创建面域的同时将删除原对象，如果用户希望保留原始对象，需设置 DELOBJ 系统变量为 "0"。

3.3.2 并运算

并运算将所有参与运算的面域合并为一个新面域。

【练习 3-8】 打开素材文件 "\dwg\第 03 章\3-8.dwg"，如图 3-21 左图所示。用 UNION 命令

将左图修改为右图。

选取菜单命令"修改"/"实体编辑"/"并集"或输入命令代号 UNION，启动并运算命令。

命令：union
选择对象：找到 7 个　　　　　　　　　//选择 5 个面域，如图 3-21 左图所示
选择对象：　　　　　　　　　　　　　//按 Enter 键结束

结果如图 3-21 右图所示。

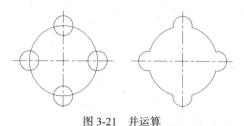

图 3-21　并运算

3.3.3　差运算

可利用差运算从一个面域中去掉一个或多个面域，从而形成一个新面域。

【练习 3-9】　打开素材文件 "\dwg\第 03 章\3-9.dwg"，如图 3-22 左图所示。用 SUBTRACT 命令将左图修改为右图。

选取菜单命令"修改"/"实体编辑"/"差集"或输入命令代号 SUBTRACT，启动差运算命令。

命令：subtract
选择对象：找到 1 个　　　　　　　　　//选择大圆面域，如图 3-22 左图所示
选择对象：　　　　　　　　　　　　　//按 Enter 键
选择对象：总计 4 个　　　　　　　　　//选择 4 个小矩形面域
选择对象　　　　　　　　　　　　　　//按 Enter 键结束

结果如图 3-22 右图所示。

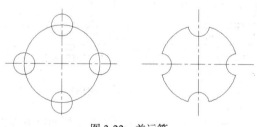

图 3-22　差运算

3.3.4　交运算

交运算可以求出各个相交面域的公共部分。

【练习 3-10】　打开素材文件 "\dwg\第 03 章\3-10.dwg"，如图 3-23 左图所示。用 INTERSECT 命令将左图修改为右图。

选取菜单命令"修改"/"实体编辑"/"交集"或输入命令代号 INTERSECT，启动交运算命令。

命令: intersect

选择对象: 找到 2 个　　　　　　　　　　　　//选择圆面域及矩形面域, 如图 3-23 左图所示

选择对象:　　　　　　　　　　　　　　　　//按 Enter 键结束

结果如图 3-23 右图所示。

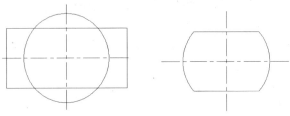

图 3-23　交运算

3.3.5　面域造型应用实例

面域造型的特点是通过面域对象的并、交或差运算来创建图形, 当图形边界比较复杂时, 这种作图法的效率是很高的。要采用这种方法作图, 首先必须对图形进行分析, 以确定应生成哪些面域对象, 然后考虑如何进行布尔运算形成最终的图形。例如, 对于图 3-24 所示的图形, 可看成是由一系列矩形面域组成的, 对这些面域进行并运算就形成了所需的图形。

【练习 3-11】　利用面域造型法绘制如图 3-24 所示的图形。

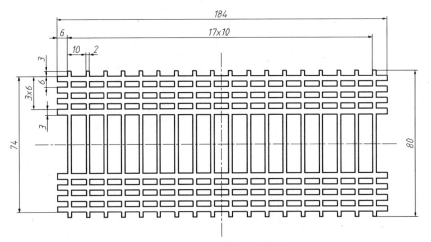

图 3-24　利用面域造型法绘图

请读者先观看素材文件 "\avi\第 03 章\3-11.avi", 然后按照以下操作步骤练习。

（1）绘制两个矩形并将它们创建成面域, 如图 3-25 所示。

图 3-25　绘制两个矩形并创建面域

（2）阵列矩形，再进行镜像操作，如图 3-26 所示。

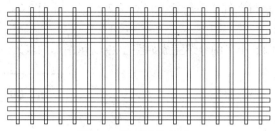

图 3-26　阵列及镜像对象

（3）对所有矩形面域执行并运算，结果如图 3-27 所示。

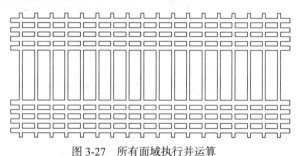

图 3-27　所有面域执行并运算

3.4　关键点编辑方式

关键点编辑方式是一种集成的编辑模式，该模式包含了如下 5 种编辑方法。

- 拉伸。
- 移动。
- 旋转。
- 比例缩放。
- 镜像。

默认情况下，AutoCAD 的关键点编辑方式是开启的。当用户选择实体后，实体上将出现若干方框，这些方框被称"为关键点"。把十字形鼠标光标靠近方框并单击鼠标左键，激活关键点编辑状态，此时，AutoCAD 自动进入"拉伸"编辑方式，连续按 Enter 键，就可以在所有编辑方式间切换。此外，也可在激活关键点后再单击鼠标右键，弹出快捷菜单，如图 3-28 所示，通过此菜单即可选择某种编辑方法。

图 3-28　右键快捷菜单

在不同的编辑方式间切换时，AutoCAD 为每种编辑方式提供的选项基本相同，其中"基点(B)"、"复制(C)"选项是所有编辑方式所共有的。

- "基点(B)"：该选项使用户可以拾取某一个点作为编辑过程的基点。例如，当进入了旋转编辑模式，并要指定一个点作为旋转中心时，就使用"基点(B)"选项。默认情况下，编辑的基点是热关键点（选中的关键点）。

- "复制(C)"：如果用户在编辑的同时还需复制对象，则选取此选项。

下面通过一个例子使读者熟悉关键点编辑方式。

【练习 3-12】　打开素材文件 "\dwg\第 03 章\3-12.dwg"，如图 3-29 左图所示。利用关键点编辑方式将左图修改为右图。

下面将通过 3.4.1～3.4.5 小节的介绍完成如图 3-29 所示图形的修改。

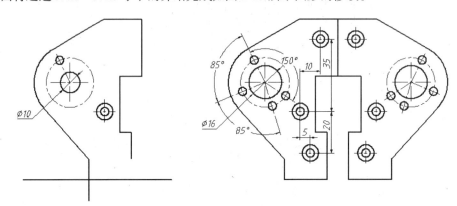

图 3-29　利用关键点编辑图形

3.4.1　利用关键点拉伸

在拉伸编辑模式下，当热关键点是线条的端点时，将有效地拉伸或缩短对象。如果热关键点是线条的中点、圆或圆弧的圆心或者属于块、文字、尺寸数字等实体时，这种编辑方式只移动对象。

利用关键点拉伸直线

打开极轴追踪、对象捕捉及自动追踪功能。指定极轴追踪角度增量为 90°，设置对象捕捉方式为 "端点"、"圆心" 及 "交点"。

命令：	//选择直线 A，如图 3-30 左图所示
命令：	//选中关键点 B
** 拉伸 **	//进入拉伸模式
指定拉伸点或 [基点(B)/复制(C)/放弃(U)/退出(X)]：	//向下移动鼠标光标并捕捉 C 点

继续调整其他线条长度，结果如图 3-30 右图所示。

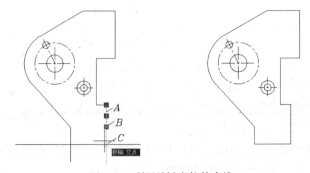

图 3-30　利用关键点拉伸直线

要点提示　　　　打开正交状态后，用户就可利用关键点拉伸方式很方便地改变水平或竖直直线的长度。

3.4.2   利用关键点移动及复制对象

关键点移动模式可以编辑单一对象或一组对象，在此方式下使用"复制(C)"选项就能在移动实体的同时对其进行复制。这种编辑模式的使用与普通的 MOVE 命令很相似。

利用关键点复制对象

命令：	//选择对象 D，如图 3-31 左图所示
命令：	//选中一个关键点
** 拉伸 **	
指定拉伸点或 [基点(B)/复制(C)/放弃(U)/退出(X)]：	//进入拉伸模式
** 移动 **	//按 Enter 键进入移动模式
指定移动点或 [基点(B)/复制(C)/放弃(U)/退出(X)]：c	//利用"复制(C)"选项进行复制
** 移动（多重）**	
指定移动点或 [基点(B)/复制(C)/放弃(U)/退出(X)]：b	//使用"基点(B)"选项
指定基点：	//捕捉对象 D 的圆心
** 移动（多重）**	
指定移动点或 [基点(B)/复制(C)/放弃(U)/退出(X)]：@10,35	//输入相对坐标
** 移动（多重）**	
指定移动点或 [基点(B)/复制(C)/放弃(U)/退出(X)]：@5,-20	//输入相对坐标
指定移动点或 [基点(B)/复制(C)/放弃(U)/退出(X)]：	//按 Enter 键结束

结果如图 3-31 右图所示。

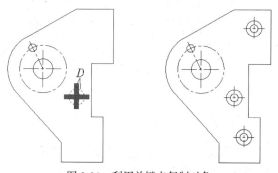

图 3-31   利用关键点复制对象

3.4.3   利用关键点旋转对象

旋转对象是绕旋转中心进行的，当使用关键点编辑模式时，热关键点就是旋转中心，用户也可以指定其他点作为旋转中心。这种编辑方法与 ROTATE 命令相似，它的优点在于一次可将对象旋转且复制到多个方位。

旋转操作中"参照(R)"选项有时非常有用，该选项可以使旋转图形实体与某个新位置对齐。

利用关键点旋转对象

命令：	//选择对象 E，如图 3-32 左图所示
命令：	//选中一个关键点
** 拉伸 **	//进入拉伸模式

指定拉伸点或 [基点(B)/复制(C)/放弃(U)/退出(X)]: _rotate   //单击右键，选择"旋转"选项

** 旋转 **   //进入旋转模式

指定旋转角度或 [基点(B)/复制(C)/放弃(U)/参照(R)/退出(X)]: c   //利用"复制(C)"选项进行复制

** 旋转（多重）**

指定旋转角度或 [基点(B)/复制(C)/放弃(U)/参照(R)/退出(X)]: b   //使用"基点(B)"选项

指定基点: //捕捉圆心 F

** 旋转（多重）**

指定旋转角度或 [基点(B)/复制(C)/放弃(U)/参照(R)/退出(X)]: 85   //输入旋转角度

** 旋转（多重）**

指定旋转角度或 [基点(B)/复制(C)/放弃(U)/参照(R)/退出(X)]: 170   //输入旋转角度

** 旋转（多重）**

指定旋转角度或 [基点(B)/复制(C)/放弃(U)/参照(R)/退出(X)]: -150   //输入旋转角度

** 旋转（多重）**

指定旋转角度或 [基点(B)/复制(C)/放弃(U)/参照(R)/退出(X)]:   //按 Enter 键结束

结果如图 3-32 右图所示。

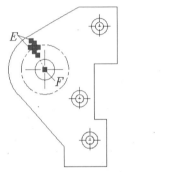

图 3-32　利用关键点旋转对象

3.4.4　利用关键点缩放对象

关键点编辑方式也提供了缩放对象的功能，当切换到缩放模式时，当前激活的热关键点是缩放的基点。用户可以输入比例系数对实体进行放大或缩小，也可利用"参照(R)"选项将实体缩放到某一尺寸。

利用关键点缩放模式缩放对象

命令: //选择圆 G，如图 3-33 左图所示

命令: //选中任意一个关键点

** 拉伸 **   //进入拉伸模式

指定拉伸点或 [基点(B)/复制(C)/放弃(U)/退出(X)]: _scale

    //单击右键，选择"缩放"选项

** 比例缩放 **   //进入比例缩放模式

指定比例因子或 [基点(B)/复制(C)/放弃(U)/参照(R)/退出(X)]: b

    //使用"基点(B)"选项指定缩放基点

指定基点: //捕捉圆 G 的圆心

** 比例缩放 **

指定比例因子或 [基点(B)/复制(C)/放弃(U)/参照(R)/退出(X)]: 1.6

//输入缩放比例值

结果如图 3-33 右图所示。

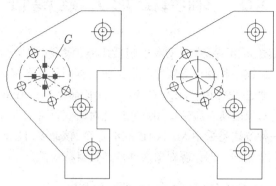

图 3-33　利用关键点缩放对象

3.4.5　利用关键点镜像对象

进入镜像模式后，AutoCAD 直接提示"指定第二点"。默认情况下，热关键点是镜像线的第一点，在拾取第二点后，此点便与第一点一起形成镜像线。如果用户要重新设置镜像线的第一点，可通过"基点(B)"选项设置。

利用关键点镜像对象

命令：	//选择要镜像的对象，如图 3-34 左图所示
命令：	//选中关键点 H
** 拉伸 **	//进入拉伸模式
指定拉伸点或 [基点(B)/复制(C)/放弃(U)/退出(X)]：_mirror	
	//单击右键，选择"镜像"选项
** 镜像 **	//进入镜像模式
指定第二点或 [基点(B)/复制(C)/放弃(U)/退出(X)]：c	//镜像并复制
** 镜像 (多重) **	
指定第二点或 [基点(B)/复制(C)/放弃(U)/退出(X)]：	//捕捉 I 点
** 镜像 (多重) **	
指定第二点或 [基点(B)/复制(C)/放弃(U)/退出(X)]：	//按 Enter 键结束

结果如图 3-34 右图所示。

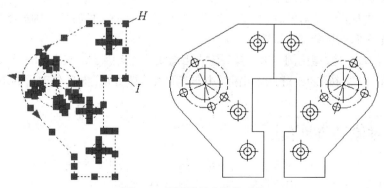

图 3-34　利用关键点镜像对象

3.5 编辑图形元素属性

AutoCAD 中，对象属性是指系统赋予对象的包括颜色、线型、图层、高度和文字样式等特性，例如直线、曲线包含图层、线型和颜色等属性项目，而文本则具有图层、颜色、字体和字高等特性。改变对象属性一般可通过 PROPERTIES 命令，使用该命令时，AutoCAD 打开"特性"对话框，该对话框中列出所选对象的所有属性，用户通过此对话框就可以很方便地修改对象属性。

改变对象属性的另一种方法是采用 MATCHPROP 命令，该命令可以使被编辑对象的属性与指定的源对象的某些属性完全相同，即让源对象属性传递给目标对象。

3.5.1 用 PROPERTIES 命令改变对象属性

下面通过修改非连续线当前线型比例因子的例子来说明 PROPERTIES 命令的用法。

【练习 3-13】 打开素材文件 "\dwg\第 03 章\3-13.dwg"，如图 3-35 所示。用 PROPERTIES 命令将左图修改为右图。

（1）选择要编辑的非连续线，如图 3-35 所示。

（2）单击"标准"工具栏上的 按钮或输入 PROPERTIES 命令，AutoCAD 打开"特性"选项板，如图 3-36 所示。

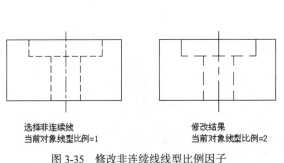

选择非连续线
当前对象线型比例=1

修改结果
当前对象线型比例=2

图 3-35 修改非连续线线型比例因子

图 3-36 "特性"选项板

根据所选对象不同，"特性"选项板中显示的属性项目也不同，但有一些属性项目几乎是所有对象拥有的，如颜色、图层及线型等。

当在绘图区中选择单个对象时，"特性"选项板就显示此对象的特性。若选择多个对象，"特性"选项板将显示它们所共有的特性。

（3）用鼠标单击"线型比例"框，然后输入当前线型比例因子，该比例因子默认值是"1"，本例输入新数值"2"，按 Enter 键，绘图窗口中非连续线立即更新，显示修改后的结果，如图 3-35 右图所示。

3.5.2 对象特性匹配

MATCHPROP 命令是一个非常有用的编辑工具。用户可使用此命令将源对象的属性（如颜色、线型、图层及线型比例等）传递给目标对象。操作时用户要选择两个对象，第一个为源对象，第二个是目标对象。

【练习 3-14】　打开素材文件"\dwg\第 03 章\3-14.dwg"，如图 3-37 左图所示。用 MATCHPROP 命令将左图修改为右图。

（1）单击"标准"工具栏上的　按钮或输入 MATCHPROP 命令，AutoCAD 提示如下：

命令: '_matchprop

选择源对象: //选择源对象，如图 3-37 左图所示

选择目标对象或 [设置(S)]: //选择第一个目标对象

选择目标对象或 [设置(S)]: //选择第二个目标对象

选择目标对象或 [设置(S)]: //按 Enter 键结束

选择源对象后，鼠标光标变成类似"刷子"的形状，用此"刷子"来选择接受属性匹配的目标对象，结果如图 3-37 右图所示。

（2）如果用户仅想使目标对象的部分属性与源对象相同，可在选择源对象后，输入"S"，此时，AutoCAD 打开"特性设置"对话框，如图 3-38 所示。默认情况下，AuotCAD 选择该对话框中所有源对象的属性进行复制，用户也可指定仅将其中部分属性传递给目标对象。

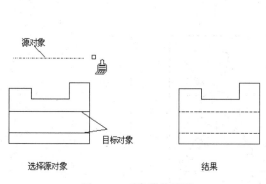

图 3-37　对象特性匹配

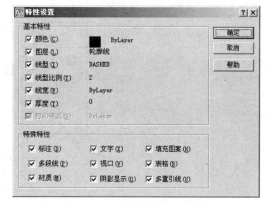

图 3-38　"特性设置"对话框

3.6　平面绘图综合练习

【练习 3-15】　绘制如图 3-39 所示的图形。

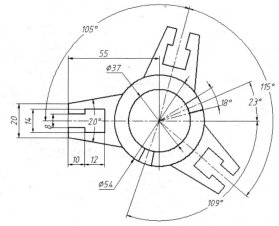

图 3-39　绘制平面图形（练习 3-15）

主要作图步骤如图 3-40 所示，详细绘图过程请参见素材文件 "\avi\第 03 章\3-15.avi"。

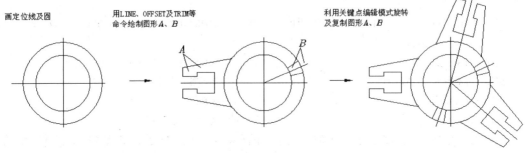

图 3-40　主要作图步骤（练习 3-15）

【练习 3-16】　绘制如图 3-41 所示的图形。

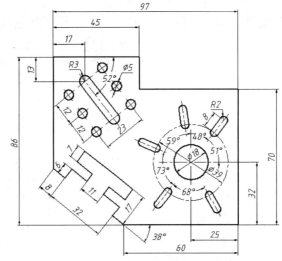

图 3-41　绘制平面图形（练习 3-16）

主要作图步骤如图 3-42 所示，详细绘图过程请参见素材文件 "\avi\第 03 章\3-16.avi"。

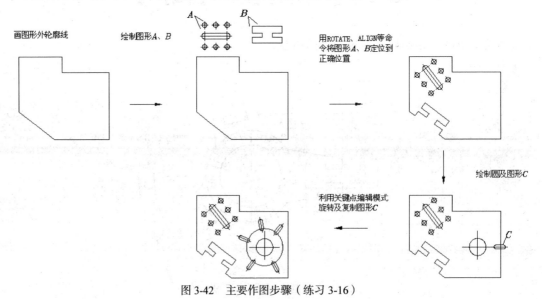

图 3-42　主要作图步骤（练习 3-16）

3.7　小　　结

本章主要介绍了一些常用的编辑命令及编辑技巧。

绘图过程中，编辑效率的高低通常决定了设计工作进展的快慢。有些用户可能已经发现，灵活且巧妙地把现有对象进行编辑以生成新的对象常常可以达到省时又省力的效果。

平面作图中的编辑工作概括起来可以分成：旋转、缩放、拉伸和对齐等几类，针对这些编辑项目，AutoCAD 提供了丰富的编辑命令，其中关键点编辑方式是最具特点的，它集中提供了常用的 5 种编辑功能，使用户不必每次在工具栏上选定命令按钮就可以完成大部分的编辑任务。

绘制倾斜图形时可使用 ROTATE 及 ALIGN 命令，用户可以先在水平位置画出图样，然后利用旋转或对齐命令将图形定位到倾斜位置。创建点对象，如某一位置处的单个点、直线或圆弧的等分点及用于标明一定距离的测量点等。

面域造型法与传统的作图方法不一样，它通过域的布尔运算来造型，此种方法在实际绘图过程中并不经常使用，一般当图形形状很不规则且边界曲线较复杂时，才采用这种方式构造图形。

3.8　习　　题

1. 利用旋转命令绘制如图 3-43 所示的图形。

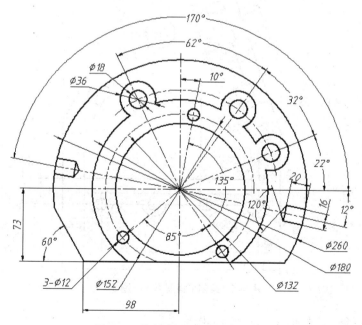

图 3-43　绘制平面图形（习题 3-1）

2. 利用旋转和按比例缩放命令绘制如图 3-44 所示的图形。

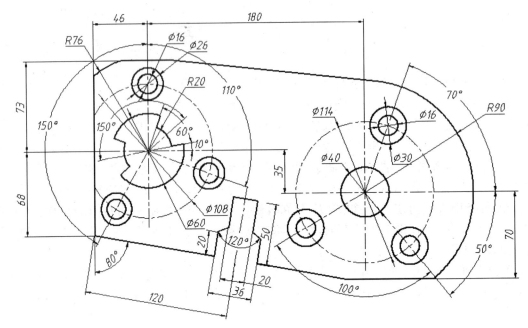

图 3-44　绘制平面图形（习题 3-2）

3.　利用关键点编辑方式绘制如图 3-45 所示的图形。

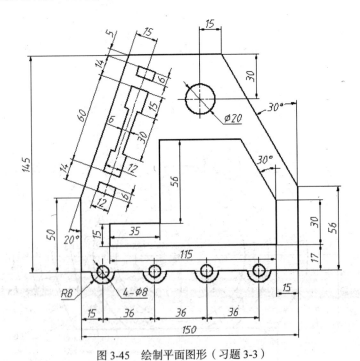

图 3-45　绘制平面图形（习题 3-3）

4.　利用对齐命令绘制如图 3-46 所示的图形。

5.　利用拉伸命令绘制如图 3-47 所示的图形。

6.　利用面域造型法绘制如图 3-48 所示的图形。

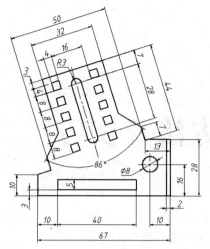

图 3-46　绘制平面图形（习题 3-4）

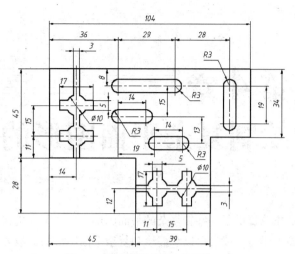

图 3-47　绘制平面图形（习题 3-5）

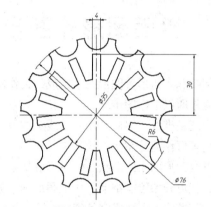

图 3-48　利用面域造型法绘图（习题 3-6）

第4章
绘制复杂平面图形的方法及技巧

本章提供了一些较复杂的平面图形，这些图在机械设计图中具有一定的难度和代表性。通过本章的学习，读者可以掌握绘制复杂平面图形的一般方法及一些实用作图技巧。

4.1 平面图形作图步骤

平面图形是由直线、圆、圆弧和多边形等图形元素组成的，作图时应从哪一部分入手呢？怎样才能更高效地绘图呢？一般应采取以下作图步骤。

（1）首先绘制图形的主要作图基准线，然后利用基准线定位及形成其他图形元素。图形的对称线、大圆中心线、重要轮廓线等可作为绘图基准线。

（2）绘制出主要轮廓线，形成图形的大致形状。一般不应从某一局部细节开始绘图。

（3）绘制出图形主要轮廓后就可开始绘制细节。先把图形细节分成几部分，然后依次绘制。对于复杂的细节，可先绘制作图基准线，再形成完整细节。

（4）修饰平面图形。用 BREAK、LENGTHEN 等命令打断及调整线条长度，再改正不适当的线型，然后修剪、擦去多余线条。

【练习 4-1】 使用 LINE、CIRCLE、OFFSET 及 TRIM 等命令绘制如图 4-1 所示的图形。

主要作图步骤如图 4-2 所示，详细绘图过程请参见素材文件 "\avi\第 04 章\4-1.avi"。

（1）创建如下两个图层。

名　　称	颜　　色	线　　型	线　　宽
轮廓线层	绿色	Continuous	0.5
中心线层	红色	Center	默认

（2）设置线型全局比例因子为 "0.2"。设置绘图区域大小为 150×150，单击 "标准" 工具栏上的 按钮使绘图区域充满整个绘图窗口。

（3）打开极轴追踪、对象捕捉及自动追踪功能。指定极轴追踪角度增量为 90°；设置对象捕捉方式为 "端点"、"交点"。

（4）切换到 "轮廓线层"，绘制两条作图基准线 A、B，如图 4-3 左图所示。线段 A、B 的长度约为 200。

（5）用 OFFSET、LINE 及 CIRCLE 等命令绘制图形的主要轮廓，如图 4-3 右图所示。

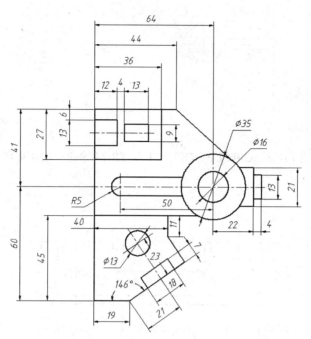

图 4-1　使用 LINE、CIRCLE、OFFSET 及 TRIM 等命令绘图

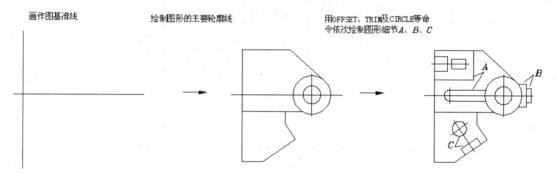

图 4-2　主要作图步骤（练习 4-1）

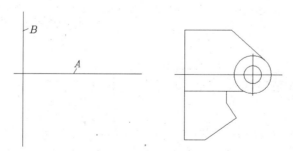

图 4-3　绘制主要轮廓

（6）用 OFFSET 及 TRIM 命令绘制图形 C，如图 4-4 左图所示。再依次绘制图形 D 和 E，如图 4-4 右图所示。

（7）绘制两条定位线 F 和 G，如图 4-5 左图所示。用 CIRCLE、OFFSET 及 TRIM 命令绘制图形 H，如图 4-5 右图所示。

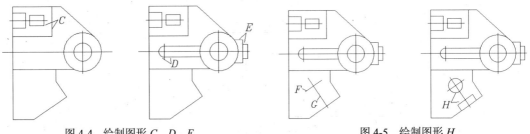

图 4-4   绘制图形 *C*、*D*、*E*   图 4-5   绘制图形 *H*

【练习 4-2】   使用 LINE、CIRCLE、OFFSET 及 TRIM 等命令绘制如图 4-6 所示的图形。

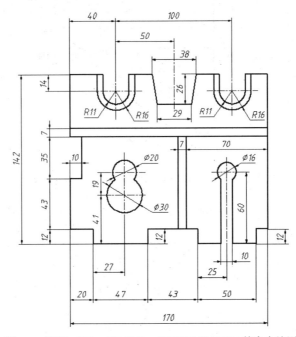

图 4-6   使用 LINE、CIRCLE、OFFSET 及 TRIM 等命令绘图

主要作图步骤如图 4-7 所示，详细绘图过程请参见素材文件 "\avi\第 04 章\4-2.avi"。

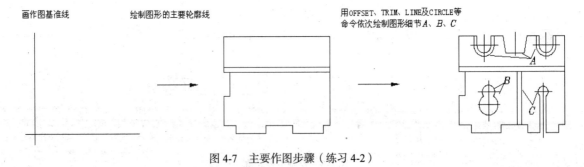

图 4-7   主要作图步骤（练习 4-2）

4.2   绘制复杂圆弧连接

【练习 4-3】   使用 LINE、CIRCLE、OFFSET 及 TRIM 等命令绘制如图 4-8 所示的图形。

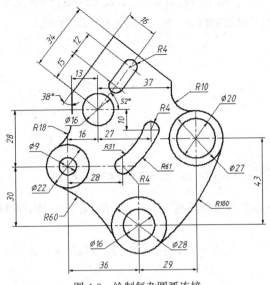

图 4-8　绘制复杂圆弧连接

主要作图步骤如图 4-9 所示，详细绘图过程请参见素材文件 "\avi\第 04 章\4-3.avi"。

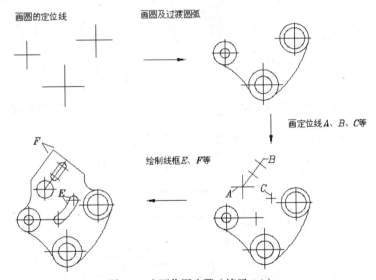

图 4-9　主要作图步骤（练习 4-3）

（1）创建如下两个图层。

名　　称	颜　　色	线　　型	线　　宽
轮廓线层	绿色	Continuous	0.5
中心线层	红色	Center	默认

（2）设置线型全局比例因子为 "0.2"。设置绘图区域大小为 150×150，单击 "标准" 工具栏上的 按钮使绘图区域充满整个绘图窗口。

（3）打开极轴追踪、对象捕捉及自动追踪功能。指定极轴追踪角度增量为 90°；设置对象捕捉方式为 "端点"、"交点"。

（4）切换到"轮廓线层"，用 LINE、OFFSET 及 LENGTHEN 等命令绘制圆的定位线，如图 4-10 左图所示。绘制圆及过渡圆弧 *A*、*B*，如图 4-10 右图所示。

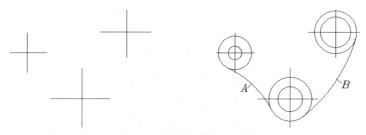

图 4-10　绘制圆及过渡圆弧 *A*、*B*

（5）用 OFFSET、XLINE 等命令绘制定位线 *C*、*D*、*E* 等，如图 4-11 左图所示。绘制圆 *F* 及线框 *G*、*H*，如图 4-11 右图所示。

（6）绘制定位线 *I*、*J* 等，如图 4-12 左图所示。绘制线框 *K*，如图 4-12 右图所示。

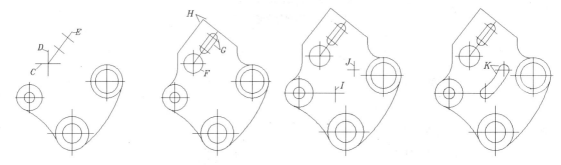

图 4-11　绘制圆 *F* 及线框 *G*、*H*　　　　　　　　　图 4-12　绘制线框 *K*

【练习 4-4】　用 LINE、CIRCLE、OFFSET 及 TRIM 等命令绘制如图 4-13 所示的图形。主要作图步骤如图 4-14 所示，详细绘图过程请参见素材文件"\avi\第 04 章\4-4.avi"。

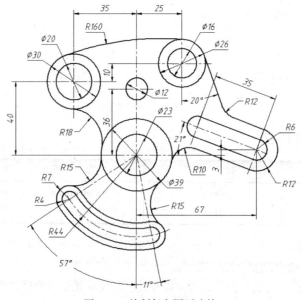

图 4-13　绘制复杂圆弧连接

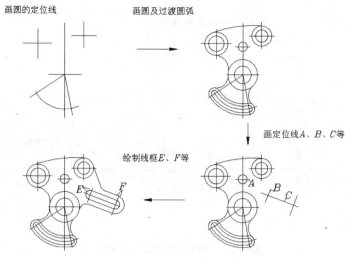

图 4-14　主要作图步骤（练习 4-4）

4.3　用 OFFSET 及 TRIM 命令快速作图

【练习 4-5】　使用 LINE、OFFSET 及 TRIM 等命令绘制如图 4-15 所示的图形。

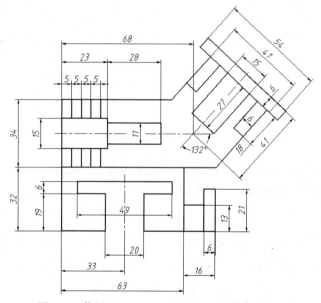

图 4-15　使用 LINE、OFFSET 及 TRIM 等命令绘图

主要作图步骤如图 4-16 所示，详细绘图过程请参见素材文件 "\avi\第 04 章\4-5.avi"。

（1）创建如下两个图层。

名　　称	颜　　色	线　　型	线　　宽
轮廓线层	绿色	Continuous	0.5
中心线层	红色	Center	默认

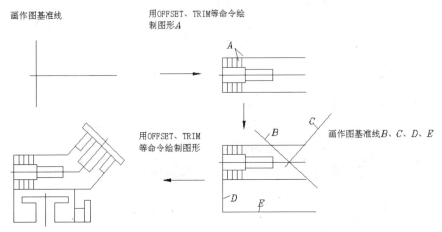

图 4-16　主要作图步骤（练习 4-5）

（2）设置线型全局比例因子为"0.2"。设置绘图区域大小为 180×180，单击"标准"工具栏上的 🔍 按钮使绘图区域充满整个绘图窗口。

（3）打开极轴追踪、对象捕捉及自动追踪功能。指定极轴追踪角度增量为 90°；设置对象捕捉方式为"端点"、"交点"。

（4）切换到"轮廓线层"，绘制水平及竖直作图基准线 A、B，两线长度分别为 90 和 60 左右，如图 4-17 左图所示。用 OFFSET 及 TRIM 命令绘制图形 C，如图 4-17 右图所示。

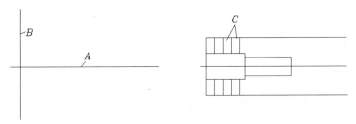

图 4-17　绘制图形 C

（5）用 XLINE 命令绘制作图基准线 D、E，两线相互垂直，如图 4-18 左图所示。用 OFFSET、TRIM 及 BREAK 等命令绘制图形 F，如图 4-18 右图所示。

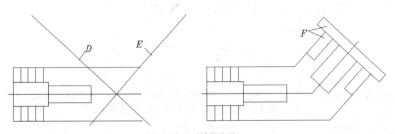

图 4-18　绘制图形 F

（6）用 LINE 命令绘制直线 G、H，这两条线是下一步作图的基准线，如图 4-19 左图所示。用 OFFSET、TRIM 命令绘制图形 J，如图 4-19 右图所示。

【练习 4-6】　使用 LINE、CIRCLE、OFFSET 及 TRIM 等命令绘制如图 4-20 所示的图形。
主要作图步骤如图 4-21 所示，详细绘图过程请参见素材文件"\avi\第 04 章\4-6.avi"。

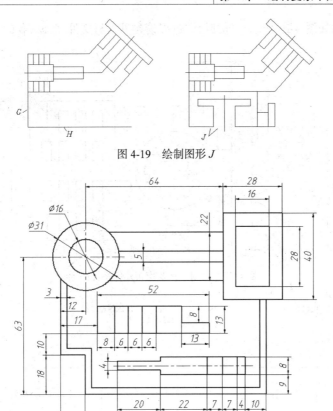

图 4-19　绘制图形 J

图 4-20　使用 LINE、CIRCLE、OFFSET 及 TRIM 等命令绘图

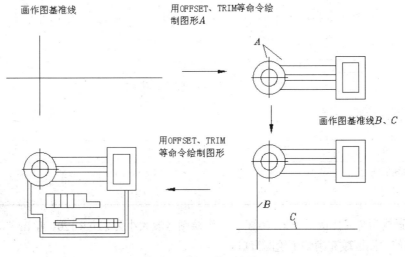

图 4-21　主要作图步骤

4.4　绘制对称图形及具有均布几何特征的图形

【练习 4-7】　使用 OFFSET、ARRAY 及 MIRROR 等命令绘制如图 4-22 所示的图形。

主要作图步骤如图 4-23 所示，详细绘图过程请参见素材文件 "\avi\第 04 章\4-7.avi"。

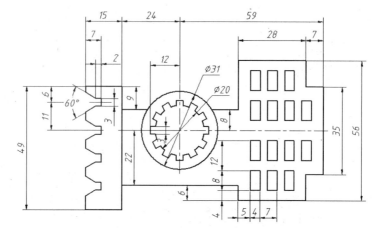

图 4-22　绘制对称及均布几何特征图形

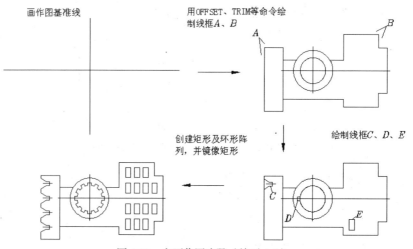

图 4-23　主要作图步骤（练习 4-7）

（1）创建如下两个图层。

名　　称	颜　　色	线　　型	线　　宽
轮廓线层	绿色	Continuous	0.5
中心线层	红色	Center	默认

（2）设置线型全局比例因子为 "0.2"。设置绘图区域大小为 120×120，单击 "标准" 工具栏上的 按钮使绘图区域充满整个绘图窗口。

（3）打开极轴追踪、对象捕捉及自动追踪功能。指定极轴追踪角度增量为 90°；设置对象捕捉方式为 "端点"、"圆心" 及 "交点"。

（4）切换到 "轮廓线层"，绘制圆的定位线 A、B，两线长度分别为 130、90 左右，如图 4-24 左图所示。绘制圆及线框 C、D，如图 4-24 右图所示。

（5）用 OFFSET 及 TRIM 绘制线框 E，如图 4-25 左图所示。用 ARRAY 命令创建线框 E 的环形阵列，如图 4-25 右图所示。

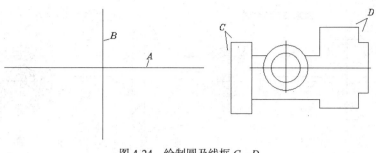

图 4-24 绘制圆及线框 *C*、*D*

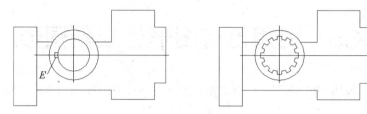

图 4-25 环形阵列图形

（6）用 LINE、OFFSET 及 TRIM 等命令绘制线框 *F*、*G*，如图 4-26 左图所示。用 ARRAY 命令创建线框 *F*、*G* 的矩形阵列，再对矩形进行镜像操作，如图 4-26 右图所示。

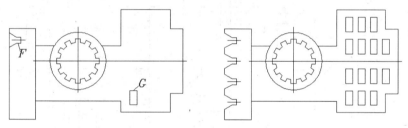

图 4-26 阵列及镜像对象

【练习 4-8】 使用 CIRCLE、OFFSET 及 ARRAY 等命令绘制如图 4-27 所示的图形。

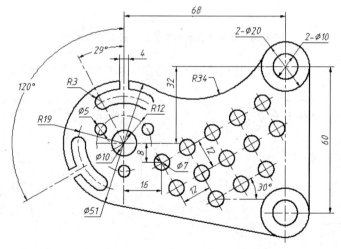

图 4-27 绘制对称及均布几何特征图形

主要作图步骤如图 4-28 所示，详细绘图过程请参见素材文件 "\avi\第 04 章\4-8.avi"。

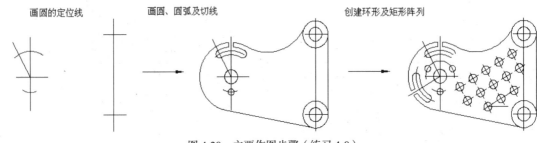

图 4-28　主要作图步骤（练习 4-8）

4.5　利用已有图形生成新图形

【练习 4-9】　使用 OFFSET、COPY、ROTATE 及 STRETCH 等命令绘制如图 4-29 所示的图形。

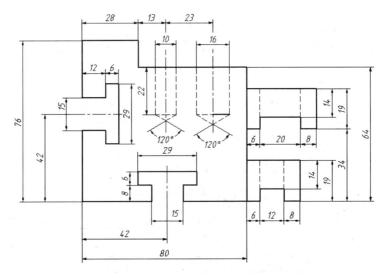

图 4-29　利用已有图形生成新图形（练习 4-9）

主要作图步骤如图 4-30 所示，详细绘图过程请参见素材文件"\avi\第 04 章\4-9.avi"。

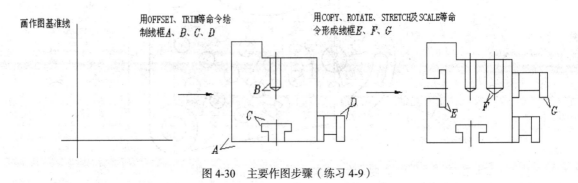

图 4-30　主要作图步骤（练习 4-9）

（1）创建如下 3 个图层。

名　称	颜　色	线　型	线　宽
轮廓线层	绿色	Continuous	0.5
中心线层	红色	Center	默认
虚线层	黄色	Dashed	默认

（2）设置线型全局比例因子为"0.2"。设置绘图区域大小为 150×150，单击"标准"工具栏上的 按钮使绘图区域充满整个绘图窗口显示出来。

（3）打开极轴追踪、对象捕捉及自动追踪功能。指定极轴追踪角度增量为 90°；设置对象捕捉方式为"端点"、"交点"。

（4）切换到"轮廓线层"，绘制作图基准线 A 和 B，其长度为 110 左右，如图 4-31 左图所示。用 OFFSET 及 TRIM 命令形成线框 C，如图 4-31 右图所示。

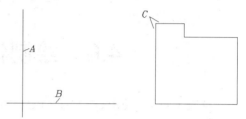

图 4-31　绘制线框 C

（5）绘制线框 B、C 和 D，如图 4-32 左图所示。用 COPY、ROTATE、SCALE 及 STRETCH 等命令形成线框 E、F 和 G，如图 4-32 右图所示。

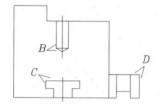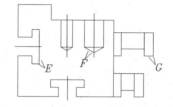

图 4-32　绘制线框 B、C、D、E、F、G

【练习 4-10】　使用 OFFSET、COPY、ROTATE 及 STRETCH 等命令绘制如图 4-33 所示的图形。

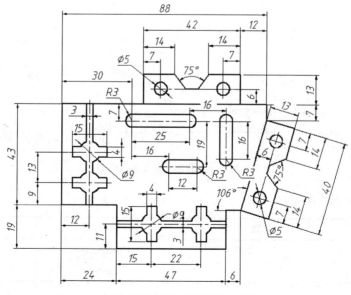

图 4-33　利用已有图形生成新图形（练习 4-10）

主要作图步骤如图 4-34 所示，详细绘图过程请参见素材文件"\avi\第 04 章\4-10.avi"。

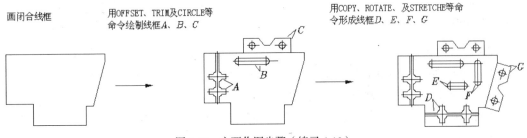

图 4-34　主要作图步骤（练习 4-10）

4.6　绘制倾斜图形的技巧

【练习 4-11】　使用 OFFSET、ROTATE 及 ALIGN 等命令绘制如图 4-35 所示的图形。

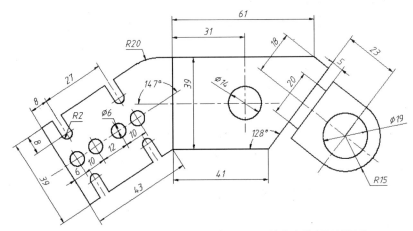

图 4-35　使用 OFFSET、ROTATE 及 ALIGN 等命令绘制倾斜图形

主要作图步骤如图 4-36 所示，详细绘图过程请参见素材文件"\avi\第 04 章\4-11.avi"。

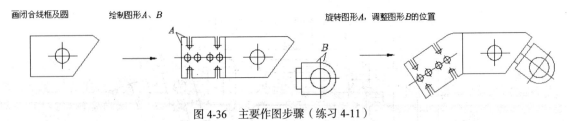

图 4-36　主要作图步骤（练习 4-11）

（1）创建如下两个图层。

名　称	颜　色	线　型	线　宽
轮廓线层	绿色	Continuous	0.5
中心线层	红色	Center	默认

（2）设置线型全局比例因子为"0.2"。设置绘图区域大小为 150×150，单击"标准"工具栏

上的 按钮使绘图区域充满整个绘图窗口。

（3）打开极轴追踪、对象捕捉及自动追踪功能。指定极轴追踪角度增量为 90°；设置对象捕捉方式为"端点"、"交点"。

（4）切换到"轮廓线层"，绘制闭合线框及圆，如图 4-37 所示。

图 4-37　绘制闭合线框及圆

（5）绘制图形 *A*，如图 4-38 左图所示。将图形 *A* 绕 *B* 点旋转 33°，然后创建圆角，如图 4-38 右图所示。

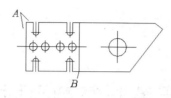
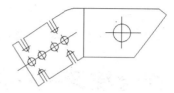

图 4-38　绘制并旋转图形 *A*

（6）绘制图形 *C*，如图 4-39 左图所示。用 ALIGN 命令将图形 *C* 定位到正确的位置，如图 4-39 右图所示。

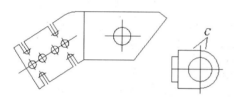
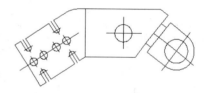

图 4-39　对齐图形

【练习 4-12】　使用 LINE、CIRCLE、OFFSET、ROTATE 及 ALIGN 等命令绘制如图 4-40 所示的图形。

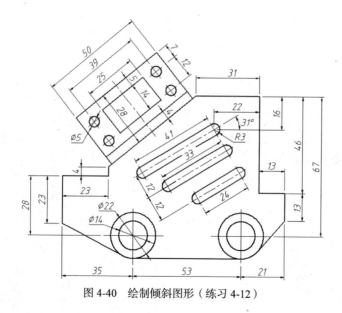

图 4-40　绘制倾斜图形（练习 4-12）

主要作图步骤如图 4-41 所示，详细绘图过程请参见素材文件"\avi\第 04 章\4-12.avi"。

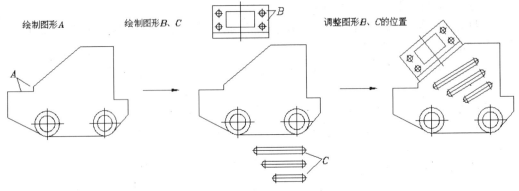

图 4-41　主要作图步骤（练习 4-12）

4.7　综合练习——掌握绘制复杂平面图形的一般方法

【练习 4-13】　绘制如图 4-42 所示的复杂图形。

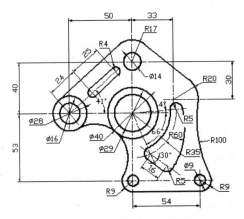

图 4-42　绘制复杂平面图形

（1）打开极轴追踪、对象捕捉及自动追踪功能。设置极轴追踪角度增量为 90°，对象捕捉方式为"端点"、"圆心"和"交点"，仅沿正交方向进行捕捉追踪。

（2）绘制图形的主要定位线，如图 4-43 所示。

（3）绘制圆，如图 4-44 所示。

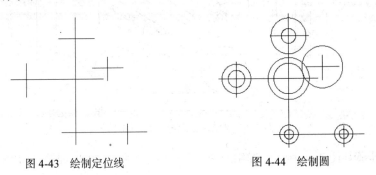

图 4-43　绘制定位线　　　　　　　图 4-44　绘制圆

（4）绘制过渡圆弧及切线，如图 4-45 所示。

（5）绘制局部细节的定位线，如图 4-46 所示。

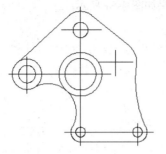

图 4-45　绘制圆弧及切线

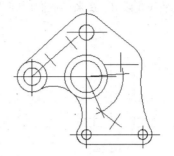

图 4-46　绘制局部细节的定位线

（6）绘制圆，如图 4-47 所示。

（7）绘制过渡圆弧及切线，并修剪多余线条，结果如图 4-48 所示。

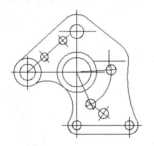

图 4-47　绘制小圆

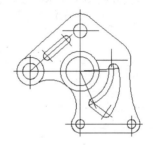

图 4-48　绘制圆弧及切线，并修剪多余线条

4.8　综合练习——绘制三视图

【练习 4-14】　绘制如图 4-49 所示的三视图。

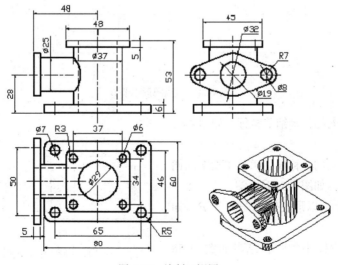

图 4-49　绘制三视图

（1）打开极轴追踪、对象捕捉及自动追踪功能，设置对象捕捉方式为"端点"、"交点"。

（2）绘制主视图的主要作图基准线，结果如图 4-50 右图所示。

（3）通过平移线段 A、B 来形成图形细节 C，结果如图 4-51 所示。

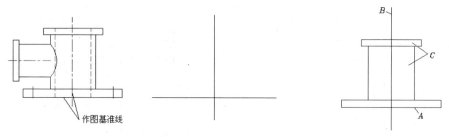

图 4-50　绘制主视图作图基准线　　　　图 4-51　绘制图形细节 C

（4）绘制水平作图基准线 D，然后平移线段 B、D 就可形成图形细节 E，如图 4-52 所示。

（5）从主视图向左视图绘制水平投影线，再绘制左视图的对称线，如图 4-53 所示。

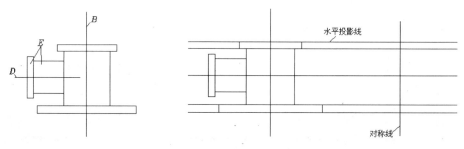

图 4-52　形成图形细节 E　　　　图 4-53　绘制水平投影线及左视图的对称线

（6）以直线 A 为作图基准线，平移此线条以形成图形细节 B，如图 4-54 所示。

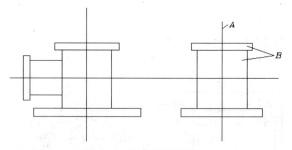

图 4-54　形成图形细节 B

（7）绘制左视图的其余细节特征，如图 4-55 所示。

（8）绘制俯视图的对称线，再从主视图向俯视图作竖直投影线，如图 4-56 所示。

（9）平移直线 A 以形成俯视图细节 B，如图 4-57 所示。

（10）绘制俯视图中的圆，结果如图 4-58 所示。

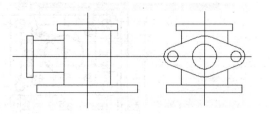

图 4-55　绘制左视图细节

（11）补画主视图、俯视图的其余细节特征，然后修改 3 个视图中不正确的线型，如图 4-59 所示。

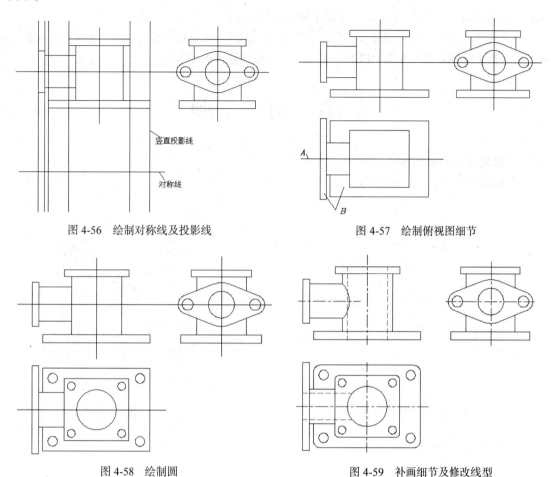

图 4-56　绘制对称线及投影线　　　　　　图 4-57　绘制俯视图细节

图 4-58　绘制圆　　　　　　　　图 4-59　补画细节及修改线型

4.9　小　　　结

　　本章首先通过一个实例总结了平面作图的一般方法，并详细地说明了作图过程，还向读者介绍了一些实用绘图技巧。如果读者在阅读本章内容的同时，认真按照书中的步骤完成这个练习，相信会对平面作图有更多的体会。

　　绘制平面图形时，一般应采取以下作图步骤。

　　（1）绘制主要形状特征定位线。

　　（2）绘制主要已知线段。

　　（3）绘制主要连接线段。

　　（4）绘制其他局部细节定位线。

　　（5）绘制局部细节已知线段。

　　（6）绘制局部细节连接线段。

　　（7）修饰平面图形。

对 AutoCAD 有初步了解或已具有一定使用经验的读者，可以回忆以往的作图过程，并判断此过程是有顺序进行的还是杂乱无章的。如果设计时读者并没有按合理的步骤绘制图样，就要改正自己的作图习惯，否则 CAD 的效率就不能真正得以发挥。

本章从 4.2 节开始分别通过实例介绍了绘制复杂圆弧、生成均布几何图形、绘制倾斜图形、利用已有图形生成新图形和用 OFFSET 及 TRIM 命令快速作图的方法。

4.10 习 题

1. 绘制如图 4-60 所示的图形。
2. 绘制如图 4-61 所示的图形。

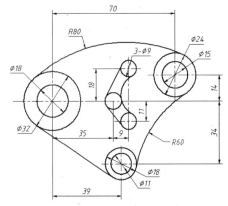

图 4-60 绘制平面图形（习题 4-1）

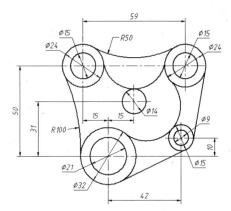

图 4-61 绘制平面图形（习题 4-2）

3. 绘制如图 4-62 所示的图形。

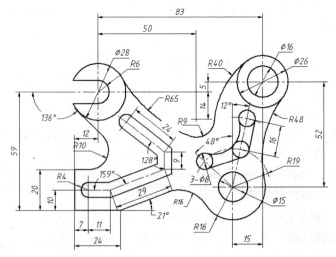

图 4-62 绘制平面图形（习题 4-3）

4. 绘制如图 4-63 所示的图形。
5. 绘制如图 4-64 所示的图形。

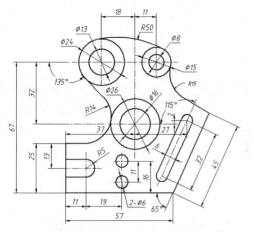

图 4-63　绘制平面图形（习题 4-4）

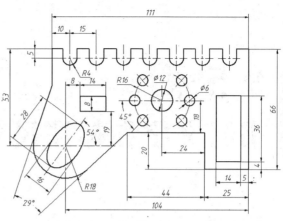

图 4-64　绘制平面图形（习题 4-5）

6. 绘制如图 4-65 所示的图形。

7. 绘制如图 4-66 所示的图形。

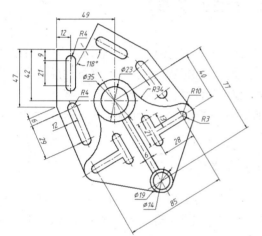

图 4-65　绘制平面图形（习题 4-6）

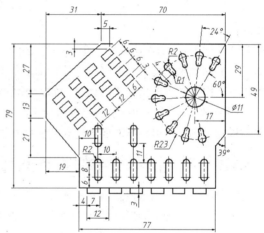

图 4-66　绘制平面图形（习题 4-7）

8. 绘制如图 4-67 所示的图形。

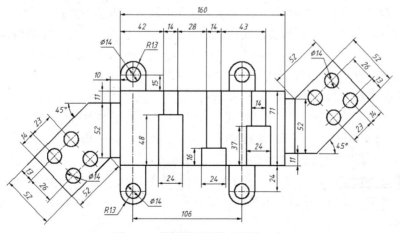

图 4-67　绘制平面图形（习题 4-8）

第5章
书写文字和标注尺寸

通过本章的学习，读者可以了解文字样式和尺寸样式的基本概念，学会如何创建单行文字和多行文字，并掌握标注各类尺寸的方法等。

5.1　书写文字的方法

在 AutoCAD 中有两类文字对象，一类是单行文字，另一类是多行文字，它们分别由 DTEXT 和 MTEXT 命令来创建。一般来讲，比较简短的文字项目，如标题栏信息、尺寸标注说明等采用单行文字，而对带有段落格式的信息，如工艺流程、技术条件等，则常采用多行文字。

AutoCAD 生成的文字对象的外观由与它关联的文字样式决定。默认情况下 Standard 文字样式是当前样式，用户也可根据需要创建新的文字样式。

5.1.1　创建国标文字样式及书写单行文字

文字样式主要是用来控制与文本连接的字体文件、字符宽度、文字倾斜角度及高度等项目的。用户可以针对每一种不同风格的文字创建对应的文字样式，这样在输入文本时就可以通过相应的文字样式来控制文本的外观。例如，用户可建立专门用于控制尺寸标注文字和设计说明文字外观的文字样式。

DTEXT 命令用来创建单行文字对象。发出此命令后，用户不仅可以设置文本的对齐方式和文字的倾斜角度，而且还能用十字形鼠标光标在不同的地方选择点以定位文本的位置（系统变量 DTEXTED 不等于 0），该特性使得用户只需发出一次命令就能在图形的多个区域放置文本。

【练习 5-1】　创建国标文字样式及添加单行文字。

（1）打开素材文件 "\dwg\第 05 章\5-1.dwg"。

（2）选取菜单命令 "格式" / "文字样式"，打开 "文字样式" 对话框，如图 5-1 所示。

（3）单击 新建(N)... 按钮，打开 "新建文字样式" 对话框，在 "样式名" 文本框中输入文字样式的名称 "工程文字"，如图 5-2 所示。

（4）单击 确定 按钮，返回 "文字样式" 对话框，在 "SHX 字体" 下拉列表中选择 "gbeitc.shx"。选中 "使用大字体" 复选项，然后在 "大字体" 下拉列表中选择 "gbcbig.shx"，如图 5-1 所示。

（5）单击 应用(A) 按钮，然后退出 "文字样式" 对话框。

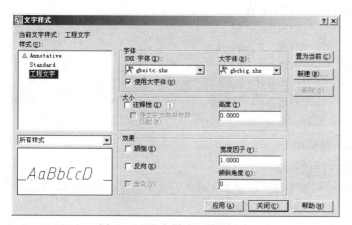

图 5-1　"文字样式"对话框

图 5-2　"新建文字样式"对话框

（6）用 DTEXT 命令创建单行文字，如图 5-3 所示。

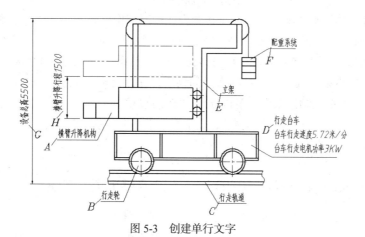

图 5-3　创建单行文字

选取菜单命令"绘图"/"文字"/"单行文字"或输入命令代号 DTEXT，启动创建单行文字命令。

命令: dtext	
指定文字的起点或 [对正(J)/样式(S)]:	//单击 A 点，如图 5-3 所示
指定高度 <3.0000>: 5	//输入文字高度
指定文字的旋转角度 <0>:	//按 Enter 键
横臂升降机构	//输入文字
行走轮	//在 B 点处单击一点，并输入文字
行走轨道	//在 C 点处单击一点，并输入文字
行走台车	//在 D 点处单击一点，输入文字并按 Enter 键
台车行走速度 5.72 米/分	//输入文字并按 Enter 键
台车行走电机功率 3KW	//输入文字
立架	//在 E 点处单击一点，并输入文字
配重系统	//在 F 点处单击一点，输入文字并按 Enter 键
	//按 Enter 键结束
命令:DTEXT	//重复命令

指定文字的起点或 [对正(J)/样式(S)]:　　　　//单击 G 点

指定高度 <5.0000>:　　　　　　　　　　　//按 Enter 键

指定文字的旋转角度 <0>: 90　　　　　　　//输入文字旋转角度

设备总高 5500　　　　　　　　　　　　　//输入文字

横臂升降行程 1500　　　　　　　　　　　//在 H 点处单击一点，输入文字并按 Enter 键

　　　　　　　　　　　　　　　　　　　　//按 Enter 键结束

结果如图 5-3 所示。

"文字样式"对话框中的常用选项说明如下。

● 新建(N)... 按钮：单击此按钮，可以创建新文字样式。

● 删除(D) 按钮：在"样式"下拉列表中选择一个文字样式，再单击此按钮就可以将该文字样式删除。当前样式和正在使用的文字样式不能被删除。

● "SHX 字体"下拉列表：在此列表中罗列了所有的字体。带有双"T"标志的字体是 Windows 系统提供的"TrueType"字体，其他字体是 AutoCAD 软件的字体（*.shx），其中"gbenor.shx"和"gbeitc.shx"（斜体西文）字体是符合国标的工程字体。

● "使用大字体"复选项：大字体是指专为亚洲国家设计的文字字体。其中"gbcbig.shx"字体是符合国标的工程汉字字体，该字体文件还包含一些常用的特殊符号。由于"gbcbig.shx"中不包含西文字体定义，因而使用时可将其与"gbenor.shx"和"gbeitc.shx"字体配合使用。

● "高度"文本框：输入字体的高度。如果用户在该文本框中指定了文本高度，则当使用 DTEXT（单行文字）命令时，系统将不再提示"指定高度"。

● "颠倒"复选项：选中此复选项后，文字将上下颠倒显示。该复选项仅影响单行文字，如图 5-4 所示。

AutoCAD 2000　　　　　　　　ＶＵｆｏＣＶＤ ５ＯＯＯ

关闭"颠倒"复选项　　　　　　　　　　打开"颠倒"复选项

图 5-4　　"颠倒"复选项

● "反向"复选项：选中该复选项，文字将首尾反向显示。该复选项仅影响单行文字，如图 5-5 所示。

AutoCAD 2000　　　　　　　　０００２ ＤＡＣｏｔｕＡ

关闭"反向"复选项　　　　　　　　　　打开"反向"复选项

图 5-5　　"反向"复选项

● "垂直"复选项：选中该选项，文字将沿竖直方向排列，如图 5-6 所示。

AutoCAD

A
u
t
o
C
A
D

关闭"垂直"复选项　　　打开"垂直"复选项

图 5-6　　"垂直"复选项

● "宽度因子"文本框：默认的宽度因子为 1。若输入小于 1 的数值，文本将变窄；否则，文本变宽，如图 5-7 所示。

AutoCAD 2000　　　　AutoCAD 2000

宽度比例因子为 1.0　　　　　　宽度比例因子为 0.7

图 5-7　宽度比例因子

● "倾斜角度"文本框：该文本框用于指定文本的倾斜角度，角度值为正时向右倾斜，为负时向左倾斜，如图 5-8 所示。

AutoCAD 2000　　　　AutoCAD 2000

倾斜角度为 30º　　　　　　　倾斜角度为−30º

图 5-8　指定文本的倾斜角度

对 DTEXT 命令的常用选项说明如下。

● 对正(J)：设置文字的对齐方式。

调整(F)："对正(J)"选项的子选项。使用这个选项时，系统提示指定文本分布的起始点、结束点及文字高度。当用户选定两点并输入文本后，系统把文字压缩或扩展使其充满指定的宽度范围，如图 5-9 所示。

● 样式(S)：指定当前文字样式。

计算机辅助设计与制造

起始点　　　　　　　　结束点

"调整（F）"选项

图 5-9　"调整(F)"选项

5.1.2　修改文字样式

修改文字样式也是在"文字样式"对话框中进行的，其过程与创建文字样式相似，这里不再重复。

修改文字样式时应注意以下几点。

● 修改完成后单击"文字样式"对话框中的 应用(A) 按钮，则修改生效，系统立即更新图样中与此文字样式关联的文字。

● 当改变文字样式连接的字体文件时，系统改变所有的文字外观。

● 当修改文字的"颠倒"、"反向"及"垂直"特性时，系统将改变单行文字的外观。而修改文字"高度"、"宽度因子"及"倾斜角度"时，则不会引起已有单行文字外观的改变，但将影响此后创建的文字对象。

● 对于多行文字，只有"垂直"、"宽度因子"及"倾斜角度"选项才影响其外观。

如果发现图形中的文本没有正确地显示出来，多数情况是由于文字样式所连接的字体不合适。

5.1.3　在单行文字中加入特殊符号

工程图中用到的许多符号都不能通过标准键盘直接输入，如文字的下划线、直径代号等。当用户利用 DTEXT 命令创建文字注释时，必须输入特殊的代码来产生特定的字符，这些代码及对应的特殊符号如表 5-1 所示。

表 5-1 　　　　　　　　　　　　　　特殊字符的代码

代　码	字　符	代　码	字　符
%%o	文字的上划线	%%p	表示"±"
%%u	文字的下划线	%%c	直径代号
%%d	角度的度符号		

使用表 5-1 中的代码生成特殊字符的样例如图 5-10 所示。

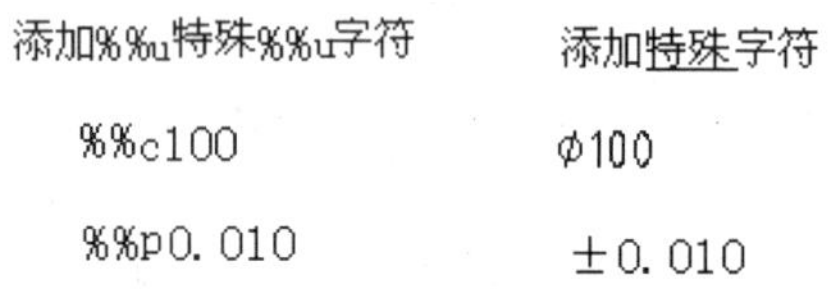

添加%%u特殊%%u字符　　　　添加特殊字符

%%c100　　　　　　　　φ100

%%p0.010　　　　　　　±0.010

图 5-10　利用代码生成特殊字符

5.1.4　创建多行文字

MTEXT 命令可以用来创建复杂的文字说明。用 MTEXT 命令生成的文字段落称为多行文字，它可由任意数目的文字行组成，所有的文字构成一个单独的实体。使用 MTEXT 命令时用户可以指定文本分布的宽度，但文字沿竖直方向可无限延伸。另外，用户还能设置多行文字中单个字符或某一部分文字的属性（包括文本的字体、倾斜角度和高度等）。

【练习 5-2】　用 MTEXT 命令创建多行文字，文字内容如图 5-11 所示。

（1）创建新文字样式，并使该样式成为当前样式。新样式名称为"文字样式-1"，与其相连的字体文件是"gbeitc.shx"和"gbcbig.shx"。

图 5-11　创建多行文字

（2）单击"绘图"工具栏上的 A 按钮或输入 MTEXT 命令，AutoCAD 提示如下：

指定第一角点：　　　　　　　　//在 A 点处单击一点，如图 5-11 所示
指定对角点：　　　　　　　　　//在 B 点处单击一点

（3）系统弹出"多行文字编辑器"对话框，如图 5-12 所示。在"字体高度"文本框中输入数值"3.5"，然后输入文字内容。

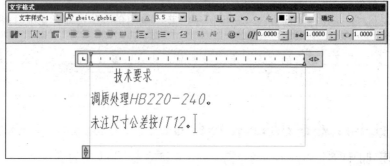

图 5-12　在"多行文字编辑器"对话框中设置"字体高度"为"3.5"

（4）选择文字"技术要求"，然后在"字体高度"文本框中输入数值"5"，按 Enter 键，结果
如图 5-13 所示。

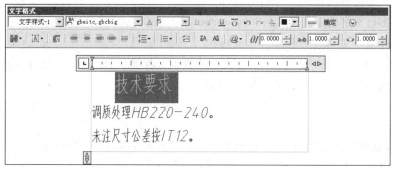

图 5-13　调整字体高度

（5）选择其他文字，单击"文字格式"工具栏上的 ≡· 按钮，选择"以数字标记"选项，再
调整标记数字与文字间的距离，结果如图 5-14 所示。

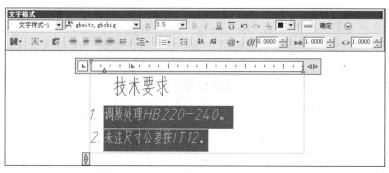

图 5-14　以数字标记

（6）单击 确定 按钮，结果如图 5-11 所示。

启动 MTEXT 命令并建立文本边框后，系统弹出"文字格式"工具栏及顶部带标尺的文字输
入框，这两部分组成了"多行文字编辑器"对话框，如图 5-15 所示。利用此编辑器可方便地创建
文字并设置文字样式、对齐方式、字体及字高等。

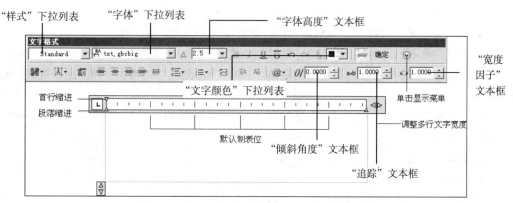

图 5-15　"多行文字编辑器"对话框

用户在文字输入框中输入文本，当文本到达定义边框的右边界时，按 Shift+Enter 键换行（若

按 Enter 键换行，则表示已输入的文字构成一个段落）。默认情况下，文字输入框是透明的，可以观察到输入文字与其他对象是否重叠。若要关闭透明特性，可单击"文字格式"工具栏上的 按钮，然后选择"编辑器设置"/"不透明背景"选项。

下面对"多行文字编辑器"对话框的主要功能做出说明。

1. "文字格式"工具栏

- "样式"下拉列表：设置多行文字的文字样式。若将一个新样式与现有多行文字相联，将不会影响文字的某些特殊格式，如粗体、斜体和堆叠等。

- "字体"下拉列表：从"字体"列表中选择需要的字体。多行文字对象中可以包含不同字体的字符。

- "字体高度"文本框：从该下拉列表中选择或输入文字高度。多行文字对象中可以包含不同高度的字符。

- **B** 按钮：如果所用字体支持粗体，就可通过此按钮将文本修改为粗体形式，按下按钮为打开状态。

- *I* 按钮：如果所用字体支持斜体，就可通过此按钮将文本修改为斜体形式，按下按钮为打开状态。

- U 按钮：可利用此按钮将文字修改为下划线形式。

- 按钮：单击此按钮就使可层叠的文字堆叠起来，如图 5-16 所示，这对创建分数及公差形式的文字很有用。系统通过特殊字符"/"、"^"及"#"表明多行文字是可层叠的。输入层叠文字的方式为"左边文字+特殊字符+右边文字"，堆叠后左边文字被放在右边文字的上面。

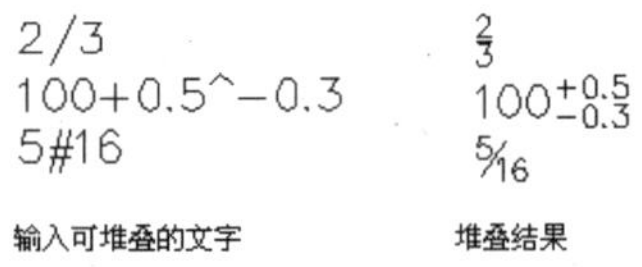

图 5-16　堆叠文字

- "文字颜色"下拉列表：为输入的文字设置颜色或修改已选择文字的颜色。

- 按钮：打开或关闭文字输入框上部的标尺。

- 、 及 按钮：设定文字的对齐方式，这 3 个按钮的功能分别为左对齐、居中对齐和右对齐。

- 按钮：设置段落文字的行间距。

- 按钮：给段落文字添加数字编号、项目符号或大写字母形式的编号。

- 按钮：给选择的文字添加上划线。

- @ 按钮：单击此按钮，弹出菜单，该菜单包含了许多常用符号。

- "倾斜角度"文本框：设置文字的倾斜角度。

- "追踪"文本框：控制字符间的距离。若输入值大于 1，则增大字符间距；否则，缩小字符间距。

- "宽度因子"文本框：设置文字的宽度因子。若输入值小于 1，则文本将变窄；否则，文本变宽。

2. 文字输入框

（1）标尺

设置首行文字及段落文字的缩进，还可设置制表位，操作方法如下。

- 拖动标尺上第一行的缩进滑块可改变所选段落第一行的缩进位置。

- 拖动标尺上第二行的缩进滑块可改变所选段落其余行的缩进位置。

● 标尺上显示了默认的制表位，如图 5-15 所示。要设置新的制表位，可用鼠标单击标尺；要删除创建的制表位，可用鼠标按住制表位，将其拖出标尺。

（2）快捷菜单

在文本输入框中单击鼠标右键，弹出快捷菜单，该菜单中包含了一些标准编辑选项和多行文字特有的选项，如图 5-17 所示（只显示了部分选项）。

● "符号"：该选项包含以下常用子选项。

"度数"：在光标定位处插入特殊字符 "%%d"，它表示度数符号 "°"。

"正/负"：在光标定位处插入特殊字符 "%%p"，它表示加、减符号 "±"。

"直径"：在光标定位处插入特殊字符 "%%c"，它表示直径符号 "∅"。

"几乎相等"：在光标定位处插入符号 "≈"。

"下标 2"：在光标定位处插入下标 "2"。

"平方"：在光标定位处插入上标 "2"。

"立方"：在光标定位处插入上标 "3"。

"其他"：选择该选项，系统打开 "字符映射表" 对话框，在此对话框的 "字体" 下拉列表中选取字体，则对话框显示所选字体包含的各种字符，如图 5-18 所示。若要插入一个字符，请选择它并单击 选定(S) 按钮，此时 AutoCAD 将选取的字符放在 "复制字符" 文本框中，按这种方法选取所有要插入的字符，然后单击 复制(C) 按钮。关闭 "字符映射表" 对话框，返回 "多行文字编辑器" 对话框，在要插入字符的位置单击鼠标左键，再单击鼠标右键，弹出快捷菜单，从菜单中选择 "粘贴"，这样就将字符插入到多行文字中了。

图 5-17　快捷菜单

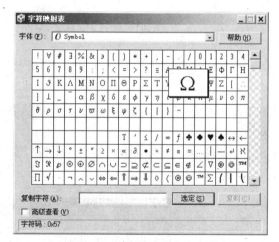

图 5-18　"字符映射表" 对话框

● "段落对齐"：设置多行文字的对齐方式。

● "段落"：设置制表位和缩进，控制段落对齐方式、段落间距和行间距。

● "项目符号和列表"：给段落文字添加编号和项目符号。

5.1.5　添加特殊字符

【练习 5-3】　本例演示如何在多行文字中加入特殊字符，文字内容为：

蜗轮分度圆直径=∅100

蜗轮蜗杆传动箱钢板厚度≥5

（1）单击"绘图"工具栏上的 **A** 按钮，再指定文字分布宽度，AutoCAD 打开"多行文字编辑器"对话框，在"字体"下拉列表中选择"gbeitc,gbcbig"，在"字体高度"框中输入数值"3.5"，然后输入文字，如图 5-19 所示。

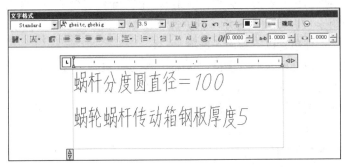

图 5-19　输入文字

（2）在要插入直径符号的位置单击鼠标左键，然后单击鼠标右键，在弹出的快捷菜单中选择"符号"/"直径"，结果如图 5-20 所示。

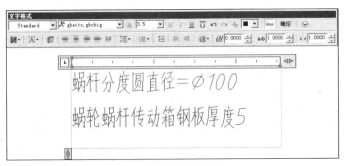

图 5-20　插入直径符号

（3）在文本输入窗口中单击鼠标右键，弹出快捷菜单，选择"符号"/"其他"，打开"字符映射表"对话框。

（4）在"字符映射表"对话框的"字体"下拉列表中选择"Symbol"字体，然后选取需要的字符"≥"，如图 5-21 所示。

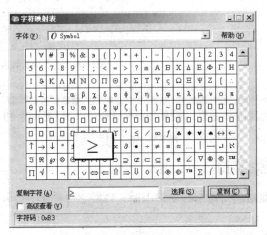

图 5-21　在"字符映射表"对话框中选择字符"≥"

（5）单击 选择(S) 按钮，再单击 复制(C) 按钮。

（6）返回"多行文字编辑器"对话框，在需要插入"≥"符号的位置单击鼠标左键，然后单击鼠标右键，弹出快捷菜单，选择"粘贴"选项，结果如图 5-22 所示。

要点提示　粘贴"≥"符号后，AutoCAD 将自动回车。

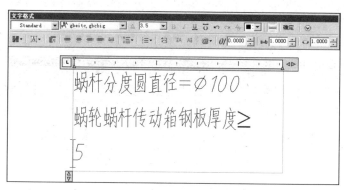

图 5-22　粘贴符号"≥"

（7）把"≥"符号的高度修改为"3"，再将鼠标光标放置在此符号的后面，按 Delete 键，结果如图 5-23 所示。

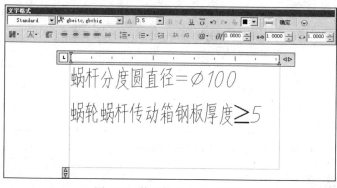

图 5-23　修改符号"≥"的高度

（8）单击 确定 按钮。

5.1.6　创建分数及公差形式文字

【练习 5-4】　使用多行文字编辑器创建分数及公差形式文字，文字内容为：

$$\varnothing 100\frac{H7}{m6}$$
$$200^{+0.020}_{-0.016}$$

（1）打开"多行文字编辑器"对话框，输入多行文字，如图 5-24 所示。

（2）选择文字"H7/m6"，然后单击 按钮，结果如图 5-25 所示。

（3）选择文字"+0.020^-0.016"，然后单击 按钮，结果如图 5-26 所示。

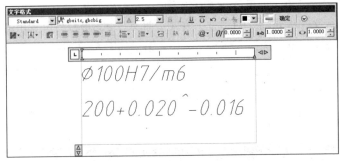

图 5-24　输入多行文字

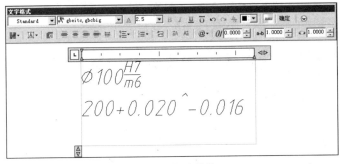

图 5-25　创建分数

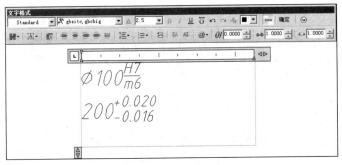

图 5-26　创建公差

（4）单击　确定　按钮完成。

　　通过堆叠文字的方法也可创建文字的上标或下标，输入方式为"上标^"、"^下标"。例如，输入"53^"，选中"3^"，单击 $\frac{a}{b}$ 按钮，结果为"5^3"。

5.1.7　编辑文字

编辑文字的常用方法有以下两种。

（1）使用 DDEDIT 命令编辑单行或多行文字

选择的对象不同，系统打开的对话框也不同。对于单行文字，系统显示文本编辑框；对于多行文字，系统则打开"多行文字编辑器"对话框。用 DDEDIT 命令编辑文本的优点是：此命令连续地提示用户选择要编辑的对象，因而只要发出 DDEDIT 命令就能一次修改许多文字对象。

单击"文字"工具栏上的 A 按钮即可启动 DDEDIT 命令。

（2）使用 PROPERTIES 命令修改文本

选择要修改的文字后再单击"标准"工具栏上的按钮，即可启动 PROPERTIES 命令，打开"特性"对话框。在这个对话框中，用户不仅能修改文本的内容，还能编辑文本的其他许多属性，如倾斜角度、对齐方式、高度和文字样式等。

【**练习 5-5**】　打开素材文件"\dwg\第 05 章\5-5.dwg"，如图 5-27 左图所示，修改文字内容、字体及字高，结果如图 5-27 右图所示。右图中文字特性如下。

- "技术要求"：字高 5，字体"gbeitc,gbcbig"。
- 其余文字：字高 3.5，字体"gbeitc,gbcbig"。

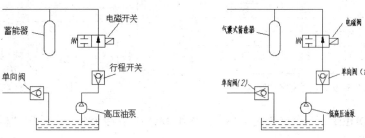

图 5-27　编辑文字

（1）创建新文字样式，新样式名称为"工程文字"，与其相连的字体文件是"gbeitc.shx"和"gbcbig.shx"。

（2）用 DDEDIT 命令修改"蓄能器"、"行程开关"等单行文字的内容，再用 PROPERTIES 命令将这些文字的高度修改为 3.5，并使其与样式"工程文字"相连，如图 5-28 左图所示。

（3）用 DDEDIT 命令修改"技术要求"等多行文字的内容，再改变文字高度，并使其与样式"工程文字"相连，如图 5-28 右图所示。

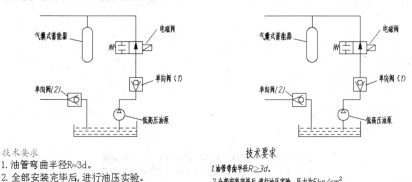

图 5-28　编辑结果

5.2　填写明细表的技巧

使用 DTEXT 命令可以方便地在表格中填写文字，但很难保证表中文字项目的位置是对齐的，因为使用 DTEXT 命令时只能通过拾取点来确定文字的位置，这样就几乎不可能保证表中文字的位置是准确对齐的。

【练习5-6】 给表格中添加文字的技巧。

（1）打开素材文件 "\dwg\第 05 章\5-6.dwg"。

（2）创建新文字样式，并使其成为当前样式。新样式名称为 "工程文字"，与其相连的字体文件是 "gbeitc.shx" 和 "gbcbig.shx"。

（3）用 DTEXT 命令在明细表底部第一行中书写文字 "序号"，字高为 5，如图 5-29 所示。

（4）用 COPY 命令将 "序号" 由 A 点复制到 B、C、D 和 E 点，如图 5-30 所示。

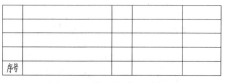

图 5-29　书写文字 "序号"

图 5-30　复制文字

（5）用 DDEDIT 命令修改文字内容，再用 MOVE 命令调整 "名称"、"材料" 的位置，结果如图 5-31 所示。

（6）把已经填写的文字向上阵列，如图 5-32 所示。

图 5-31　修改文字内容并调整位置

序号	名称	数量	材料	备注
序号	名称	数量	材料	备注
序号	名称	数量	材料	备注
序号	名称	数量	材料	备注
序号	名称	数量	材料	备注

图 5-32　阵列文字

（7）用 DDEDIT 命令修改文字内容，结果如图 5-33 所示。

（8）把序号及数量数字移动到表格的中间位置，结果如图 5-34 所示。

4	转轴	1	45	
3	定位板	2	Q235	
2	轴承盖	1	HT200	
1	轴承座	1	HT200	
序号	名称	数量	材料	备注

图 5-33　修改文字

4	转轴	1	45	
3	定位板	2	Q235	
2	轴承盖	1	HT200	
1	轴承座	1	HT200	
序号	名称	数量	材料	备注

图 5-34　调整文字位置

5.3　创建表格对象

在 AutoCAD 中用户可以生成表格对象。创建该对象时系统首先生成一个空白表格，随后可在该表中输入文字信息。可以很方便地修改表格的宽度、高度及表中文字，还可按行、列方式删除表格单元或是合并表中相邻单元。

5.3.1　表格样式

表格对象的外观由表格样式控制。默认情况下表格样式是 "Standard"，用户可以根据需要创建新的表格样式。"Standard"表格的外观如图 5-35 所示,第一行是标题行,第二行是表头行,其他行是数据行。

在表格样式中,用户可以设置表格单元文字的文字样式、字高、对齐方式及表格单元的填充颜色,还可设置单元边框的线宽和颜色,以及控制是否将边框显示出来。

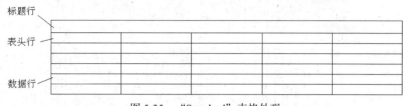

图 5-35　"Standard"表格外观

【练习 5-7】　创建新的表格样式。

(1)创建新文字样式,新样式名称为"工程文字",与其相连的字体文件是"gbeitc.shx"和"gbcbig.shx"。

(2)选取菜单命令"格式"/"表格样式",打开"表格样式"对话框,如图 5-36 所示。利用该对话框用户就可以新建、修改及删除表格样式。

(3)单击 新建(N)... 按钮,弹出"创建新的表格样式"对话框,在"基础样式"下拉列表中选择新样式的原始样式"Standard",该原始样式为新样式提供默认设置;在"新样式名"文本框中输入新样式的名称,本例为"表格样式-1",如图 5-37 所示。

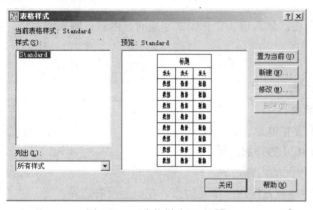

图 5-36　"表格样式"对话框

图 5-37　"创建新的表格样式"对话框

(4)单击 继续 按钮,打开"新建表格样式"对话框,如图 5-38 所示。在"单元样式"下拉列表中分别选取"数据"、"标题"和"表头"选项,然后在"文字"选项卡中指定"文字样式"为"工程文字","文字高度"为"3.5",在"基本"选项卡中指定"文字对齐方式"为"正中"。

(5)单击 确定 按钮,返回"表格样式"对话框。单击 置为当前(U) 按钮,使新的表格样式成为当前样式。

对"新建表格样式"对话框中常用选项的功能说明如下。

1. "基本"选项卡

● "填充颜色":指定表格单元的背景颜色。默认值为"无"。

● "对齐":设置表格单元中文字的对齐方式。

- "水平"：设置单元文字与左右单元边界之间的距离。
- "垂直"：设置单元文字与上下单元边界之间的距离。

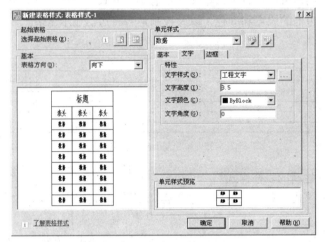

图 5-38 "新建表格样式"对话框

2. "文字"选项卡

- "文字样式"：选择文字样式。单击 按钮，打开"文字样式"对话框，从中可创建新的文字样式。
- "文字高度"：输入文字的高度。
- "文字角度"：设置文字的倾斜角度。输入值为正，则文字逆时针倾斜；输入值为负，则文字顺时针倾斜。

3. "边框"选项卡

- "线宽"：指定表格单元的边界线宽。
- "颜色"：指定表格单元的边界颜色。
- 田按钮：将边界特性设置应用于所有单元。
- □按钮：将边界特性设置应用于单元的外部边界。
- ┼按钮：将边界特性设置应用于单元的内部边界。
- 、 、 及 按钮：将边界特性设置应用于单元的底、左、上及右边界。
- 按钮：隐藏单元的边界。

4. "表格方向"下拉列表

- "下"：创建从上向下读取的表对象。标题行和表头行位于表的顶部。
- "上"：创建从下向上读取的表对象。标题行和表头行位于表的底部。

5.3.2 创建及修改空白表格

使用 TABLE 命令创建空白表格，空白表格的外观由当前表格样式决定。使用该命令时用户要输入的主要参数有行数、列数、行高及列宽等。

【练习 5-8】 创建如图 5-39 所示的空白表格。

（1）单击"绘图"工具栏上的 按钮，打开"插入表格"对话框，在该对话框中输入创建表格的参数，如图 5-40 所示。

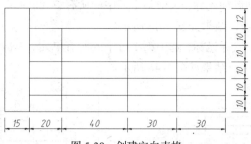

图 5-39 创建空白表格

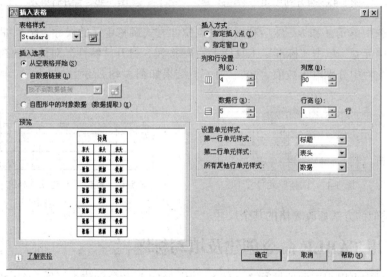

图 5-40 "插入表格"对话框

（2）单击 确定 按钮，关闭"插入表格"对话框，创建如图 5-41 所示的表格。

（3）按住鼠标左键拖曳鼠标光标，选中第 1、2 行，弹出"表格"工具栏，单击该工具栏上的 按钮，删除选中的两行，结果如图 5-42 所示。

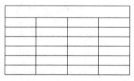

图 5-41 创建表格

图 5-42 删除选中行

（4）选中第 1 列中的任一单元，单击鼠标右键，弹出快捷菜单，选择"列"/"在左侧插入"选项，插入新的一列，如图 5-43 所示。

（5）选中第 1 行中的任一单元，单击鼠标右键，弹出快捷菜单，选择"行"/"在上方插入"选项，插入新的一行，如图 5-44 所示。

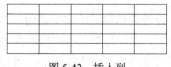

图 5-43 插入列

图 5-44 插入行

（6）按住鼠标左键拖动鼠标光标，选中第 1 列中的所有单元。单击鼠标右键，弹出快捷菜单，选择"合并"/"全部"选项，结果如图 5-45 所示。

（7）按住鼠标左键拖动鼠标光标，选中第 1 行中的所有单元。单击鼠标右键，弹出快捷菜单，选择"合并"/"全部"选项，结果如图 5-46 所示。

图 5-45　合并列单元

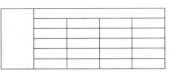

图 5-46　合并行单元

（8）分别选中单元 A 和 B，然后利用关键点拉伸方式调整单元的尺寸，结果如图 5-47 所示。

（9）选中单元 C，单击"标准"工具栏上的 按钮，打开"特性"对话框，在"单元宽度"及"单元高度"栏中分别输入数值"20"、"10"，结果如图 5-48 所示。

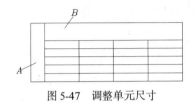

图 5-47　调整单元尺寸

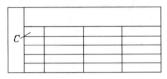

图 5-48　调整单元宽度及高度

（10）用类似的方法修改表格的其余尺寸。

5.3.3　用 TABLE 命令创建及填写标题栏

在表格单元中可以很方便地填写文字信息。用 TABLE 命令创建表格后，AutoCAD 会亮显表的第一个单元，同时打开"文字格式"工具栏，此时就可以输入文字了。此外，双击某一单元也能将其激活，从而可在其中填写或修改文字。当要移动到相邻的下一个单元时，可按 Tab 键或是使用箭头键向左、右、上或下移动。

【练习 5-9】　创建及填写标题栏，如图 5-49 所示。

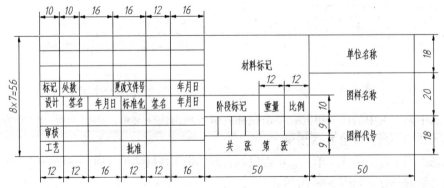

图 5-49　创建及填写标题栏

（1）创建新的表格样式，样式名为"工程表格"。设置表格单元中文字采用字体"gbeitc.shx"和"gbcbig.shx"，文字高度为"5"，对齐方式为"正中"，文字与单元边框的距离为"0.1"。

（2）指定"工程表格"为当前样式，用 TABLE 命令创建 4 个表格，如图 5-50 左图所示。用

MOVE 命令将这些表格组合成标题栏，如图 5-50 右图所示。

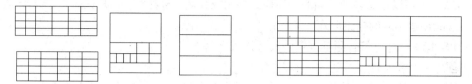

图 5-50 组合成标题栏

（3）双击表格中的某一单元以激活它，在其中输入文字，按键盘上的箭头键移动到其他单元继续填写文字，结果如图 5-51 所示。

					材料标记			单位名称
标记	处数		更改文件号		年月日			图样名称
设计	签名	年月日	标准化	签名	年月日	阶段标记	重量	比例
审核								图样代号
工艺			批准			共 张 第 张		

图 5-51 填写文字

要点提示 　　双击"更改文件号"单元，将其中文字的宽度比例因子修改为"0.8"，这样单元就有足够的宽度来放置文字了。

5.4 标注尺寸的方法

AutoCAD 的尺寸标注命令很丰富，用户可以轻松地创建各种类型的尺寸。所有尺寸与尺寸样式关联，通过调整尺寸样式，就能控制与该样式关联的尺寸标注的外观。下面介绍创建尺寸样式的方法和 AutoCAD 的尺寸标注命令。

5.4.1 创建国标尺寸样式

尺寸标注是一个复合体，它以块的形式存储在图形中，其组成部分包括尺寸线、尺寸线两端起止符号（箭头、斜线等）、尺寸界线及标注文字等，如图 5-52 所示，所有这些组成部分的格式都由尺寸样式来控制。

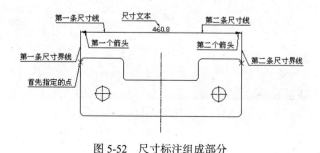

图 5-52 尺寸标注组成部分

在标注尺寸前一般都要创建尺寸样式，否则，AutoCAD 将使用默认样式 ISO-25 生成尺寸标注。AutoCAD 中可以定义多种不同的标注样式并为之命名，标注时，用户只需指定某个样式为当前样式，就能创建相应的标注形式。

【练习 5-10】 建立符合国标规定的尺寸样式。

（1）创建一个新文件。

（2）建立新文字样式，样式名为"工程文字"。与该样式相连的字体文件是"gbeitc.shx"（或"gbenor.shx"）和"gbcbig.shx"。

（3）单击"标注"工具栏上的 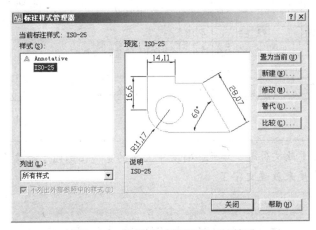 按钮或选取菜单命令"格式"/"标注样式"，打开"标注样式管理器"对话框，如图 5-53 所示。通过这个对话框可以命名新的尺寸样式或修改样式中的尺寸变量。

图 5-53 "标注样式管理器"对话框

（4）单击 新建(N)... 按钮，打开"创建新标注样式"对话框，如图 5-54 所示。在该对话框的"新样式名"文本框中输入新的样式名称"工程标注"。在"基础样式"下拉列表中指定某个尺寸样式作为新样式的副本，则新样式将包含副本样式的所有设置。此外，还可在"用于"下拉列表中设置新样式对某一种类尺寸的特殊控制。默认情况下，"用于"下拉列表的选项是"所有标注"，意思是指新样式将控制所有类型尺寸。

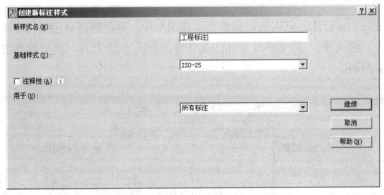

图 5-54 "创建新标注样式"对话框

（5）单击 继续 按钮，打开"新建标注样式"对话框，如图 5-55 所示。

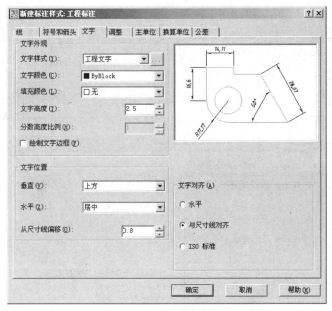

图 5-55　"新建标注样式"对话框

该对话框有 7 个选项卡，在这些选项卡中可以做以下设置。

● 在"文字"选项卡的"文字样式"下拉列表中选择"工程文字"，在"文字高度"、"从尺寸线偏移"文本框中分别输入"2.5"和"0.8"，在"文字对齐"区域中选择"与尺寸线对齐"单选项。

● 在"线"选项卡的"基线间距"、"超出尺寸线"和"起点偏移量"文本框中分别输入"7"、"2"和"0.2"。

● 在"符号和箭头"选项卡的"第一个"下拉列表中选择"实心闭合"，在"箭头大小"文本框中输入"2"。

● 在"调整"选项卡的"使用全局比例"文本框中输入"2"（绘图比例的倒数）。

● 在"主单位"选项卡的"单位格式"、"精度"和"小数分隔符"下拉列表中分别选择"小数"、"0.00"和"句点"。

（6）单击 确定 按钮得到一个新的尺寸样式，再单击 置为当前(U) 按钮使新样式成为当前样式。

下面介绍"新建标注样式"对话框中常用选项的功能。

1. "线"选项卡

● "基线间距"：此选项决定了平行尺寸线间的距离。例如，当创建基线型尺寸标注时，相邻尺寸线间的距离由该选项控制，如图 5-56 所示。

● "超出尺寸线"：控制尺寸界线超出尺寸线的距离，如图 5-57 所示。国标中规定，尺寸界线一般超出尺寸线 2～3mm，如果准备使用 1∶1 比例出图，则延伸值要设置为 2 和 3 之间的值。

● "起点偏移量"：控制尺寸界线起点与标注对象端点间的距离，如图 5-58 所示。

2. "符号和箭头"选项卡

● "第一个"和"第二个"：这两个下拉列表用于选择尺寸线两端起止符号的形式。

● "引线"：通过此下拉列表设置引线标注的起止符号形式。

● "箭头大小"：利用此选项设置起止符号大小，对于机械图，可设置为 2。

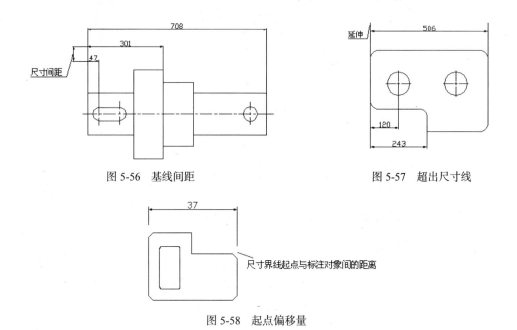

图 5-56　基线间距　　　　　　　　　　图 5-57　超出尺寸线

图 5-58　起点偏移量

- "标记"：利用"标注"工具栏上的 ⊕ 按钮创建圆心标记。圆心标记是指标明圆或圆弧圆心位置的小十字线，如图 5-59 左图所示。
- "直线"：利用"标注"工具栏上的 ⊕ 按钮创建中心线。中心线是指过圆心并延伸至圆周的水平及竖直直线，如图 5-59 右图所示。
- "大小"：利用该选项设定圆心标记或圆中心线大小。

3. "文字"选项卡

- "文字样式"：在该下拉列表中选择文字样式或单击其右边的 ⃞ 按钮，打开"文字样式"对话框，创建新的文字样式。
- "文字高度"：在此文本框中指定文字的高度。若在文本样式中已设置了文字高度，则此框中设置的文本高度是无效的。
- "绘制文字边框"：通过此选项用户可以给标注文本添加一个矩形边框，如图 5-60 所示。

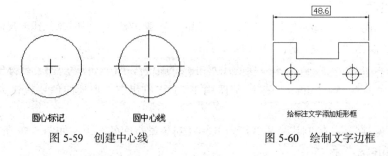

图 5-59　创建中心线　　　　　　　　　图 5-60　绘制文字边框

- "从尺寸线偏移"：该选项设定标注文字与尺寸线间的距离，如图 5-61 所示。若标注文本在尺寸线的中间（尺寸线断开），则其值表示断开处尺寸线端点与尺寸文字的间距。另外，该值也用来控制文本边框与其中文本的距离。

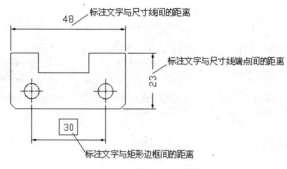

图 5-61 从尺寸线偏移

- "水平"：使所有的标注文本水平放置。
- "与尺寸线对齐"：使标注文本与尺寸线对齐。对于国标标注，应选择此选项。

4. "调整"选项卡

- "使用全局比例"：全局比例值将影响尺寸标注所有组成元素的大小，如标注文字和尺寸箭头等，如图 5-62 所示。若用户以 1：2 的比例将图样打印在标准幅面的图纸上时，为保证尺寸外观合适，应设定标注的全局比例为打印比例的倒数，即 2。

33   33

全局比例为 1.0   全局比例为 2.0

图 5-62 使用全局比例

5. "主单位"选项卡

- 线性尺寸的"单位格式"：在此下拉列表中选择所需的长度单位类型。
- 线性尺寸的"精度"：设置长度型尺寸数字的精度（小数点后显示的位数）。
- "小数分隔符"：若单位类型是小数，则可在此下拉列表中选择小数分隔符的形式。系统共提供了 3 种分隔符，即逗点、句点和空格。
- "比例因子"：可输入尺寸数字的缩放比例因子。当标注尺寸时，AutoCAD 用此比例因子乘以真实的测量数值，然后将结果作为标注数值。
- 角度尺寸的"单位格式"：在此下拉列表中选择角度的单位类型。
- 角度尺寸的"精度"：设置角度型尺寸数字的精度（小数点后显示的位数）。

6. "公差"选项卡

（1）"方式"下拉列表中包含的 5 个选项

- "无"：只显示基本尺寸。
- "对称"：如果选择"对称"，则只能在"上偏差"文本框中输入数值，标注时 AutoCAD 自动加入"±"符号，结果如图 5-63 所示。
- "极限偏差"：利用此选项可以在"上偏差"和"下偏差"文本框中分别输入尺寸的上、下偏差值。默认情况下，AutoCAD 将自动在上偏差前面添加"+"号，在下偏差前面添加"−"号。若在输入偏差值时加上"+"或"−"号，则最终显示的符号将是默认符号与输入符号相乘的结果。输入值正、负号与标注效果的对应关系如图 5-63 所示。
- "极限尺寸"：同时显示最大极限尺寸和最小极限尺寸。
- "基本尺寸"：将尺寸标注值放置在一个长方形的框中（理想尺寸标注形式）。

（2）"精度"

设置上、下偏差值的精度（小数点后显示的位数）。

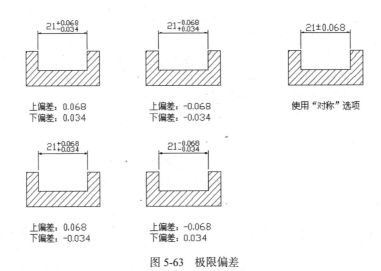

图 5-63　极限偏差

（3）"上偏差"

在此文本框中输入上偏差数值。

（4）"下偏差"

在此文本框中输入下偏差数值。

（5）"高度比例"

该选项能让用户调整偏差文本相对于尺寸文本的高度，默认值是 1，此时偏差文本与尺寸文本高度相同。在标注机械图时，建议将此数值设置为 0.7 左右，但若使用"对称"选项，则"高度比例"值仍选为 1。

（6）"垂直位置"

在此下拉列表中可指定偏差文字相对于基本尺寸的位置关系。当标注机械图时，建议选择"中"选项。

（7）"前导"

隐藏偏差数字中前面的 0。

（8）"后续"

隐藏偏差数字中后面的 0。

5.4.2　删除和重命名尺寸样式

删除和重命名尺寸样式是在"标注样式管理器"对话框中进行的。

【练习 5-11】　删除和重命名尺寸样式。

（1）在"标注样式管理器"对话框的样式列表中选择要进行操作的样式名。

（2）单击鼠标右键弹出快捷菜单，选择"删除"命令删除尺寸样式，如图 5-64 所示。

（3）若要重命名样式，则选择"重命名"命令，然后输入新名称，如图 5-64 所示。

需要注意的是，当前样式及正被使用的尺寸样式不能被删除。此外，用户也不能删除样式列表中仅有的一个标注样式。

5.4.3　标注水平、竖直及倾斜方向尺寸

DIMLINEAR 命令可以标注水平、竖直及倾斜方向尺寸。标注时，若要使尺寸线倾斜，则输

入"R"选项，然后输入尺寸线倾角即可。

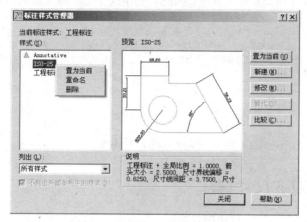

图 5-64　删除和重命名尺寸样式

【练习 5-12】　打开素材文件"\dwg\第 05 章\5-12.dwg"，用 DIMLINEAR 命令创建尺寸标注。

单击"标注"工具栏上的 按钮，启动 DIMLINEAR 命令。

命令: _dimlinear

指定第一条尺寸界线原点或 <选择对象>:

　　　　//指定第一条尺寸界线的起始点 A，或按 Enter 键，选择要标注的对象，如图 5-65 所示

指定第二条尺寸界线原点:　　　　　　　　　　//选取第二条尺寸界线的起始点 B

指定尺寸线位置或[多行文字(M)/文字(T)/角度(A)/水平(H)/垂直(V)/旋转(R)]:

　　　　　　　　　　　　　　　　//拖动鼠标光标将尺寸线放置在适当位置

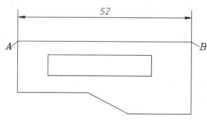

图 5-65　标注水平尺寸

对 DIMLINEAR 命令的选项说明如下。

● 多行文字(M)：使用该选项则打开"多行文字编辑器"，利用此编辑器用户可输入新的标注文字。

　　　　若修改了系统自动标注的文字，就会失去尺寸标注的关联性，即尺寸数字不随标注对象的改变而改变。

● 文字(T)：此选项使用户可以在命令行上输入新的尺寸文字。

● 角度(A)：通过该选项设置文字的放置角度。

● 水平(H)/垂直(V)：创建水平或垂直型尺寸。用户也可通过移动鼠标光标指定创建何种类型尺寸。左右移动鼠标光标，将生成垂直尺寸；上下移动鼠标光标，则生成水平尺寸。

● 旋转(R)：使用 DIMLINEAR 命令时，AutoCAD 自动将尺寸线调整成水平或竖直方向的。"旋转(R)"选项可使尺寸线倾斜一个角度，因此可利用这个选项标注倾斜的对象，如图 5-66 所示。

图 5-66　标注倾斜尺寸

5.4.4　创建对齐尺寸标注

要标注倾斜对象的真实长度可使用对齐尺寸，对齐尺寸的尺寸线平行于倾斜的标注对象。如果用户通过选择两个点来创建对齐尺寸，则尺寸线与两点的连线平行。

【练习 5-13】　打开素材文件"\dwg\第 05 章\5-13.dwg"，用 DIMALIGNED 命令创建尺寸标注。

单击"标注"工具栏上的 按钮，启动 DIMALIGNED 命令。

命令：_dimaligned
指定第一条尺寸界线原点或 <选择对象>：
　　　　　　　　　　　//捕捉交点 A 或按 Enter 键选择要标注的对象，如图 5-67 所示
指定第二条尺寸界线原点：per 到　　　　　　　　　　//捕捉垂足 B
指定尺寸线位置或[多行文字(M)/文字(T)/角度(A)]：　　　//移动鼠标光标指定尺寸线的位置

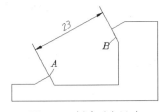

图 5-67　创建对齐尺寸

DIMALIGNED 命令各选项功能请参见 5.4.3 小节。

5.4.5　创建连续型尺寸标注和基线型尺寸标注

连续型尺寸标注是一系列首尾相连的标注形式，而基线型尺寸标注是指所有的尺寸都从同一点开始标注，即公用一条尺寸界线。在创建这两种形式的尺寸标注时，应首先建立一个尺寸标注，然后发出标注命令。

【练习 5-14】　打开素材文件"\dwg\第 05 章\5-14.dwg"，用 DIMBASELINE 命令创建基线尺寸标注。

单击"标注"工具栏上的 按钮，启动 DIMBASELINE 命令。

命令：_dimbaseline
选择基准标注：　　　　　　　　　　　　　　//指定 A 点处的尺寸界线为基准线，如图 5-68 所示
指定第二条尺寸界线原点或 [放弃(U)/选择(S)] <选择>：　　//指定基线标注第二点 B

指定第二条尺寸界线原点或 [放弃(U)/选择(S)] <选择>:　　　//指定基线标注第三点 C

指定第二条尺寸界线原点或 [放弃(U)/选择(S)] <选择>:　　　//按 Enter 键

选择基准标注:　　　　　　　　　　　　　　　　　　　//按 Enter 键结束

【练习 5-15】　打开素材文件 "\dwg\第 05 章\5-15.dwg",用 DIMCONTINUE 命令创建连续
尺寸标注。

单击 "标注" 工具栏上的 按钮,启动 DIMCONTINUE 命令。

命令: _dimcontinue

选择连续标注:　　　　　　　　　　　//指定 A 点处的尺寸界线为基准线,如图 5-69 所示

指定第二条尺寸界线原点或 [放弃(U)/选择(S)] <选择>:　　　//指定连续标注第二点 B

指定第二条尺寸界线原点或 [放弃(U)/选择(S)] <选择>:　　　//指定连续标注第三点 C

指定第二条尺寸界线原点或 [放弃(U)/选择(S)] <选择>:　　　//按 Enter 键

选择连续标注:　　　　　　　　　　　　　　　　　　//按 Enter 键结束

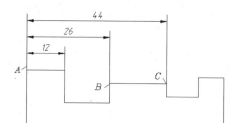

图 5-68　创建基线尺寸

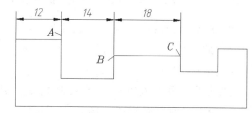

图 5-69　创建连续尺寸

　　当创建一个尺寸标注后,紧接着启动基线或连续标注命令,则 AutoCAD 将以该尺寸的第一
条尺寸界线为基准线生成基线型尺寸,或者以该尺寸的第二条尺寸界线为基准线建立连续型尺寸。
若不想在前一个尺寸的基础上生成连续型或基线型尺寸,可按 Enter 键,AutoCAD 提示 "选择连
续标注:" 或 "选择基准标注:",此时选择某条尺寸界线作为建立新尺寸的基准线即可。

5.4.6　创建角度尺寸

标注角度时,用户可以通过拾取两条边线、三个点或一段圆弧来创建角度尺寸。

【练习 5-16】　打开素材文件 "\dwg\第 05 章\5-16.dwg",用 DIMANGULAR 命令创建角度
尺寸。

单击 "标注" 工具栏上的 按钮,启动 DIMANGULAR 命令。

命令: _dimangular

选择圆弧、圆、直线或 <指定顶点>:　　　　　　　　　//选择角的第一条边 A,如图 5-70 所示

选择第二条直线:　　　　　　　　　　　　　　　　　//选择角的第二条边 B

指定标注弧线位置或 [多行文字(M)/文字(T)/角度(A)/ 象限点(Q)]:

　　　　　　　　　　　　　　　　　　　　　　　　//移动鼠标光标指定尺寸线的位置

命令:DIMANGULAR　　　　　　　　　　　　　　　//重复命令

选择圆弧、圆、直线或 <指定顶点>:　　　　　　　　　//按 Enter 键

指定角的顶点:　　　　　　　　　　　　　　　　　　//捕捉 C 点

指定角的第一个端点:　　　　　　　　　　　　　　　//捕捉 D 点

指定角的第二个端点:　　　　　　　　　　　　　　　//捕捉 E 点

指定标注弧线位置或 [多行文字(M)/文字(T)/角度(A)/ 象限点(Q)]:

　　　　　　　　　　　　　　　　　　　　　　　　//移动鼠标光标指定尺寸线的位置

结果如图 5-70 所示。

选择圆弧时,系统直接标注圆弧所对应的圆心角,移动鼠标光标到圆心的不同侧时标注数值不同。

选择圆时,第一个选择点是角度起始点,再单击一点是角度的终止点,系统标出这两点间圆弧所对应的圆心角。当移动鼠标光标到圆心的不同侧时,标注数值不同。

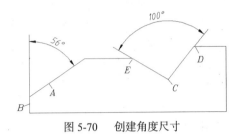

图 5-70　创建角度尺寸

　用户可以使用角度尺寸或长度尺寸的标注命令来查询角度值和长度值。当发出命令并选择对象后,就能看到标注文本,此时按 Esc 键取消正在执行的命令就不会将尺寸标注出来。

5.4.7　将角度数值水平放置

国标中对于角度标注有规定,如图 5-71 所示。角度数字一律水平书写,一般注写在尺寸线的中断处,必要时可注写在尺寸线上方或外面,也可绘制引线标注。显然角度文本的注写方式与线性尺寸文本是不同的。

为使角度数字的放置形式符合国标规定,用户可采用以下方式标注角度。

● 利用当前尺寸样式的覆盖方式标注角度。所谓覆盖方式是指临时改变标注样式,这种改变不影响以前的标注外观,仅影响此后创建的标注。当生成所需的标注后,再返回原有标注样式。

● 使用角度尺寸样式簇标注角度。在 AutoCAD 中用户可以生成已有尺寸样式(父样式)的子样式,该子样式也称为"样式簇",用于控制某一特定类型的尺寸。例如,通过样式簇控制角度尺寸或直径尺寸的外观。当修改子样式中的尺寸变量时,其父样式将保持不变;反过来,对父样式进行修改时,子样式中从父样式继承的特性将改变,而在创建子样式时新设定的参数则不变。

【练习 5-17】　打开素材文件 "\dwg\第 05 章\5-17.dwg",用当前样式覆盖方式标注角度,如图 5-72 所示。

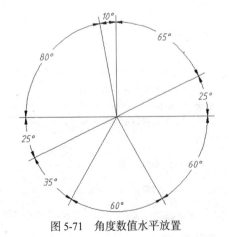

图 5-71　角度数值水平放置　　　　图 5-72　用当前样式覆盖方式标注角度

(1)单击 ▨ 按钮,打开"标注样式管理器"对话框。

（2）单击 替代(D)... 按钮（注意不要使用 修改(M)... 按钮），打开"替代当前样式"对话框。

（3）选取"文字"选项卡，在"文字对齐"区域中选择"水平"单选项，如图 5-73 所示。

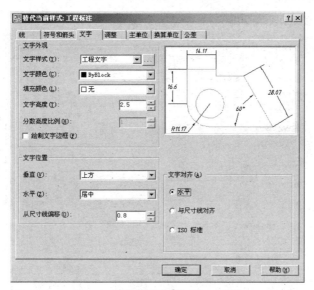

图 5-73　"替代当前样式"对话框

（4）返回主窗口，用 DIMANGULAR 和 DIMCONTINUE 命令标注角度尺寸，角度数字将水平放置，如图 5-72 所示。

（5）角度标注完成后，若要恢复原来的尺寸样式，就需进入"标注样式管理器"对话框，在此对话框的列表框中选择尺寸样式，然后单击 置为当前(U) 按钮，此时系统打开一个提示对话框，单击 确定 按钮完成设置。

【练习 5-18】　打开素材文件"\dwg\第 05 章\5-18.dwg"，利用角度尺寸样式簇标注角度，如图 5-74 所示。

（1）单击 按钮，打开"标注样式管理器"对话框，单击 新建(N)... 按钮，打开"创建新标注样式"对话框，在"用于"下拉列表中选择"角度标注"，如图 5-75 所示。

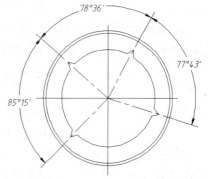

图 5-74　利用角度尺寸样式簇标注角度

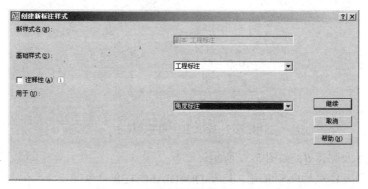

图 5-75　"创建新标注样式"对话框

（2）单击 继续 按钮，打开"新建标注样式"对话框，进入"文字"选项卡，在该选项卡的"文字对齐"区域中选中"水平"单选项，如图 5-76 所示。

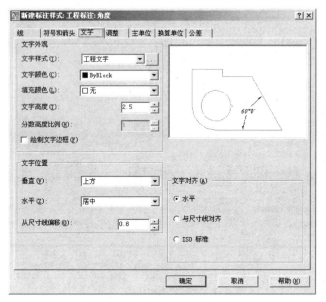

图 5-76   "新建标注样式"对话框

（3）进入"主单位"选项卡，设定角度测量单位为"度/分/秒"，精度为"0d00′"，单击 确定 按钮完成。

（4）返回 AutoCAD 主窗口，用 DIMANGULAR 和 DIMCONTINUE 命令标注角度尺寸，则此类尺寸的外观由样式簇控制，结果如图 5-74 所示。

5.4.8　标注直径和半径尺寸

在标注直径和半径尺寸时，AutoCAD 自动在标注文字前面加入"∅"或"R"符号。实际标注中，直径和半径尺寸的标注形式多种多样，通过当前样式的覆盖方式进行标注非常方便。

【练习 5-19】 打开素材文件"\dwg\第 05 章\5-19.dwg"，用 DIMDIAMETER 及 DIMRADIUS 命令标注直径和半径尺寸，如图 5-77 所示。

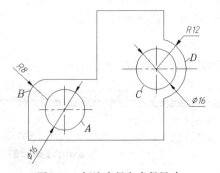

图 5-77　标注直径和半径尺寸

（1）标注圆 *A* 及圆弧 *B*，如图 5-77 所示。

单击"标注"工具栏上的 按钮，启动 DIMDIAMETER 命令。

命令：_dimdiameter

选择圆弧或圆：   //选择要标注的圆 A

指定尺寸线位置或 [多行文字(M)/文字(T)/角度(A)]：   //移动鼠标光标指定标注文字的位置

单击"标注"工具栏上的 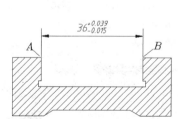 按钮，启动 DIMRADIUS 命令。

命令： _dimradius

选择圆弧或圆：   //选择要标注的圆弧 B

指定尺寸线位置或 [多行文字(M)/文字(T)/角度(A)]：   //移动鼠标光标指定标注文字的位置

（2）利用当前样式的覆盖方式设置标注文字为水平放置，然后标注圆 C 及圆弧 D，结果如图 5-77 所示。

5.4.9 标注尺寸公差及形位公差

创建尺寸公差的方法有以下两种。

- 在"替代当前样式"对话框的"公差"选项卡中设置尺寸上、下偏差。
- 标注时利用"多行文字(M)"选项打开多行文字编辑器，然后采用堆叠文字方式标注公差。

标注形位公差可使用 TOLERANCE 命令及 QLEADER 命令，前者只能形成公差框格，而后者既能形成公差框格又能形成标注指引线。

【练习 5-20】 打开素材文件"\dwg\第 05 章\5-20.dwg"，利用当前样式覆盖方式标注尺寸公差，如图 5-78 所示。

（1）打开"标注样式管理器"对话框，然后单击 替代(O)... 按钮，打开"替代当前样式"对话框，单击"公差"选项卡，如图 5-79 所示。

图 5-78 利用当前样式覆盖方式标注尺寸公差   图 5-79 "替代当前样式"对话框

（2）在"方式"、"精度"和"垂直位置"下拉列表中分别选择"极限偏差"、"0.000"和"中"，在"上偏差"、"下偏差"和"高度比例"框中分别输入"0.039"、"0.015"和"0.75"，如图 5-79 所示。

（3）返回 AutoCAD 图形窗口，发出 DIMLINEAR 命令，AutoCAD 提示如下：

命令： _dimlinear

指定第一条尺寸界线原点或 <选择对象>：   //捕捉交点 A，如图 5-78 所示

指定第二条尺寸界线原点：   //捕捉交点 B

指定尺寸线位置或[多行文字(M)/文字(T)/角度(A)/水平(H)/垂直(V)/旋转(R)]：

　　　　　　　　　　　　　　　　//移动鼠标光标指定标注文字的位置

结果如图 5-78 所示。

 标注尺寸公差时，若空间过小，可考虑使用较窄的文字进行标注。具体方法是先建立一个新的文本样式，在该样式中设置文字宽度比例因子小于 1，然后通过尺寸样式的覆盖方式使当前尺寸样式连接新文字样式，这样标注的文字宽度就会变小。

【练习 5-21】　通过堆叠文字方式标注尺寸公差。

命令：_dimlinear

指定第一条尺寸界线原点或 <选择对象>：　　　　　　//捕捉交点 A，如图 5-78 所示

指定第二条尺寸界线原点：　　　　　　　　　　　//捕捉交点 B

指定尺寸线位置或[多行文字(M)/文字(T)/角度(A)/水平(H)/垂直(V)/旋转(R)]:m

　　　//打开多行文字编辑器，在此编辑器中采用堆叠文字方式输入尺寸公差，如图 5-80 所示

指定尺寸线位置或[多行文字(M)/文字(T)/角度(A)/水平(H)/垂直(V)/旋转(R)]：

　　　　　　　　　　　　　　　　//指定标注文字位置，结果如图 5-78 所示

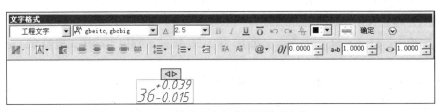

图 5-80　堆叠文字方式标注尺寸公差

【练习 5-22】　打开素材文件"\dwg\第 05 章\5-22.dwg"，用 QLEADER 命令标注形位公差，如图 5-81 所示。

（1）输入 QLEADER 命令，AutoCAD 提示"指定第一个引线点或[设置(S)]<设置>："，直接按 Enter 键，打开"引线设置"对话框，在"注释"选项卡中选择"公差"单选项，如图 5-82 所示。

（2）单击 确定 按钮，AutoCAD 提示如下：

指定第一个引线点或 [设置(S)]<设置>：nea 到　　//在轴线上捕捉点 A，如图 5-81 所示

指定下一点：<正交 开>　　　　　　　　　　　//打开正交并在 B 点处单击一点

指定下一点：　　　　　　　　　　　　　　　//在 C 点处单击一点

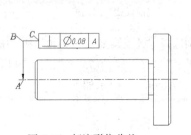

图 5-81　标注形位公差

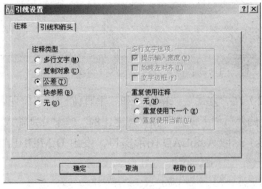

图 5-82　"引线设置"对话框

AutoCAD 打开"形位公差"对话框，在此对话框中输入公差值，如图 5-83 所示。

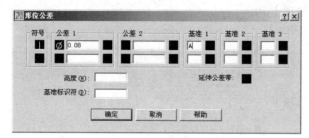

图 5-83　"形位公差"对话框

（3）单击 确定 按钮，结果如图 5-81 所示。

5.4.10　引线标注

MLEADER 命令创建引线标注，它由箭头、引线、基线、多行文字或图块组成，如图 5-84 所示，其中箭头的形式、引线外观、文字属性及图块形状等由引线样式控制。

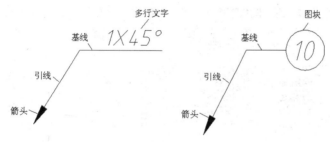

图 5-84　引线标注

选中引线标注对象，利用关键点移动基线，则引线、文字或图块跟随移动。若利用关键点移动箭头，则只有引线跟随移动，基线、文字或图块不动。

【练习 5-23】　打开素材文件"\dwg\第 05 章\5-23.dwg"，用 MLEADER 命令创建引线标注，如图 5-85 所示。

（1）单击"多重引线"工具栏上的 按钮，打开"多重引线样式管理器"对话框，如图 5-86 所示，利用该对话框可新建、修改、重命名或删除引线样式。

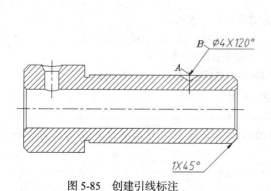

图 5-85　创建引线标注　　　　　　　　图 5-86　"多重引线样式管理器"对话框

（2）单击 修改(M)... 按钮，打开"修改多重引线样式"对话框，如图 5-87 所示。在该对话框中完成以下设置。

- "引线格式"选项卡

- "引线结构"选项卡

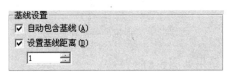

文本框中的数值表示基线的长度。

- "内容"选项卡

"内容"选项卡中设置的选项如图 5-87 所示。其中"基线间距"文本框中的数值表示基线与标注文字间的距离。

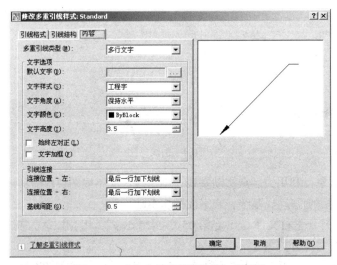

图 5-87 "修改多重引线样式"对话框

（3）单击"多重引线"工具栏上的 按钮，启动创建引线标注命令。

命令：_mleader

指定引线箭头的位置或 [引线基线优先(L)/内容优先(C)/选项(O)] <选项>：

//指定引线起始点 A，如图 5-85 所示

指定引线基线的位置： //指定引线下一个点 B

//启动多行文字编辑器，然后输入标注文字"∅4×120°"

重复命令，创建另一个引线标注，结果如图 5-85 所示。

> 要点提示 创建引线标注时，若文本或指引线的位置不合适，可利用关键点编辑方式进行调整。

【练习 5-24】 打开素材文件"\dwg\第 05 章\5-24.dwg"，用 MLEADER 命令标注零件序号，再对序号进行适当的编辑，结果如图 5-88 所示。

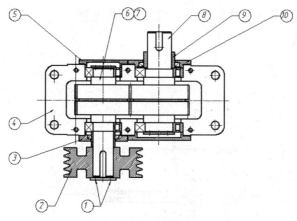

图 5-88 标注零件序号

（1）单击"多重引线"工具栏上的  按钮，打开"多重引线样式管理器"对话框，再单击
修改(M)... 按钮，打开"修改多重引线样式"对话框，如图 5-89 所示。在该对话框中完成以下
设置。

● "引线格式"选项卡

● "引线结构"选项卡

● "内容"选项卡

"内容"选项卡设置的选项如图 5-89 所示。

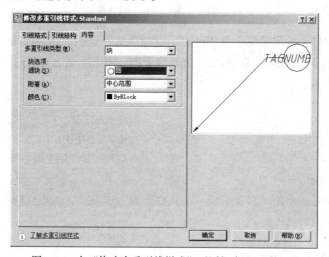

图 5-89 在"修改多重引线样式"对话框中设置块选项

（2）利用 MLEADER 命令创建引线标注，如图 5-90 所示。

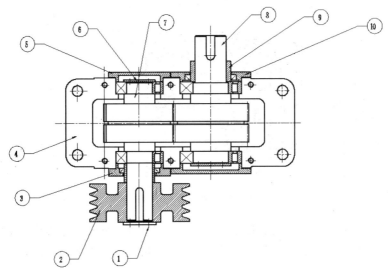

图 5-90 创建引线标注

（3）修改零件编号字体及字高。选取菜单命令"修改"/"对象"/"属性"/"块属性管理器"，打开"块属性管理器"对话框，再单击 编辑(E)... 按钮，打开"编辑属性"对话框，如图 5-91 所示。进入"文字选项"选项卡，在"文字样式"下拉列表中选择"工程字"选项，在"高度"栏中输入数值"5"，单击"确定"按钮。

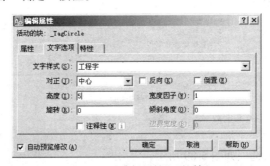

图 5-91 "编辑属性"对话框

（4）返回绘图窗口，选取菜单命令"视图"/"重生成"选项，结果如图 5-92 所示。

（5）对齐零件序号。单击"多重引线"工具栏上的 ⌷ 按钮，AutoCAD 提示如下：

命令：_mleaderalign

选择多重引线:总计 5 个   //选择零件序号 5、6、7、9、10

选择多重引线: //按 Enter 键

选择要对齐到的多重引线或 [选项(O)]:   //选择零件序号 8

指定方向:@10<180   //输入一点的相对坐标

结果如图 5-93 所示。

（6）合并零件编号。单击"多重引线"工具栏上的 ⊙⊙ 按钮，AutoCAD 提示如下：

命令：_mleadercollect

选择多重引线:找到 1 个   //选择零件序号 6

选择多重引线:找到 1 个，总计 2 个   //选择零件序号 7

选择多重引线：　　　　　　　　　　　　　　　　　//按 Enter 键

指定收集的多重引线位置或 [垂直(V)/水平(H)/缠绕(W)] <水平>：

　　　　　　　　　　　　　　　　　　　　　　　//单击一点

结果如图 5-94 所示。

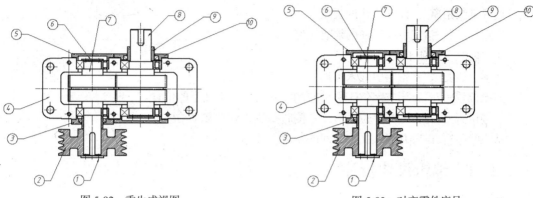

图 5-92　重生成视图　　　　　　　　　　图 5-93　对齐零件序号

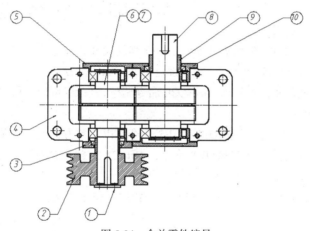

图 5-94　合并零件编号

（7）给零件编号增加指引线。单击"多重引线"工具栏上的 按钮，AutoCAD 提示如下：

选择多重引线：　　　　　　　　　　　　//选择编号 1 的引线

指定引线箭头的位置：　　　　　　　　　//指定新增加引线的位置

指定引线箭头的位置：　　　　　　　　　//按 Enter 键结束

结果如图 5-88 所示。

对 MLEADER 命令的常用选项说明如下。

● 引线基线优先(L)：创建引线标注时，首先指定基线的位置。

● 内容优先(C)：创建引线标注时，首先指定文字或图块的位置。

对"修改多重引线样式"对话框中的常用选项说明如下。

● "引线格式"选项卡

"类型"：指定引线类型，该下拉列表包含 3 个选项，直线、样条曲线及无。

"符号"：设置引线端部的箭头形式。

"大小"：设置箭头的大小。

● "引线结构"选项卡

"最大引线点数"：指定连续引线的端点数。

"第一段角度"：指定引线第一段倾角的增量值。

"第二段角度"：指定引线第二段倾角的增量值。

"自动包含基线"：将水平基线附着到引线末端。

"设置基线距离"：设置基线的长度。

"指定比例"：指定引线标注的缩放比例。

● "内容"选项卡

"多重引线类型"：指定引线末端连接文字还是图块。

"连接位置—左"：当文字位于引线左侧时基线相对于文字的位置。

"连接位置—右"：当文字位于引线右侧时基线相对于文字的位置。

"基线间隙"：设置基线和文字之间的距离。

5.4.11 编辑尺寸标注

编辑尺寸标注主要包括以下几方面。

● 修改标注文字。修改标注文字的最佳方法是使用 DDEDIT 命令。发出该命令后，用户可以连续地修改想要编辑的尺寸。

● 调整标注位置。关键点编辑方式非常适合于移动尺寸线和标注文字，进入这种编辑模式后，一般利用尺寸线两端或标注文字所在处的关键点来调整标注位置。

对于平行尺寸线间的距离可用 DIMSPACE 命令调整，该命令可使平行尺寸线按用户指定的数值等间距分布。

● 编辑尺寸标注属性。使用 PROPERTIES 命令可以非常方便地编辑尺寸标注属性。用户一次选取多个尺寸标注，启动 PROPERTIES 命令，AutoCAD 打开"特性"对话框，在此对话框中可修改标注字高、文字样式及全局比例等属性。

● 修改某一尺寸标注的外观。先通过尺寸样式的覆盖方式调整样式，然后利用 按钮更新尺寸标注。

【练习 5-25】 打开素材文件"\dwg\第 05 章\5-25.dwg"，如图 5-95 左图所示。修改标注文字内容及调整标注位置等，结果如图 5-95 右图所示。

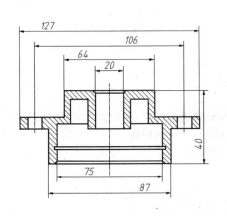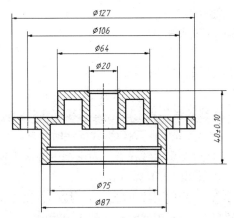

图 5-95 编辑尺寸标注

（1）用 DDEDIT 命令将尺寸"40"修改为"40±0.10"。

（2）选择尺寸"40±0.10"，并激活文本所在处的关键点，AutoCAD 自动进入拉伸编辑模式。向右移动鼠标光标以调整文本的位置，结果如图 5-96 所示。

（3）单击 ✍ 按钮，打开"标注样式管理器"对话框，再单击 替代(O)... 按钮，打开"替代当前样式"对话框，进入"主单位"选项卡，在"前缀"栏中输入直径代号"%%C"。

（4）返回图形窗口，单击"标注"工具栏上的 ⊢ 按钮，AutoCAD 提示"选择对象:"，选择尺寸"127"、"106"等。按 Enter 键，结果如图 5-97 所示。

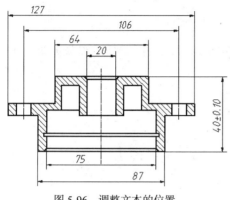

图 5-96　调整文本的位置

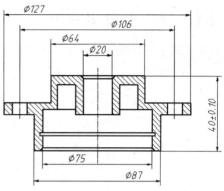

图 5-97　更新标注

（5）调整平行尺寸线间的距离，如图 5-98 所示。

单击"标注"工具栏上的 ▥ 按钮，启动 DIMSPACE 命令。

```
命令: _DIMSPACE
选择基准标注:                               //选择"Ø20"
选择要产生间距的标注:找到 1 个              //选择"Ø64"
选择要产生间距的标注:找到 1 个,总计 2 个    //选择"Ø106"
选择要产生间距的标注:找到 1 个,总计 3 个    //选择"Ø127"
选择要产生间距的标注:                       //按 Enter 键
输入值或 [自动(A)] <自动>: 12               //输入间距值并按 Enter 键
```

结果如图 5-98 所示。

（6）用 PROPERTIES 命令将所有标注文字的高度均改为 3.5，然后利用关键点编辑方式调整一些标注文字的位置，结果如图 5-99 所示。

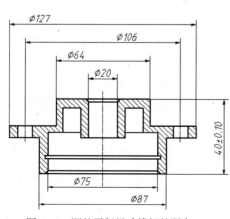

图 5-98　调整平行尺寸线间的距离

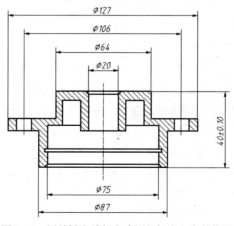

图 5-99　用关键点编辑方式调整标注文字的位置

5.5 尺寸标注综合练习

本节提供平面图形及零件图的标注练习，练习内容包括标注尺寸、创建尺寸公差和形位公差、标注表面粗糙度及选用图幅等。

5.5.1 标注平面图形

【练习 5-26】 打开素材文件"\dwg\第 05 章\5-26.dwg"，标注该图形，结果如图 5-100 所示。

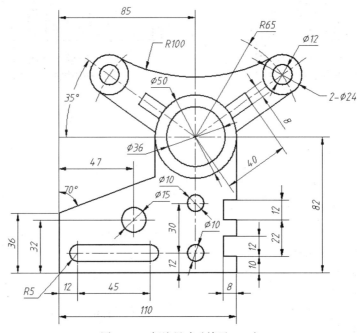

图 5-100 标注尺寸（练习 5-26）

请读者先观看素材文件"\avi\第 05 章\5-26.avi"，然后按照以下操作步骤练习。

（1）建立一个名为"标注层"的图层，设置图层颜色为红色，线型为"Continuous"，并使其成为当前层。

（2）创建新文字样式，样式名为"标注文字"。与该样式相连的字体文件是"gbeitc.shx"和"gbcbig.shx"。

（3）创建一个尺寸样式，名称为"国标标注"，对该样式做以下设置。

- 标注文本样式连接"标注文字"，文字高度等于 2.5，精度为 0.0，小数点格式是"句点"。
- 标注文本与尺寸线间的距离是 0.8。
- 箭头大小为 2。
- 尺寸界线超出尺寸线长度等于 2。
- 尺寸线起始点与标注对象端点间的距离为 0.2。
- 标注基线尺寸时，平行尺寸线间的距离为 6。
- 标注全局比例因子为 2。

● 使"国标标注"成为当前样式。

（4）打开对象捕捉，设置捕捉类型为"端点"、"交点"。标注尺寸，结果如图 5-100 所示。

【练习 5-27】　打开素材文件"\dwg\第 05 章\5-27.dwg"，标注该图形，结果如图 5-101 所示。

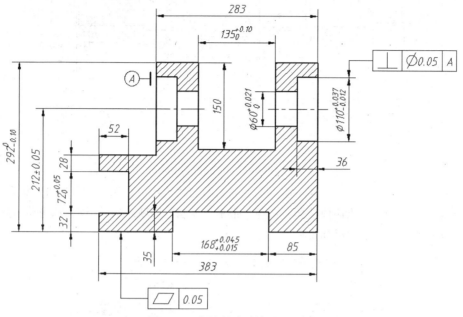

图 5-101　标注尺寸（练习 5-27）

请读者先观看素材文件"\avi\第 05 章\5-27.avi"，然后按照以下操作步骤练习。

（1）建立一个名为"标注层"的图层，设置图层颜色为红色，线型为"Continuous"，并使其成为当前层。

（2）创建新文字样式，样式名为"标注文字"。与该样式相连的字体文件是"gbeitc.shx"和"gbcbig.shx"。

（3）创建一个尺寸样式，名称为"国标标注"，对该样式做以下设置。

● 标注文本样式连接"标注文字"，文字高度等于 2.5，精度为 0.0，小数点格式是"句点"。
● 标注文本与尺寸线间的距离是 0.8。
● 箭头大小为 2。
● 尺寸界线超出尺寸线长度等于 2。
● 尺寸线起始点与标注对象端点间的距离为 0.2。
● 标注基线尺寸时，平行尺寸线间的距离为 6。
● 标注全局比例因子为 6。
● 使"国标标注"成为当前样式。

（4）打开对象捕捉，设置捕捉类型为"端点"、"交点"。标注尺寸，结果如图 5-101 所示。

5.5.2　插入图框、标注零件尺寸及表面粗糙度

【练习 5-28】　打开素材文件"\dwg\第 05 章\5-28.dwg"，标注传动轴零件图，标注结果如图 5-102 所示。零件图图幅选用 A3 幅面，绘图比例为 2∶1，标注字高为 2.5，字体为"gbeitc.shx"，标注全局比例因子为 0.5。这个练习的目的是使读者掌握零件图尺寸标注的步骤和技巧。

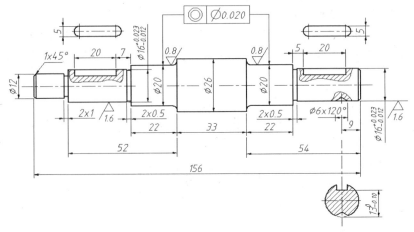

图 5-102　标注传动轴零件图尺寸

（1）打开包含标准图框及表面粗糙度符号的图形文件"A3.dwg"，如图 5-103 所示。在图形窗口中单击鼠标右键，弹出快捷菜单，选择"带基点复制"选项，然后指定 A3 图框的右下角为基点，再选择该图框及表面粗糙度符号。

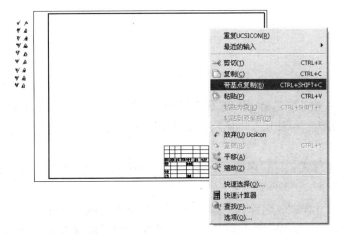

图 5-103　带基点复制对象

（2）切换到当前零件图，在图形窗口中单击鼠标右键，弹出快捷菜单，选择"粘贴"选项，把 A3 图框复制到当前图形中，如图 5-104 所示。

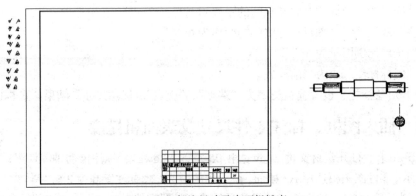

图 5-104　标注尺寸及表面粗糙度

（3）用 SCALE 命令把 A3 图框和表面粗糙度符号缩小 50%。

（4）创建新文字样式，样式名为"标注文字"。与该样式相连的字体文件是"gbeitc.shx"和"gbcbig.shx"。

（5）创建一个尺寸样式，名称为"国标标注"，对该样式做以下设置。

- 标注文本样式连接"标注文字"，文字高度等于 2.5，精度为 0.0，小数点格式是"句点"。
- 标注文本与尺寸线间的距离是 0.8。
- 箭头大小为 2。
- 尺寸界线超出尺寸线长度等于 2。
- 尺寸线起始点与标注对象端点间的距离为 0.2。
- 标注基线尺寸时，平行尺寸线间的距离为 6。
- 标注全局比例因子为 0.5（绘图比例的倒数）。
- 使"国标标注"成为当前样式。

（6）用 MOVE 命令将视图放入图框内，创建尺寸，再用 COPY 及 ROTATE 命令标注表面粗糙度。

【练习 5-29】　打开素材文件"\dwg\第 05 章\5-29.dwg"，标注传动箱零件图，标注结果如图 5-105 所示。零件图图幅选用 A3 幅面，绘图比例为 1：2，标注字高为 2.5，字体为"gbeitc.shx"，标注全局比例因子为 2。

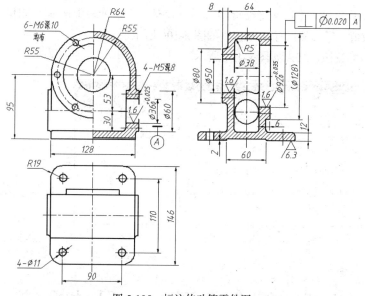

图 5-105　标注传动箱零件图

（1）打开包含标准图框及表面粗糙度符号的图形文件"A3.dwg"，将图框及表面粗糙度符号复制到当前零件图中，

（2）用 SCALE 命令缩放 A3 图框和表面粗糙度符号，缩放比例为 2。

（3）创建新文字样式，样式名为"标注文字"。与该样式相连的字体文件是"gbeitc.shx"和"gbcbig.shx"。

（4）创建一个尺寸样式，名称为"国标标注"，对该样式做以下设置。

- 标注文本连接"标注文字"，文字高度等于 2.5，精度为 0.0，小数点格式是"句点"。

- 标注文本与尺寸线间的距离是 0.8。
- 箭头大小为 2。
- 尺寸界线超出尺寸线长度等于 2。
- 尺寸线起始点与标注对象端点间的距离为 0.2。
- 标注基线尺寸时，平行尺寸线间的距离为 6。
- 标注全局比例因子为 2（绘图比例的倒数）。
- 使"国标标注"成为当前样式。

（5）用 MOVE 命令将视图放入图框内，创建尺寸，再用 COPY 及 ROTATE 命令标注表面粗糙度，结果如图 5-105 所示。

5.6　综合练习——书写多行文字

以下过程演示了如何创建多行文字，文字内容如图 5-106 所示。

【练习 5-30】　创建多行文字。

（1）单击"绘图"工具栏上的 **A** 按钮或输入 MTEXT 命令，AutoCAD 提示如下：

指定第一角点：　　　　　　　　　　　　//在 A 点处单击一点，如图 5-107 所示
指定对角点：　　　　　　　　　　　　　//在 B 点处单击一点

（2）AutoCAD 打开"多行文字编辑器"，在"字体"下拉列表中选择"宋体"，在"字体高度"文本框中输入数值"3"，然后输入文字，如图 5-106 所示。

（3）单击 确定 按钮，结果如图 5-107 所示。

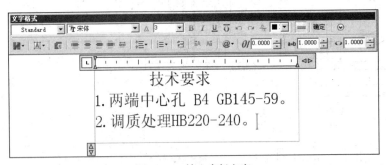

图 5-106　输入多行文字　　　　　　　　　　　图 5-107　多行文字

5.7　综合练习——尺寸标注

【练习 5-31】　打开素材文件"5-31.dwg"，如图 5-108 左图所示。请标注该图形，结果如图 5-108 右图所示。

（1）创建一个名为"标注层"的图层，并将其设置为当前层。

（2）新建一个标注样式。单击"标注"工具栏上的 按钮，打开"标注样式管理器"对话框。单击此对话框中的 新建(N)... 按钮，打开"创建新标注样式"对话框，在该对话框的"新样式名"文本框中输入新的样式名称"标注—1"，如图 5-109 所示。

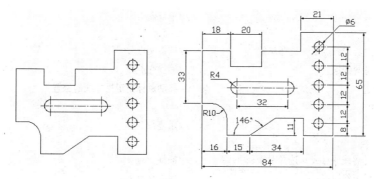

图 5-108　尺寸标注综合练习

（3）单击 ┌继续┐ 按钮，打开"新建标注样式"对话框，如图 5-110 所示。在该对话框中进行以下设置。

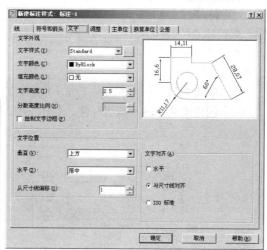

图 5-109　在"创建新标注样式"对话框中
新建样式"标注—1"

图 5-110　在"新建标注样式"对话框中
设置文字样式

- 在"文字"选项卡的"文字高度"、"从尺寸线偏移"文本框中分别输入"2.5"和"1"。
- 进入"线"选项卡，在"基线间距"、"超出尺寸线"和"起点偏移量"文本框中分别输入"8"、"1.8"和"0.8"。
- 进入"符号和箭头"选项卡，在"箭头大小"文本框中输入"2"。
- 进入"主单位"选项卡，在"精度"下拉列表中选择"0"。

（4）完成后单击 ┌确定┐ 按钮即可得到一个新的尺寸样式，再单击 置为当前(U) 按钮使新样式成为当前样式。

（5）打开自动捕捉功能，设置捕捉类型为"端点"、"交点"。

（6）标注直线型尺寸"18"、"21"等，如图 5-111 所示。

```
命令: _dimlinear
指定第一条尺寸界线原点或 <选择对象>:        //捕捉交点 A，如图 5-111 所示
指定第二条尺寸界线原点:                    //捕捉交点 B
指定尺寸线位置:                           //移动鼠标指定尺寸线的位置
标注文字 =18
```

命令：	//重复命令
DIMLINEAR	
指定第一条尺寸界线原点或 <选择对象>：	//捕捉交点 C
指定第二条尺寸界线原点：	//捕捉交点 D
指定尺寸线位置：	//移动鼠标指定尺寸线的位置
标注文字 =21	
命令：	//重复命令
DIMLINEAR	
指定第一条尺寸界线原点或 <选择对象>：	//捕捉交点 A
指定第二条尺寸界线原点：	//捕捉交点 E
指定尺寸线位置：	//移动鼠标指定尺寸线的位置
标注文字 =33	
命令：	//重复命令
DIMLINEAR	
指定第一条尺寸界线原点或 <选择对象>：	//捕捉交点 E
指定第二条尺寸界线原点：	//捕捉交点 F
指定尺寸线位置：	//移动鼠标指定尺寸线的位置
标注文字 =16	

结果如图 5-111 所示。

（7）创建连续标注及基线标注，如图 5-112 所示。

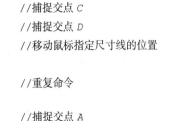

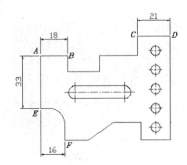

图 5-111 标注尺寸"18"、"21"等　　　　图 5-112 创建连续标注及基线标注

命令：_dimcontinue	//建立连续标注
指定第二条尺寸界线原点或 [放弃(U)/选择(S)]<选择>：	//按 Enter 键
选择连续标注：	//选择尺寸界限 A，如图 5-112 所示
指定第二条尺寸界线原点或 [放弃(U)/选择(S)]<选择>：	//捕捉交点 D
标注文字 =20	
指定第二条尺寸界线原点或 [放弃(U)/选择(S)]<选择>：	//按 Enter 键
选择连续标注：	//选择尺寸界限 B
指定第二条尺寸界线原点或 [放弃(U)/选择(S)]<选择>：	//捕捉交点 E
标注文字 =15	
指定第二条尺寸界线原点或 [放弃(U)/选择(S)]<选择>：	//捕捉交点 F
标注文字 =34	
指定第二条尺寸界线原点或 [放弃(U)/选择(S)]<选择>：	//按 Enter 键
选择连续标注：	//按 Enter 键结束
命令：_dimbaseline	//建立基线标注

指定第二条尺寸界线原点或 [放弃(U)/选择(S)]<选择>:	//按 Enter 键
选择基准标注:	//选择尺寸界限 C
指定第二条尺寸界线原点或 [放弃(U)/选择(S)]<选择>:	//捕捉交点 G
标注文字 =84	
指定第二条尺寸界线原点或 [放弃(U)/选择(S)]<选择>:	//按 Enter 键
选择基准标注:	//按 Enter 键结束

结果如图 5-112 所示。

（8）标注孔的位置尺寸，如图 5-113 所示。

命令：_dimlinear	
指定第一条尺寸界线原点或 <选择对象>:	//捕捉交点 B
指定第二条尺寸界线原点:	//捕捉端点 C
指定尺寸线位置:	//移动鼠标指定尺寸线的位置
标注文字 =8	
命令：_dimcontinue	//创建连续标注
指定第二条尺寸界线原点或 [放弃(U)/选择(S)] <选择>:	//捕捉端点 D
标注文字 =12	
指定第二条尺寸界线原点或 [放弃(U)/选择(S)] <选择>:	//捕捉端点 E
标注文字 =12	
指定第二条尺寸界线原点或 [放弃(U)/选择(S)] <选择>:	//捕捉端点 F
标注文字 =12	
指定第二条尺寸界线原点或 [放弃(U)/选择(S)] <选择>:	//捕捉端点 G
标注文字 =12	
指定第二条尺寸界线原点或 [放弃(U)/选择(S)] <选择>:	//按 Enter 键
选择连续标注:	//按 Enter 键结束
命令：_dimbaseline	//建立基线标注
指定第二条尺寸界线原点或 [放弃(U)/选择(S)] <选择>:	//按 Enter 键
选择基准标注:	//选择尺寸界限 A
指定第二条尺寸界线原点或 [放弃(U)/选择(S)] <选择>:	//捕捉交点 H
标注文字 =65	
指定第二条尺寸界线原点或 [放弃(U)/选择(S)] <选择>:	//按 Enter 键
选择基准标注:	//按 Enter 键结束

结果如图 5-113 所示。

（9）标注直线型尺寸"32"、"11"，如图 5-114 所示。

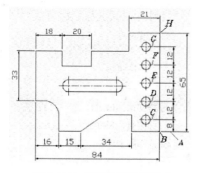

图 5-113　标注孔的位置尺寸

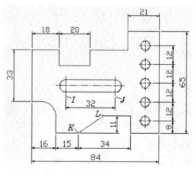

图 5-114　标注尺寸"32"、"11"

命令：_dimlinear

指定第一条尺寸界线原点或 <选择对象>：　　　　　　//捕捉交点 I

指定第二条尺寸界线原点：　　　　　　　　　　　　//捕捉交点 J

指定尺寸线位置：　　　　　　　　　　　　　　　　//移动鼠标指定尺寸线的位置

标注文字 =32

命令：　　　　　　　　　　　　　　　　　　　　　//重复命令

DIMLINEAR

指定第一条尺寸界线原点或 <选择对象>：　　　　　　//捕捉交点 K

指定第二条尺寸界线原点：　　　　　　　　　　　　//捕捉交点 L

指定尺寸线位置：　　　　　　　　　　　　　　　　//移动鼠标指定尺寸线的位置

标注文字 =11

结果如图 5-114 所示。

（10）建立尺寸样式的覆盖方式。单击 按钮，打开"标注样式管理器"对话框，再单击 替代(O)... 按钮（注意不要使用 修改(M)... 按钮），打开"替代当前样式"对话框。进入"文字"选项卡，在该选项卡的"文字对齐"选项框中选取"水平"单选项，如图 5-115 所示。

（11）返回绘图窗口，利用当前样式的覆盖方式标注半径、直径及角度尺寸，如图 5-116 所示。

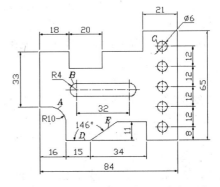

图 5-115　在"替代当前样式"对话框中选择"水平"单选项　　　图 5-116　标注半径、直径及角度尺寸

命令：_dimradius　　　　　　　　　　　　　　　//标注半径尺寸

选择圆弧或圆：　　　　　　　　　　　　　　　　　//选择圆弧 A，如图 5-116 所示

标注文字 =10

指定尺寸线位置或 [多行文字(M)/文字(T)/角度(A)]：　　//移动鼠标指定标注文字位置

命令：　　　　　　　　　　　　　　　　　　　　　//重复命令

DIMRADIUS

选择圆弧或圆：　　　　　　　　　　　　　　　　　//选择圆弧 B

标注文字 =4

指定尺寸线位置或 [多行文字(M)/文字(T)/角度(A)]：　　//移动鼠标指定标注文字位置

命令：_dimdiameter　　　　　　　　　　　　　　//标注直径尺寸

选择圆弧或圆：　　　　　　　　　　　　　　　　　//选择圆 C

标注文字 =6

指定尺寸线位置或 [多行文字(M)/文字(T)/角度(A)]：　　//移动鼠标指定标注文字位置

命令: _dimangular　　　　　　　　　　　　　　//标注角度
选择圆弧、圆、直线或 <指定顶点>:　　　　　　//选择直线 D
选择第二条直线:　　　　　　　　　　　　　　//选择直线 E
指定标注弧线位置或 [多行文字(M)/文字(T)/角度(A)]:　//移动鼠标指定标注文字位置
标注文字 =146

结果如图 5-116 所示。

5.8　小　　结

　　本章介绍了如何在图形中添加文字注释及如何编辑文字，还介绍了怎样输入特殊字符及有效地控制文字外观等内容。

　　AutoCAD 图形中文本的外观都是由文字样式来控制的。缺省情况下，当前文字样式是"Standard"，用户可以根据需要创建新的文字样式。文字样式是文本设置的集合，它决定了文本的字体、高度、宽度及倾斜角度等特性，通过修改某些设置，就能快速地改变文本的外观。

　　AutoCAD 提供了灵活的创建文字信息的方法，对于较简短的文字项目，可以使用单行文字，而对于较复杂的输入项，则可采取多行文字。用户利用 DTEXT 命令创建单行文字，此命令的最大优点是它能一次在图形的多个位置放置文本而无需退出命令。利用 MTEXT 命令可生成多行文字，它提供了许多在 Windows 文字处理中才有的功能，如建立下划线文字、在段落文本内部使用不同的字体及创建层叠文字等。

　　单行文字和多行文字可以被移动、旋转、复制及修改内容或外观等。用 DDEDIT 命令可以方便地改变文本的内容，PROPERTIES 命令则提供了更多的编辑功能，可以修改更多的文字属性。

　　在 AutoCAD 2008 中用户可以创建表对象，该对象的外观主要由表格样式控制。对于已生成的表格对象，用户可以很方便地对其形状修改或编辑其中的文字信息。

　　本章还介绍了标注尺寸的基本方法，并说明了如何使用尺寸样式来控制尺寸标注。此外，还通过一些实例讲述了怎样创建和编辑各种类型的尺寸。

　　在 AutoCAD 中可以标注多种类型的尺寸，如长度型、平行型、直径型和半径型等，标注的外观由当前尺寸标注样式控制。如果尺寸外观看起来不正确，则可调整标注样式进行修正。从本质上讲，标注样式是标注变量的一组设置，用户通过可命名的标注样式，就可以方便有效地管理这些系统变量。

　　标注样式在控制标注的位置及外观上有很大的灵活性，但对样式修改并存储后，这种变化将施加到所有类型的尺寸上。为避免这种情况，用户可以建立专门用于控制某种特殊类型尺寸的样式簇，使该类型的尺寸由样式簇来控制。AutoCAD 提供了线性、直径、半径、角度、坐标、引线和公差 7 种样式簇。

　　实际标注中，多数尺寸使用当前某种形式的标注样式来控制，但偶尔需建立一些特殊的标注形式，例如标注公差。为此，用户是不是要建立一个全新的标注样式呢？当然不是，在这种情况下，用户只需使用标注样式的覆盖方式就可以了。这样在调整了某些尺寸变量后，它们仅仅会影响此后的标注。

　　如果想全局地修改尺寸标注，可调整与尺寸标注相关联的尺寸样式。若要编辑单个尺寸的属性，就要使用有关的编辑命令，常用的编辑命令有 PROPERTIES、DIMEDIT、DDEDIT 和 "-DIMSTYLE"。

其中，PROPERTIES 命令可修改较多的尺寸特性，"-DIMSTYLE"命令可根据新的尺寸变量更新尺寸标注。

5.9 习 题

1. 打开素材文件 "\dwg\第 05 章\5-32.dwg"，标注该图形，结果如图 5-117 所示。

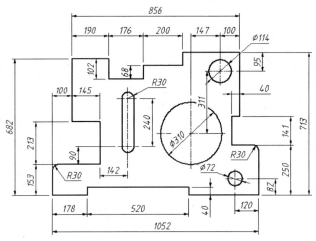

图 5-117 标注平面图形

2. 打开素材文件 "\dwg\第 05 章\5-33.dwg"，标注法兰盘零件图，结果如图 5-118 所示。零件图图幅选用 A3 幅面，绘图比例 1∶1.5，标注字高为 3.5，字体为 "gbeitc.shx"，标注全局比例因子为 1.5。

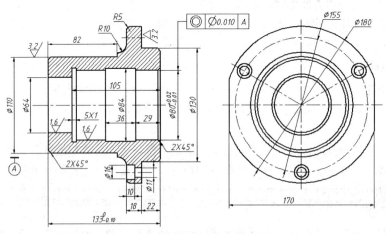

图 5-118 标注法兰零件图

第 6 章
零件图

通过本章的学习，读者可以了解用 AutoCAD 绘制机械图的一般过程，并掌握一些实用设计技巧。

6.1 用 AutoCAD 绘制机械图的过程

手工绘图时，绘制过程可总结如下。

（1）绘制各视图主要中心线及定位线。

（2）按形体分析法逐个绘制各基本形体的视图。作图时，应注意各视图间的投影关系要满足投影规律。

（3）检查并修饰图形。

用 AutoCAD 绘制机械图的过程与手工作图类似，但具有一些新特点，下面以图 6-1 所示的零件图为例说明此过程。

【练习 6-1】 绘制零件图。

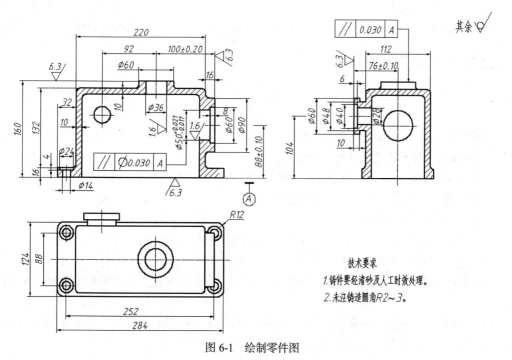

图 6-1 绘制零件图

6.1.1　建立绘图环境

建立绘图环境主要包括以下 3 个方面的内容。

（1）设置工作区域的大小。

在开始绘图前首先应建立工作区域，即设置当前屏幕的大小，因为电子屏幕是无限大的，用户应对绘图窗口进行设置，这样就能估计出所绘图样在屏幕上的大致范围。

作图区域的大小应根据视图的尺寸进行设置，例如，在绘制如图 6-1 所示的零件图时应先绘制主视图，然后根据主视图的尺寸设置当前屏幕大小为 160×160。

设置绘图区域大小的方法一般有两种，请参见 1.5.11 小节。

　　当作图区域太大或太小时，所绘对象就可能很小或很大，以至于观察不到（如极大或极小的圆），此时可单击"标准"工具栏上的 按钮使图形对象充满整个绘图窗口。

（2）创建必要的图层。

图层是管理及显示图形的强有力工具，绘制机械图时不应将所有图形元素都放在同一图层上，而应根据图形元素性质创建图层，并设置图层上图元的属性，如线型、线宽及颜色等。

在机械图中一般创建以下图层。

- 轮廓线层：颜色为绿色，线宽为 0.5，线型为 Continuous。
- 中心线层：颜色为红色，线宽为默认值，线型为 Center。
- 虚线层：颜色为黄色，线宽为默认值，线型为 Dashed。
- 剖面线层：颜色为白色，线宽为默认值，线型为 Continuous。
- 标注层：颜色为白色，线宽为默认值，线型为 Continuous。
- 文本层：颜色为白色，线宽为默认值，线型为 Continuous。

（3）使用绘图辅助工具。

打开极轴追踪、对象捕捉及自动追踪功能，再设置捕捉类型为"端点"、"圆心"及"交点"。

6.1.2　布局主视图

首先绘制零件的主视图，绘制时应从主视图的哪一部分开始入手呢？如果直接从某一局部细节开始绘制，常常会浪费很多时间。正确的方法是：先绘制主视图的布局线，形成图样的大致轮廓，然后再以布局线为基准图元绘制图样的细节。

布局轮廓时一般要绘制出以下一些线条。

- 图形元素的定位线，如重要孔的轴线、图形对称线以及一些端面线等。
- 零件的上、下轮廓线及左、右轮廓线。

下面绘制主视图的布局线。

（1）切换到"轮廓线层"。用 LINE 命令绘制两条适当长度的线段 A 和 B，它们分别是主视图的底端线及左端面线，如图 6-2 左图所示。

（2）以 A、B 线为基准线，用 OFFSET 及 TRIM 命令形成主视图的大致轮廓，如图 6-2 右图所示。

现在已经绘制了视图的主要轮廓线，这些线条形成了主视图的布局线，这样用户就可以清楚地看到主视图所在的范围，并能利用这些线条快速形成图形细节。

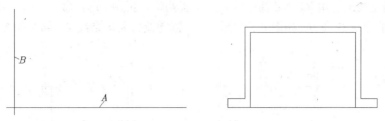

图 6-2　绘制主视图的大致轮廓

6.1.3　生成主视图局部细节

在建立了粗略的几何轮廓后，就可以考虑利用已有的线条来绘制图样的细节了。作图时先把整个图形划分为几个部分，然后逐一绘制完成。

（1）绘制作图基准线 C 和 D，如图 6-3 左图所示。用 OFFSET 及 TRIM 命令形成主视图细节 E，如图 6-3 右图所示。

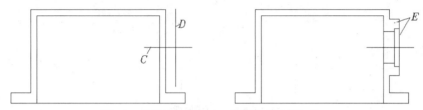

图 6-3　绘制基准线 C 和 D，以及主视图细节 E

（2）用同样的方法绘制主视图其余细节，如图 6-4 所示。

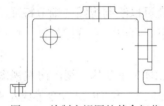

图 6-4　绘制主视图的其余细节

要点提示

在绘制局部区域的细节结构时常用 ZOOM 命令的"窗口(W)"选项（　按钮）将局部图形区域放大，以方便作图。绘制完成后，再利用 ZOOM 命令的"上一个(P)"选项（　按钮）返回上一次的显示范围。

6.1.4　布局其他视图

主视图绘制完成后，接下来要绘制左视图及俯视图，绘制过程与主视图类似，首先形成这两个视图的主要布局线，然后绘制图形细节。

对于工程图，视图间的投影关系要满足"长对正"、"高平齐"、"宽相等"的原则。利用 AutoCAD 绘图时，可绘制一系列辅助投影线来保证视图间符合这个关系。

可用下面的方法绘制投影线。

● 利用 XLINE 命令过某一点绘制水平或竖直方向无限长直线。
● 用 LINE 命令并结合极轴追踪、自动追踪功能绘制适当长度的水平或竖直方向线段。

（1）布局左视图。用 XLINE 命令绘制水平投影线，再用 LINE 命令绘制左视图竖直定位线 *F*，然后绘制平行线 *G* 和 *H*，如图 6-5 左图所示。修剪及打断多余线条，结果如图 6-5 右图所示。

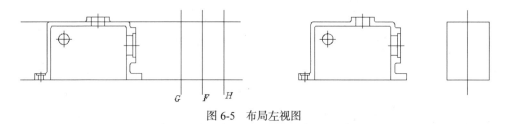

图 6-5　布局左视图

（2）布局俯视图。用 XLINE 命令绘制竖直投影线，用 LINE 命令绘制俯视图水平定位线 *I*，然后绘制平行线 *J* 和 *K*，如图 6-6 左图所示。修剪多余线条，结果如图 6-6 右图所示。

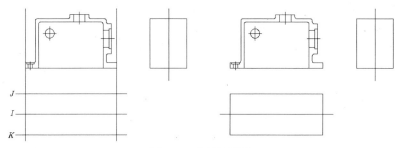

图 6-6　布局俯视图

6.1.5　向左视图投影几何特征并绘制细节

布局完左视图及俯视图后，就可以绘制视图的细节特征了，首先绘制左视图的细节。主视图中包含了左视图的许多几何信息，可以从主视图绘制一些投影线从而将几何特征投影到左视图中。

（1）继续前面的练习。用 XLINE 命令从主视图向左视图绘制水平投影线，再绘制作图基准线 *L*，如图 6-7 左图所示。用 OFFSET 及 TRIM 命令形成左视图细节 *M*，如图 6-7 右图所示。

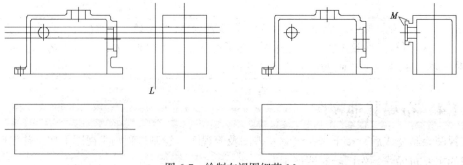

图 6-7　绘制左视图细节 *M*

　　　　除了利用辅助线进行投影外，也可使用 COPY 命令把一个视图的几何特征复制到另一视图，如将视图中槽的大小、孔的中心线等沿水平或竖直方向复制到其他视图。

（2）用同样的方法绘制左视图其余细节，如图 6-8 所示。

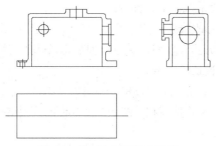

图 6-8　绘制左视图其余细节

6.1.6　向俯视图投影几何特征并绘制细节

绘制完成主视图及左视图后，俯视图沿长度及宽度方向的尺寸就可通过主视图及左视图投影得到，为方便从左视图向俯视图投影，可将左视图复制到新位置并旋转 90°，这样就可以很方便地绘制投影线了。

（1）继续前面的练习。将左视图复制到屏幕的适当位置并旋转 90°，再使左视图中心线与俯视图的中心线对齐，如图 6-9 左图所示。

（2）从主视图、左视图向俯视图投影几何特征，如图 6-9 左图所示。

（3）修剪多余线条，结果如图 6-9 右图所示。

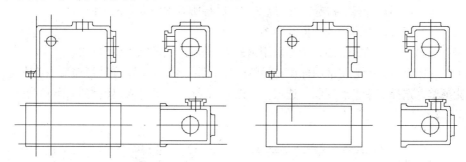

图 6-9　向俯视图投影几何特征

（4）用 OFFSET、TRIM 及 CIRCLE 等命令绘制俯视图的其他细节，结果如图 6-10 所示。

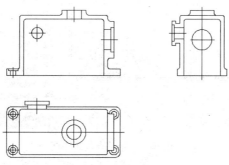

图 6-10　绘制俯视图的其余细节

6.1.7　修饰图样

图形绘制完成后，常常要对一些图形元素的外观及属性进行调整，这些工作主要包括。

（1）修改线条长度。一般采取以下 3 种方法。

● 用 LENGTHEN 命令修改线条长度，发出命令后，用户可连续修改要编辑的对象。

● 激活直线关键点并打开正交，然后通过拉伸编辑模式改变线段长度。

● 用 BREAK 命令打断过长的线条。

（2）修改对象所在图层。

选择要改变图层的所有对象，然后在"图层"工具栏的"图层控制"下拉列表中选择新图层，则所有选中的对象被转移到新层上。

（3）修改线型。常用以下方法。

● 使用 MATCHPROP（特性匹配）命令改变线型。

● 通过"特性"工具栏的"线型控制"下拉列表改变线型。

6.1.8 插入标准图框

将图样修饰完成后，就要考虑选择标准图纸幅面和作图比例。要注意，应使图样在标注尺寸后，各视图间还有一些空当，不应过密或过稀。插入标准图框及布图方法如下。

（1）使用 AutoCAD 的剪贴板插入选定的标准图框。

（2）用 SCALE 命令缩放图框，缩放比例等于作图比例的倒数。注意不要缩放视图，视图的尺寸应与实际零件大小一致。

（3）用 MOVE 命令调整各视图间的位置，然后将所有视图放入图框内。

继续前面的练习，下面插入图框并布图。

（1）对于以上绘制的零件图，考虑采用 A3 幅面图纸，作图比例为 1∶2。

（2）打开包含标准图框及常用标注符号的图形文件"A3.dwg"。在图形窗口中单击鼠标右键，弹出快捷菜单，选择"带基点复制"选项，如图 6-11 所示。指定 A3 图框的右下角为基点，并选择该图框和符号。

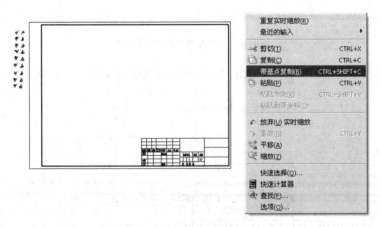

图 6-11　带基点复制图框

（3）切换到当前零件图，在图形窗口中单击鼠标右键，弹出快捷菜单，选择"粘贴"选项，把 A3 图框复制到当前图形中，如图 6-12 所示。

（4）用 SCALE 命令把 A3 图框及标注符号放大两倍，然后用 MOVE 命令将所有视图放入图框内，并调整各视图间的位置，结果如图 6-13 所示。

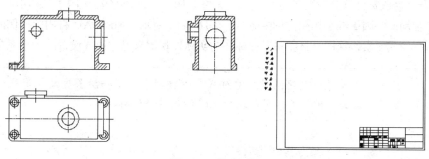

图 6-12　粘贴图框

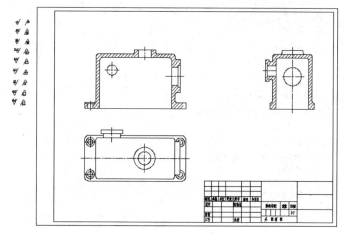

图 6-13　将视图放入图框内

6.1.9　标注零件尺寸及表面粗糙度

将零件图布置在图框内后，接下来开始标注图样。

（1）创建新文字样式，样式名为"标注文字"。与该样式相连的字体文件是"gbeitc.shx"和"gbcbig.shx"。

（2）创建一个尺寸样式，名称为"国标标注"，对该样式做以下设置。

- 标注文本样式连接"标注文字"，文字高度等于 2.5，精度为 0.0，小数点格式是"句点"。
- 标注文本与尺寸线间的距离是 0.8。
- 箭头大小为 2。
- 尺寸界线超出尺寸线长度等于 2。
- 尺寸线起始点与标注对象端点间的距离为 0.2。
- 标注基线尺寸时，平行尺寸线间的距离为 6。
- 标注全局比例因子为 2.0（绘图比例的倒数）。
- 使"国标标注"成为当前样式。

（3）切换到标注层，创建尺寸标注，然后用 COPY 及 ROTATE 命令标注表面粗糙度。

标注时应注意以下事项。

- 在标注样式中设置尺寸标注所有组成元素的大小（如字高、尺寸界限长短及箭头外观等）与打印在图纸上的大小一致。

● 打开"修改标注样式"对话框，进入"调整"选项卡，在此选项卡的"使用全局比例"栏中设置标注全局比例因子等于作图比例的倒数，如图 6-14 所示。AutoCAD 将用此比例因子缩放尺寸标注的所有构成元素，这样当打印时尺寸标注的实际外观就与尺寸样式设置的大小完全一致。

标注尺寸时建议创建两种尺寸样式，一种用于控制一般长度尺寸标注，另一种在标注数字前添加直径代号，用于轴、孔等结构特征的标注。

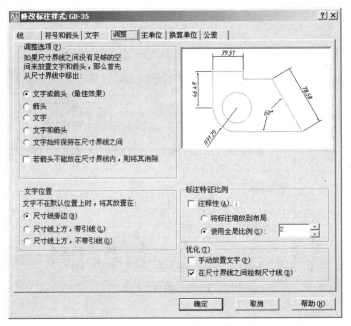

图 6-14　在"修改标注样式"对话框中设置全局比例因子

6.1.10　书写技术要求

用户可以使用多行文字编辑器（MTEXT）书写技术要求，但要注意设置正确的文字高度。在 AutoCAD 中设置的文字高度应等于打印文字高度与作图比例倒数的乘积。

对于以上绘制的零件图，若打印在图纸上的文字高度为 3.5，则书写时的文字高度为 3.5×2。

6.2　获取零件图的几何信息

设计过程中有时需计算零件图的面积、周长或两点间距离等，利用 LIST 及 DIST 命令可以很方便地完成这项任务。

LIST 命令将列表显示对象的图形信息，这些信息随对象类型的不同而不同，一般包括以下内容。

● 对象类型、图层和颜色。

● 对象的一些几何特性，如直线的长度、端点坐标、圆心位置、半径大小、圆的面积及周长等。

DIST 命令可测量两点之间的距离，同时还可以计算出与两点连线相关的某些角度。

6.2.1 计算零件图面积及周长

获取零件图面积及周长的方法是：先将图形创建成面域对象，然后用 LIST 命令列出图形面积及周长等几何信息。

【练习6-2】 打开素材文件"\dwg\第 06 章\6-2.dwg"，如图 6-15 所示。试计算图形的面积及外轮廓线的周长。

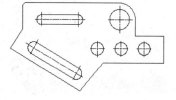

（1）用 REGION 命令将图形外轮廓线框创建成面域。

（2）用 LIST 命令获取外轮廓线框面域的周长。

```
命令: list
选择对象: 找到 1 个          //选择面域
选择对象:                   //按 Enter 键
        REGION   图层: 0
                 面积: 149529.9418
                 周长: 1766.9728
```

图 6-15 计算图形的面积及周长

（3）用 REGION 命令将图形内部的 2 个长槽及 4 个圆孔创建成面域，再执行差运算将它们从外轮廓线框面域中去除。

（4）用 LIST 命令查询面域的面积。

```
命令: list
选择对象: 找到 1 个          //选择面域
选择对象:                   //按 Enter 键
        REGION   图层: 0
                 面积: 117908.4590
                 周长: 3529.6745
```

6.2.2 计算带长及带轮中心距

带传动图如图 6-16 所示，若要计算带长及两个大带轮的中心距，可使用 LIST 及 DIST 命令。

【练习6-3】 打开素材文件"\dwg\第 06 章\6-3.dwg"，如图 6-16 所示。试计算带长及两个大带轮的中心距。

（1）用 DIST 命令查询两个大带轮的中心距。

```
命令: dist
指定第一点:                           //捕捉一个带轮的中心
指定第二点:                           //捕捉另一个带轮的中心
距离 = 640.3124, XY 平面中的倾角 = 39,   与 XY 平面的夹角 = 0
X 增量 = 500.0000,   Y 增量 = 400.0000,   Z 增量 = 0.0000
```

（2）修剪带传动图，再删除多余线条，然后将其创建成面域，如图 6-17 所示。

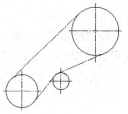

图 6-16 计算带长及两个大带轮的中心距

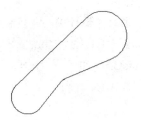

图 6-17 创建面域

（3）用 LIST 命令查询面域周长，此周长值即带长。

命令: list
选择对象: 找到 1 个   //选择面域
选择对象: //按 Enter 键
                REGION   图层: 0
                         面积: 210436.5146
                         周长: 2150.0355

6.3　保持图形标准一致

在实际图纸设计工作中，有许多项目都需采取统一标准，如字体、标注样式、图层及标题栏等，下面介绍两种使图形标准保持一致的方法。

6.3.1　创建及使用样板图

可以使用样板图来建立绘图环境，在样板图中保存了各种标准设置，每当创建新图时，就以样板文件为原型图，将它的设置复制到当前图样中，这样新图就具有与样板图相同的作图环境。

AutoCAD 中有许多标准的样板文件，它们都存储在"Template"文件夹中，扩展名是".dwt"。用户可根据需要建立自己的标准样板，这个标准样板一般应具有以下一些设置。

- 单位类型和精度。
- 图形界限。
- 图层、颜色和线型。
- 标题栏和边框。
- 标注样式及文字样式。
- 常用标注符号。

创建样板图的方法与建立一个新文件类似。当用户将样板文件包含的所有标准项目设置完成后，将此文件另存为".dwt"类型文件即可。

要通过样板图创建新图形时，选择"文件"/"新建"命令，打开"选择样板"对话框，通过此对话框找到所需的样板文件，单击 打开(O) 按钮，AutoCAD 就以此文件为样板创建新图形。

6.3.2　通过"设计中心"复制图层、文字样式及尺寸样式

使用 AutoCAD 的"设计中心"可以很容易地查找、组织图形文件，还能直接浏览及复制图形数据（无论该图形文件是否打开）。此外，通过"设计中心"还可把某个图形文件包含的图层、文本样式、尺寸样式等信息展示出来，并能利用拖放操作把这些内容复制到另一图形中，以下的练习演示了这种操作过程。

【练习 6-4】　通过"设计中心"复制图层、文字样式及尺寸样式。

（1）单击"标准"工具栏上的 ▦ 按钮，打开"设计中心"对话框，在该对话框左边的文件夹列表框中找到"AutoCAD 2008"子目录，选中并打开该子目录中的"Sample"文件夹，然后单击 ▦▾ 按钮，选择"大图标"，则"设计中心"右边的窗口中即可显示文件夹里图形文件的小型图片，如图 6-18 所示。

（2）单击"db_samp.dwg"图形文件的小图片以选中它，然后再单击鼠标右键，弹出快捷菜

单，选择"浏览"选项，结果如图 6-19 所示。

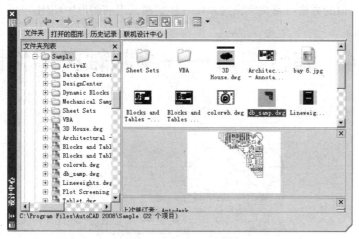

图 6-18 "设计中心"对话框

图 6-19 浏览图形文件

（3）若要显示图形中图层的详细信息，应首先选中"图层"，然后单击鼠标右键，弹出快捷菜单，选择"浏览"选项，则"设计中心"列出图形中所有的图层，如图 6-20 所示。

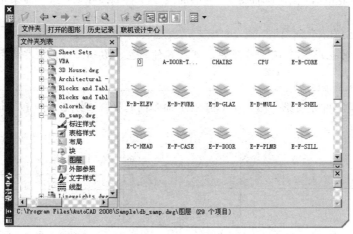

图 6-20 显示图形中图层的详细信息

（4）选中某一图层，按住鼠标左键将其拖入当前图形中，则此图层成为当前图形的一个图层。

（5）用上述类似的方法可将文字样式及尺寸样式拖入当前图形中使用。

6.4 综合练习——绘制轴类零件图

【练习 6-5】 绘制如图 6-21 所示的轴类零件。

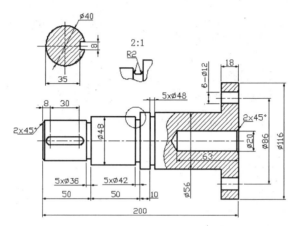

图 6-21 绘制轴类零件

（1）创建以下图层。

名　称	颜　色	线　型	线　宽
轮廓线层	白色	Continuous	0.50
中心线层	蓝色	CENTER	默认
剖面线层	红色	Continuous	默认
标注层	红色	Continuous	默认

（2）打开极轴追踪、对象捕捉及捕捉追踪功能。设置极轴追踪角度增量为 30°，对象捕捉方式为"端点"、"交点"，沿所有极轴角进行捕捉追踪。

（3）切换到"轮廓线层"。画轴线 A、左端面线 B 及右端面线 C，这些线条是绘图的主要基准线，如图 6-22 所示。

 有时也用 XLINE 命令绘制轴线及零件的左、右端面线，这些线条构成了主视图的布局线。

（4）绘制轴类零件左边第一段。用 OFFSET 命令向右平移直线 B，向上、向下平移直线 A，如图 6-23 所示。

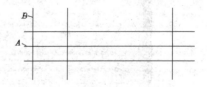

图 6-22 绘制轴线、左端面线及右端面线　　　　图 6-23 绘制轴类零件第一段

修剪多余线条，结果如图 6-24 所示。

要点提示　　当绘制图形局部细节时，为方便作图，常用矩形窗口把局部区域放大。绘制完成后，再返回前一次的显示状态以观察图样全局。

（5）用 OFFSET 和 TRIM 命令绘制轴的其余各段，如图 6-25 所示。

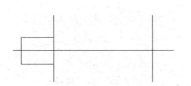
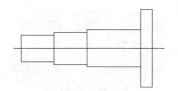

图 6-24　修剪结果　　　　　　　　　　图 6-25　绘制轴的其余各段

（6）用 OFFSET 和 TRIM 命令绘制退刀槽和卡环槽，如图 6-26 所示。

（7）用 LINE、CIRCLE 和 TRIM 命令绘制键槽，如图 6-27 所示。

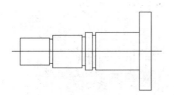
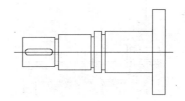

图 6-26　绘制退刀槽和卡环槽　　　　　　　图 6-27　绘制键槽

（8）用 LINE、MIRROR 等命令绘制孔，如图 6-28 所示。

（9）用 OFFSET、TRIM 及 BREAK 命令绘制孔，如图 6-29 所示。

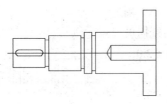
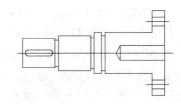

图 6-28　绘制孔　　　　　　　　图 6-29　用 OFFSET、TRIM 等命令绘制孔

（10）绘制直线 *A*、*B* 及圆 *C*，如图 6-30 所示。

（11）用 OFFSET、TRIM 命令绘制键槽剖面图，如图 6-31 所示。

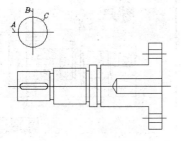
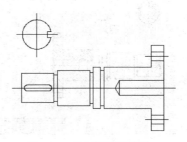

图 6-30　绘制直线及圆　　　　　　　图 6-31　绘制键槽剖面图

（12）复制直线 D、E 等，如图 6-32 所示。

（13）用 SPLINE 命令绘制断裂线，再绘制过渡圆角 G，然后用 SCALE 命令放大图形 H，如图 6-33 所示。

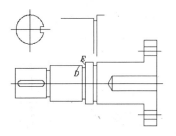

图 6-32　复制直线

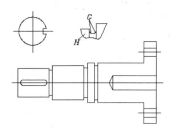

图 6-33　画局部放大图

（14）画断裂线 K，再倒斜角，如图 6-34 所示。

（15）绘制剖面图，如图 6-35 所示。

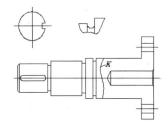

图 6-34　绘制断裂线并倒斜角

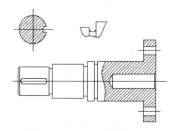

图 6-35　绘制剖面图

（16）将轴线、圆的定位线等修改到"中心线层"上，将剖面图案修改到"剖面线层"上，如图 6-36 所示。

（17）打开素材文件"6-A1.dwg"，该文件包含一个 A1 幅面的图框。利用 Windows 的复制/粘贴功能将 A1 幅面图纸拷贝到零件图中。用 SCALE 命令缩放图框，缩放比例为 1∶2.0，然后把零件图布置在图框中，如图 6-37 所示。

（18）标注尺寸，如图 6-38 所示。尺寸文字字高为"3.5"，标注总体比例因子等于 1/2.0（当以 2.0∶1 比例打印图纸时，标注字高为"3.5"）。

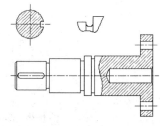

图 6-36　改变对象所在图层

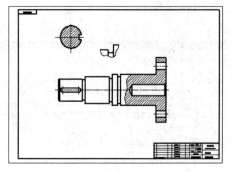

图 6-37　插入图框

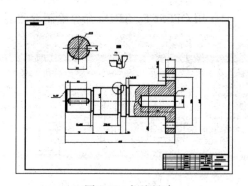

图 6-38　标注尺寸

6.5 小　　结

本章中主要介绍了使用 AutoCAD 设计零件图时应采取的作图步骤及一些实用的绘制技巧。

读者掌握 AutoCAD 作图的一般方法对有效利用 AutoCAD 是很重要的。正确的作图步骤是先布局图样的大致轮廓，然后逐一绘制图样局部细节。在绘制图形的细节特征时，常常采取两种作图方式，一种是使用 OFFSET 和 TRIM 命令根据主要的布局线生成局部细节，另一种是通过 LINE 命令并结合自动捕捉和追踪功能进行绘制。

AutoCAD 能生成丰富的图形对象，也具有很强的编辑功能。在图纸设计过程中，工程人员不仅要快速、准确地创建图元，同时也应注意利用 AutoCAD 的编辑命令修改现有图形以建立新的图形元素，这种方法若运用适当，能节省许多时间。

实际设计工作中，图纸的许多项目，如字体、标注样式、图层和标题栏等都需设置为相同标准。要实现这一目标，一种方法是利用样板文件为原型创建新图形，另一种方法是通过设计中心从其他零件图中复制所需的项目。

6.6 习　　题

1. 绘制如图 6-39 所示的轴零件图。

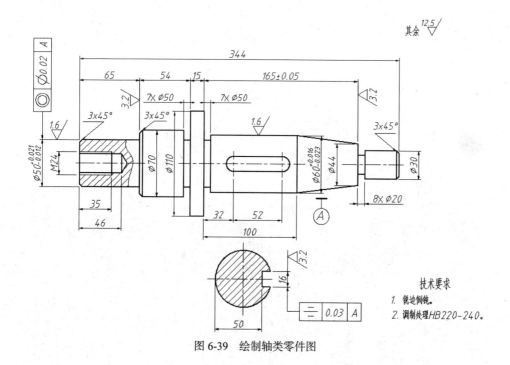

图 6-39　绘制轴类零件图

2. 绘制如图 6-40 所示的托架零件图。

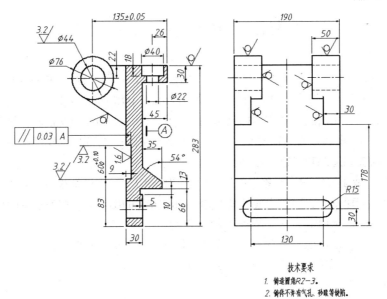

图 6-40　绘制托架零件图

第7章
轴类零件

通过本章的学习，读者可以掌握绘制轴类零件的方法及技巧。

7.1 轴类零件的画法特点

轴类零件的视图有以下特点。

- 主视图表现零件的主要结构形状，主视图有对称轴线。
- 主视图图形是沿轴线方向排列的，大部分线条与轴线平行或垂直。

如图 7-1 所示的图形是一个轴类零件的主视图，对于该图形一般可采取以下两种方法绘制。

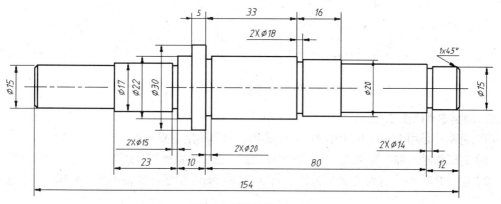

图 7-1　轴类零件主视图

1. 轴类零件画法一

第一种画法是用 OFFSET、TRIM 命令绘图，具体绘制过程如下。

（1）用 LINE 命令绘制主视图的对称轴线 *A* 及左端面线 *B*，如图 7-2 所示。

图 7-2　绘制主视图的对称轴线

（2）平移直线 *A* 和 *B*，然后修剪多余线条，形成第一轴段，如图 7-3 所示。

图 7-3　形成第一轴段

（3）平移直线 *A* 和 *C*，然后修剪多余线条，形成第二轴段，如图 7-4 所示。

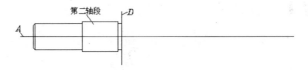

图 7-4　形成第二轴段

（4）平移直线 *A* 和 *D*，然后修剪多余线条，形成第三轴段，如图 7-5 所示。

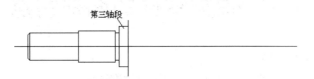

图 7-5　形成第三轴段

（5）用上述同样的方法绘制轴类零件主视图的其余轴段，结果如图 7-6 所示。

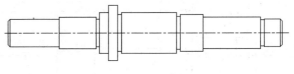

图 7-6　绘制其余轴段

2．轴类零件画法二

第二种画法是用 LINE 和 MIRROR 命令绘图，具体绘制过程如下。

（1）打开极轴追踪、对象捕捉及自动追踪功能。设置对象捕捉方式为"端点"、"交点"。

（2）用 LINE 命令并结合极轴追踪、自动追踪功能绘制零件的轴线及外轮廓线，如图 7-7 所示。

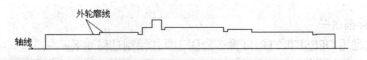

图 7-7　绘制轴线及外轮廓线

（3）以轴线为镜像线镜像轮廓线，结果如图 7-8 所示。

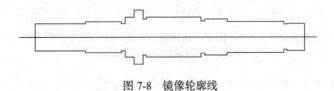

图 7-8　镜像轮廓线

（4）补充绘制主视图的其余线条，结果如图7-9所示。

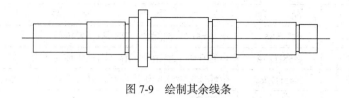

图 7-9　绘制其余线条

7.2　传　动　轴

齿轮减速器传动轴零件图如图7-10所示，图例的相关说明如下。

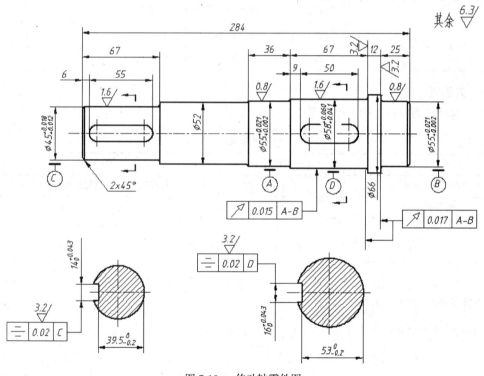

图 7-10　传动轴零件图

1.　材料

45 号钢

2.　技术要求

（1）调质处理 190～230HB。

（2）未注圆角半径 R1.5。

（3）线性尺寸未注公差按 GB1804-m。

3.　配合的选用

安装轴承、皮带轮及齿轮等处的配合如表7-1所示。

表 7-1   配合的选用

位　置	配　合	说　明
安装滚动轴承处∅55	∅55k6	滚动轴承与轴配合，基孔制，轻负荷
安装齿轮处∅58	∅58H7/r6	齿轮在轴上要精确定心，而且要传递扭矩，所以选择过盈配合
安装带轮处∅45	∅45H7/k6	带轮安装要求同轴度较高，且可拆卸，故选择过渡配合
键槽	14N9	一般键连接

4. 形位公差

图中径向跳动、端面跳动及对称度的说明如表 7-2 所示。

表 7-2   形 位 公 差

形 位 公 差	说　明
↗ 0.015 A-B	圆柱面对公共基准轴线的径向跳动公差为 0.015
↗ 0.017 A-B	轴肩对公共基准轴线的端面跳动公差为 0.017
= 0.02 D	键槽对称面对基准轴线的对称度公差为 0.02

5. 表面粗糙度

重要部位表面粗糙度的选用如表 7-3 所示。

表 7-3   表面粗糙度

位　置	表面粗糙度 Ra	说　明
安装滚动轴承处	0.8	要求保证定心及配合特性的表面
安装齿轮处	1.6	有配合要求的表面
安装带轮处	1.6	中等转速的轴颈
键槽侧面	3.2	与键配合的表面

【练习 7-1】 绘制传动轴零件图，如图 7-10 所示。主要作图步骤如图 7-11 所示，详细绘图过程请参见素材文件 "\avi\第 07 章\7-1.avi"。

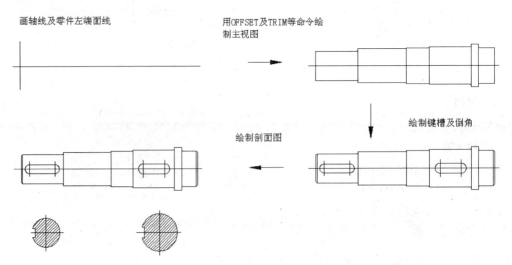

图 7-11 主要作图步骤（练习 7-1）

7.3　定　位　套

定位套零件图如图 7-12 所示，图例的相关说明如下。

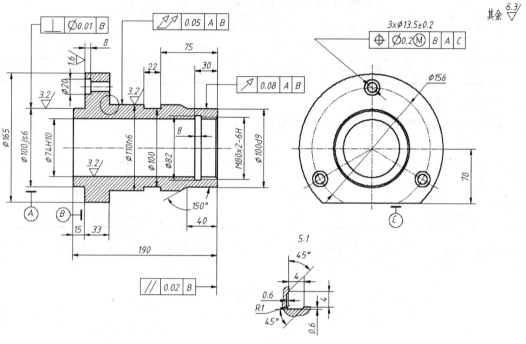

图 7-12　定位套零件图

1．材料

45 号钢

2．技术要求

（1）调质处理 230～250HB。

（2）未注倒角 2×45°。

（3）线性尺寸未注公差按 GB1804-m。

3．配合的选用

零件图中的配合如表 7-4 所示。

表 7-4　　　　　　　　　　　　　　　　　　　配合的选用

位　　　置	配　　　合	说　　　明
∅100js6	∅100H7/js6	稍有间隙的过渡配合，约有 2% 的过盈，可用手或木锤装配
∅110h6、∅74H10	∅110H7/h6 ∅74H10/h10	装配后多少有点间隙，能很好地保证轴和孔同轴，可用手或木锤装配
∅100d9	∅100H9/d9	有明显间隙，可自由转动

4．形位公差

形位公差的说明如表 7-5 所示。

表 7-5   形 位 公 差

形 位 公 差	说　　明
$\boxed{\oplus}\ \boxed{\varnothing 0.2 Ⓜ \| B \| A \| C}$	3 个孔的轴线对三基面体系中基准 B、A、C 的位置度公差为 0.2，该公差是在孔处于最大实体状态时给定的。当孔的尺寸偏离最大实体尺寸时，可将偏离值补偿给孔的位置度公差
$\boxed{\nearrow\ \| 0.08 \| A \| B}$	圆柱面对基准 A、B 的径向跳动公差为 0.08
$\boxed{\nearrow\nearrow\ \| 0.05 \| A \| B}$	圆柱面对基准 A、B 的径向全跳动公差为 0.05
$\boxed{\perp\ \| \varnothing 0.01 \| B}$	圆柱轴线对基准面 B 的垂直度公差为 $\varnothing 0.01$
$\boxed{/\!/\ \| 0.02 \| B}$	右端面对基准面 B 的平行度公差为 0.02

5. 表面粗糙度

重要部位表面粗糙度的选用如表 7-6 所示。

表 7-6   表面粗糙度

位　　置	表面粗糙度 Ra	说　　明
圆柱 $\varnothing 100js6$	3.2	该圆柱面用于定位
基准面 B	1.6	该端面用于定位

【练习 7-2】　绘制定位套零件图，如图 7-12 所示。主要作图步骤如图 7-13 所示，详细绘图过程请参见素材文件"\avi\第 07 章\7-2.avi"。

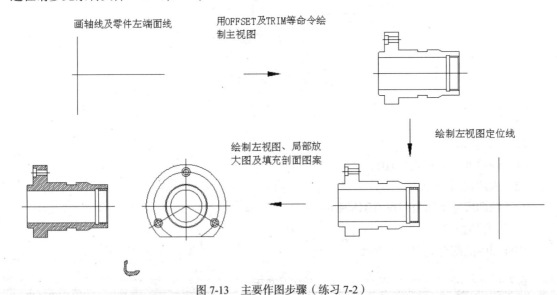

图 7-13　主要作图步骤（练习 7-2）

7.4　齿　轮　轴

齿轮轴零件图如图 7-14 所示，图例的相关说明如下。

1. 材料

20CrMnTi

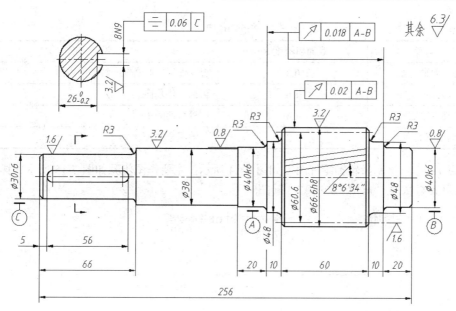

图 7-14　齿轮轴零件图

2. 技术要求

（1）齿轮表面渗碳深度 0.8 ~ 1.2，齿部高频淬火 58 ~ 64HRC。

（2）轴部分渗碳深度不小于 0.7，表面硬度不低于 56HRC。

（3）未注倒角 2 × 45°。

（4）线性尺寸未注公差按 GB1804-m。

（5）未注形位公差按 GB1184-80，查表取 C 级。

3. 配合的选用

安装轴承及皮带轮处的配合如表 7-7 所示。

表 7-7　　　　　　　　　　　　　　　　　配合的选用

位　　置	配　　合	说　　明
安装滚动轴承处∅40	∅40k6	滚动轴承与轴配合，基孔制，轻负荷
安装带轮处∅30	∅30H7/r6	带轮安装要求同轴度较高，而且要传递扭矩，所以选择过盈配合
键槽	8N9	一般键连接

4. 形位公差

图中形位公差的说明如表 7-8 所示。

表 7-8　　　　　　　　　　　　　　　　　形位公差

形位公差	说　　明
⌰ 0.02 A-B	齿顶对公共基准轴线的径向跳动公差为 0.02
⌰ 0.018 A-B	轴肩对公共基准轴线的端面跳动公差为 0.018
⌖ 0.06 C	键槽对称面对基准轴线的对称度公差为 0.06

5. 表面粗糙度

重要部位表面粗糙度的选用如表 7-9 所示。

表 7-9 表面粗糙度

位　　置	表面粗糙度 Ra	说　　明
安装滚动轴承处	0.8	要求保证定心及配合特性的表面
齿面	1.6	齿部工作表面
安装带轮处	1.6	中等转速的轴颈
键槽侧面	3.2	与键配合的表面

【练习 7-3】 绘制齿轮轴零件图，如图 7-14 所示。主要作图步骤如图 7-15 所示，详细绘图过程请参见素材文件 "\avi\第 07 章\7-3.avi"。

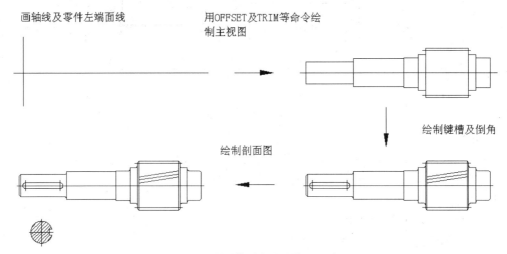

图 7-15　主要作图步骤（练习 7-3）

7.5　小　　结

本章主要介绍了轴类零件视图的特点及其绘制方法。

轴类零件的视图有以下特点。

- 主视图表现零件的主要结构形状，主视图有对称轴线。
- 主视图图形是沿轴线方向排列的，大部分线条与轴线平行或垂直。

轴类零件的主视图一般可采取以下两种方法绘制。

- 第一种画法是用 OFFSET 和 TRIM 命令绘图。
- 第二种画法是用 LINE 和 MIRROR 命令绘图。

第**8**章
盘盖类零件

通过本章的学习，读者可以掌握绘制盘盖类零件的方法及技巧。

8.1　盘盖类零件的画法特点

皮带轮、齿轮、法兰盘及各种端盖等零件属于盘盖类零件，这类零件一般由共轴回转体构成，其结构特点与轴类零件类似，采用的视图表达方案及图样绘制方法也与轴类零件类似。图 8-1 所示是传动箱盖零件图。

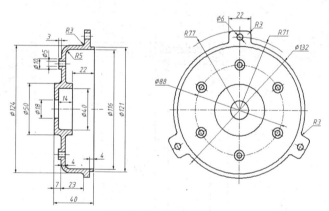

图 8-1　传动箱盖零件图

以下介绍其绘制过程。

（1）绘制主视图中的轴线及零件右端面线，这两条线作为作图基准线，如图 8-2 所示。

（2）用 OFFSET、TRIM 等命令绘制零件主视图，如图 8-3 所示。

图 8-2　绘制主视图的轴线及右端面线　　　图 8-3　绘制零件主视图

（3）绘制水平投影线、左视图定位线及圆，如图 8-4 所示。

（4）绘制左视图细节，如图 8-5 所示。

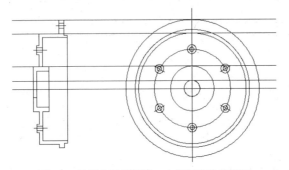

图 8-4　绘制水平投影线、左视图定位线及圆

图 8-5　绘制左视图细节

8.2　联　接　盘

联接盘零件图如图 8-6 所示，图例的相关说明如下。

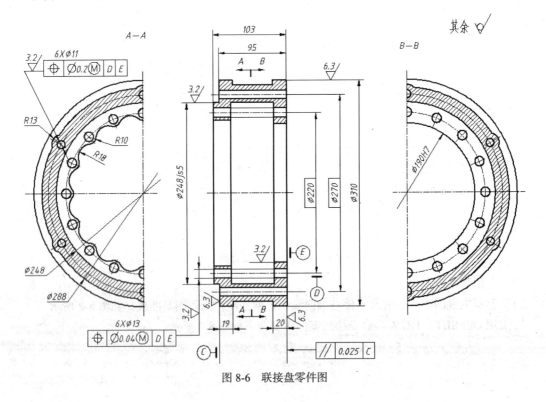

图 8-6　联接盘零件图

1. 材料

HT200

2. 技术要求

（1）铸件不得有砂眼、气孔等缺陷。

（2）加工前进行时效处理。

（3）未注铸造圆角半径 R3～R5。

（4）加工面线性尺寸未注公差按 GB1804-m。

（5）未注形位公差按 GB1184-k。

3. 配合的选用

零件图中的配合如表 8-1 所示。

表 8-1　　　　　　　　　　　　　　　配合的选用

位　置	配　合	说　明
∅248js5	∅248H6/js5	略有过盈的过渡配合，约有 2% 的过盈，定位精度好，可用手或木锤装配
∅190H7	∅190H7/g6	配合间隙很小，能很好地保证轴和孔同轴，用于不回转的精密配合

4. 形位公差

形位公差的说明如表 8-2 所示。

表 8-2　　　　　　　　　　　　　　形 位 公 差

形 位 公 差	说　　明
⊕ | ∅0.2Ⓜ | D | E	孔的轴线对基准 D、E 和理想尺寸 ∅270 确定的理想位置公差为 0.2，该公差是在孔处于最大实体状态时给定的。当孔的尺寸偏离最大实体尺寸时，可将偏离值补偿给孔的位置度公差
// | 0.025 | C	零件右端面对基准面 C 的平行度公差为 0.025

5. 表面粗糙度

重要部位表面粗糙度的选用如表 8-3 所示。

表 8-3　　　　　　　　　　　　　　表面粗糙度

位　置	表面粗糙度 Ra	说　　明
圆柱面∅248js5	3.2	与轴有配合关系且用于定位
孔表面∅190H7	3.2	与轴有配合关系
基准面 E	6.3	该端面用于定位

【练习 8-1】　绘制联接盘零件图，如图 8-6 所示。主要作图步骤如图 8-7 所示，详细绘图过程请参见素材文件 "\avi\第 08 章\8-1.avi"。

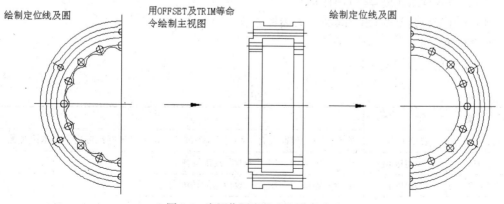

图 8-7　主要作图步骤（练习 8-1）

8.3 导 向 板

导向板零件图如图 8-8 所示，图例的相关说明如下。

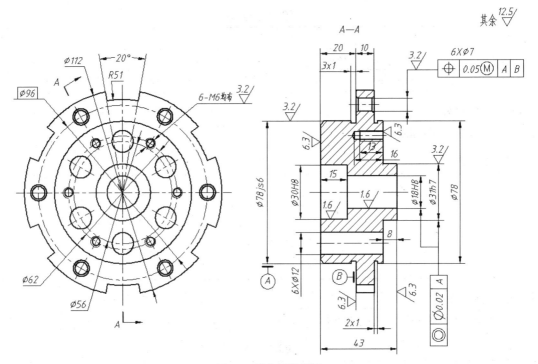

图 8-8　导向板零件图

1. 材料

T10

2. 技术要求

（1）高频淬火 59～64HRC。

（2）未注倒角 2×45°。

（3）线性尺寸未注公差按 GB1804-f。

（4）未注形位公差按 GB1184-80，查表按 B 级。

3. 配合的选用

零件图中的配合如表 8-4 所示。

表 8-4　　　　　　　　　　　　　　配合的选用

位　置	配　合	说　　明
Ø78js6	Ø78H7/js6	略有过盈的过渡配合，约有 2%的过盈，定位精度好，可用手或木锤装配
Ø18H8	Ø18H8/f6	配合间隙适中，用于一般转速的动配合
Ø30H8	Ø30H8/f6	配合间隙适中，用于一般转速的动配合
Ø31h7	Ø31N8/h7	用于精密的配合，平均有 70%左右的过盈，用铜锤或压力机装配

4. 形位公差

形位公差的说明如表 8-5 所示。

表 8-5 形位公差

形位公差	说　明
⊕ | 0.05 Ⓜ | A | B	孔的轴线对基准 A、B 和理想尺寸 ∅96 确定的理想位置公差为 0.05，该公差是在孔处于最大实体状态时给定的。当孔的尺寸偏离最大实体尺寸时，可将偏离值补偿给孔的位置度公差
◎ | ∅0.02 | A	被测轴线对基准轴线的同轴度公差为 0.02

5. 表面粗糙度

重要部位表面粗糙度的选用如表 8-6 所示。

表 8-6 表面粗糙度

位　　置	表面粗糙度 Ra	说　　明
圆柱面∅78js6 圆柱面∅31h7	3.2	与轴有配合关系且用于定位
孔表面∅30H8 孔表面∅18H8	1.6	有相对转动的表面，转速较低
基准面 B	6.3	该端面用于定位

【练习 8-2】　绘制导向板零件图，如图 8-8 所示。主要作图步骤如图 8-9 所示，详细绘图过程请参见素材文件 "\avi\第 08 章\8-2.avi"。

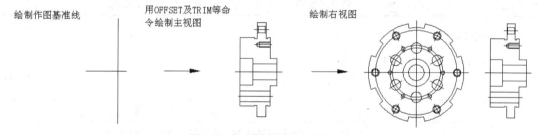

绘制作图基准线　　　　　用OFFSET及TRIM等命令绘制主视图　　　　　绘制右视图

图 8-9　主要作图步骤（练习 8-2）

8.4 扇 形 齿 轮

扇形齿轮零件图如图 8-10 所示，该齿轮模数为 1，齿数为 190。图例的相关说明如下。

1. 材料

HT150

2. 技术要求

（1）铸件不得有砂眼、气孔等缺陷。

（2）正火 170～190HB。

（3）未注圆角 R3。

（4）线性尺寸未注公差按 GB1804-m。

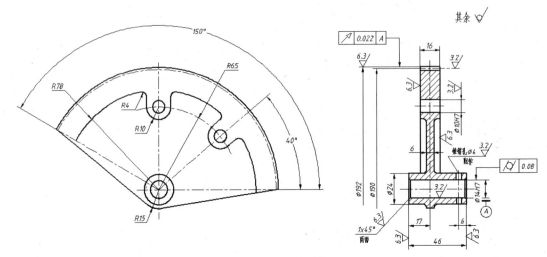

图 8-10　扇形齿轮零件图

3. 配合的选用

零件图中的配合如表 8-7 所示。

表 8-7　　　　　　　　　　　　　　　　配合的选用

位　　置	配　　合	说　　明
∅14H7	∅14H7/js6	稍有间隙的过渡配合，约有 2% 的过盈，可用手或木锤装配
∅10H7	∅10H7/k6	稍有过盈的定位配合，消除振动时用，用木锤装配

4. 形位公差

图中形位公差的说明如表 8-8 所示。

表 8-8　　　　　　　　　　　　　　　　形位公差

形位公差	说　　明
↗ 0.022 A	齿顶对基准轴线的径向跳动公差为 0.022
⌀ 0.08	孔的圆柱度公差为 0.08

5. 表面粗糙度

重要部位表面粗糙度的选用如表 8-9 所示。

表 8-9　　　　　　　　　　　　　　　　表面粗糙度

位　　置	表面粗糙度 Ra	说　　明
齿面	3.2	齿部工作表面
孔表面 ∅14H7 孔表面 ∅10H7	3.2	有定位要求的表面

【练习 8-3】　绘制齿轮轴零件图，如图 8-10 所示。主要作图步骤如图 8-11 所示，详细绘图过程请参见素材文件 "\avi\第 08 章\8-3.avi"。

绘制定位线　　　　　　　　　　　　　绘制主视图　　　　　　　　　　　　　绘制左视图

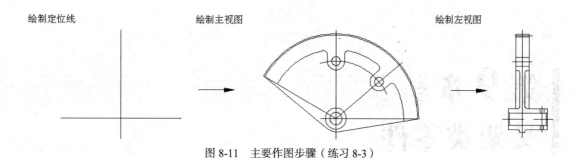

图 8-11　主要作图步骤（练习 8-3）

8.5　小　　结

本章主要介绍了盘类零件图的绘制方法，绘制步骤如下。

- 绘制主视图中的轴线及零件右端面线，这两条线作为作图基准线。
- 用 OFFSET、TRIM 等命令绘制零件主视图。
- 绘制水平投影线、左视图定位线及圆。
- 绘制左视图细节。

第9章
叉架类零件

通过本章的学习，读者可以掌握绘制叉架类零件的方法及技巧。

9.1　叉架类零件的画法特点

机械设备中，叉架类零件是比较常见的，它比轴套类零件复杂。图 9-1 所示的托架是典型的叉架类零件，它的结构包含了"T"形支撑肋、安装面及装螺栓的沉孔等。

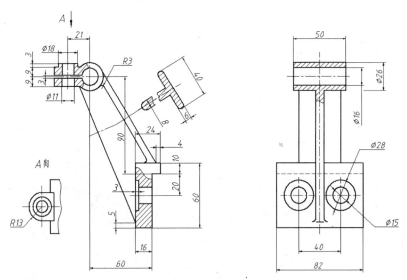

图 9-1　托架

下面简要介绍该零件图的绘制过程。

1. 绘制零件主视图

先绘制托架左上部分圆柱体的投影，再以投影圆的定位线为基准线，使用 OFFSET 和 TRIM 命令绘制主视图的右下部分，这样就形成了主视图的大致形状，如图 9-2 所示。

接下来，使用 LINE、OFFSET、TRIM 等命令形成主视图的其余细节，如图 9-3 所示。

2. 从主视图向左视图投影几何特征

左视图可利用绘制辅助投影线的方法来绘制，如图 9-4 所示，用 XLINE 命令绘制水平构造线把主要的结构特征从主视图向左视图投影，再在屏幕的适当位置绘制左视图的对称线，这样就形成了左视图的主要作图基准线。

3．绘制零件左视图

前面已经绘制了左视图的主要作图基准线，接下来，就可用 LINE、OFFSET、TRIM 等命令绘制左视图的细节特性，如图 9-5 所示。

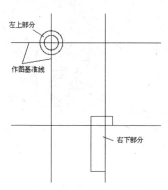

图 9-2　绘制主视图的大致形状

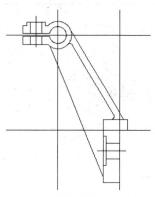

图 9-3　绘制主视图其余细节

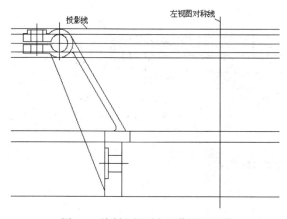

图 9-4　绘制左视图主要作图基准线

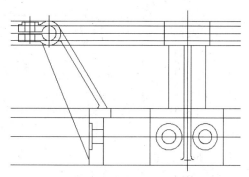

图 9-5　绘制左视图细节特性

9.2　弧　形　连　杆

弧形连杆零件图如图 9-6 所示，图例的相关说明如下。

1．材料

ZALMg10（铸造铝合金）

2．技术要求

（1）铸件不得有气孔、裂纹等缺陷。

（2）机加工前进行人工时效处理。

（3）未注铸造圆角半径 R2～R3。

（4）加工面线性尺寸未注公差按 GB1804-C。

3．配合的选用

零件图中的配合如表 9-1 所示。

表 9-1　　　　　　　　　　　　　　　　　配合的选用

位　置	配　合	说　明
∅32K7	∅32K7/h6	过渡配合，约有 30%的过盈，可消除振动，用木锤装配
∅20H7	∅20H7/r6	属轻型压入配合，约有 80%的过盈，能较好地消除振动

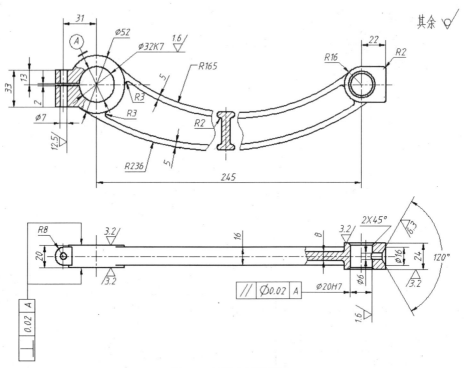

图 9-6　弧形连杆零件图

4. 形位公差

形位公差的说明如表 9-2 所示。

表 9-2　　　　　　　　　　　　　　　形 位 公 差

形 位 公 差	说　明
⊥ 0.02 A	被测表面对基准轴的垂直度公差为 0.02
// ∅0.02 A	被测轴线对基准轴的平行度公差为∅0.02

5. 表面粗糙度

重要部位表面粗糙度的选用如表 9-3 所示。

表 9-3　　　　　　　　　　　　　　　表 面 粗 糙 度

位　置	表面粗糙度 Ra	说　明
孔表面∅32K7 孔表面∅20H7	3.2	与轴有配合关系
厚度 20	3.2	有位置度要求的表面

【练习 9-1】 绘制弧形连杆零件图，如图 9-6 所示。主要作图步骤如图 9-7 所示，详细绘图过程请参见素材文件 "\avi\第 09 章\9-1.avi"。

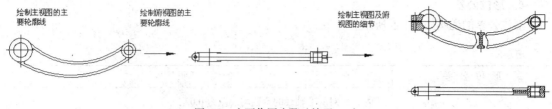

图 9-7　主要作图步骤（练习 9-1）

9.3　导 向 支 架

导向支架零件图如图 9-8 所示，图例的相关说明如下。

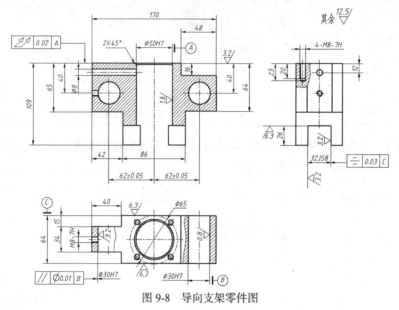

图 9-8　导向支架零件图

1．材料

35

2．技术要求

（1）调质处理 170 ~ 190HB。

（2）去除毛刺，锐边倒钝。

（3）线性尺寸未注公差按 GB1804-m。

（4）未注形位公差按 GB1184-H。

3．配合的选用

零件图中的配合如表 9-4 所示。

表 9-4　　　　　　　　　　　　　　　配合的选用

位　　　置	配　　　合	说　　　　明
∅50H7	∅50H7/n6	用于紧密的组件配合，有 70% 左右的过盈，用铜锤或压力机装配
32JS8	32JS8/h7	略有过盈的过渡配合，约有 2% 的过盈，定位精度好，可用手或木锤装配
∅30H7	∅30H7/g6	配合间隙很小，用于不回转的精密滑动配合

4. 形位公差

形位公差的说明如表 9-5 所示。

表 9-5　　　　　　　　　　　　　　　　形 位 公 差

形 位 公 差	说 明
⌐/ 0.02 A	零件顶面对基准轴线的全跳动公差为 0.02
= 0.03 C	槽的对称面对零件对称面的对称度公差为 0.03
// Ø0.01 B	被测孔的轴线对基准轴线的平行度公差为 Ø0.01

5. 表面粗糙度

重要部位表面粗糙度的选用如表 9-6 所示。

表 9-6　　　　　　　　　　　　　　　　表面粗糙度

位 置	表面粗糙度 Ra	说 明
孔表面 Ø50H7	1.6	与轴有配合关系且用于定位
槽表面 32JS8	3.2	起定位作用的表面
孔表面 Ø30H7	0.8	有相对滑动的表面

【练习 9-2】 绘制导向支架零件图，如图 9-8 所示。主要作图步骤如图 9-9 所示，详细绘图过程请参见素材文件 "\avi\第 09 章\9-2.avi"。

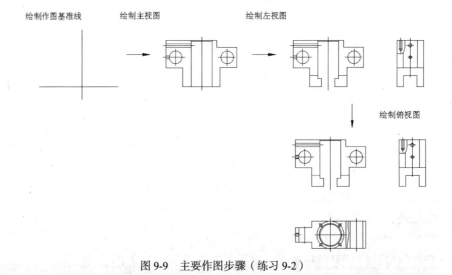

图 9-9　主要作图步骤（练习 9-2）

9.4　转 轴 支 架

转轴支架零件图如图 9-10 所示，图例的相关说明如下。

1. 材料

HT200

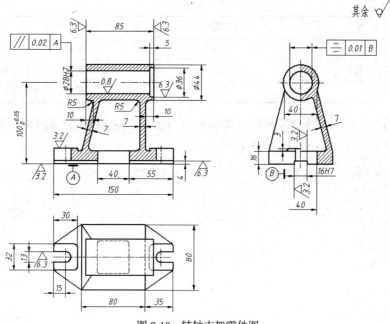

图 9-10 转轴支架零件图

2. 技术要求

（1）铸件不得有砂眼、气孔等缺陷。

（2）正火 170～190HB。

（3）未注圆角 R3～R5。

（4）线性尺寸未注公差按 GB1804-m。

3. 配合的选用

零件图中的配合如表 9-7 所示。

表 9-7　　　　　　　　　　　　　　　　　配合的选用

位　　置	配　　合	说　　明
Ø28H7	Ø28H7/f6	配合间隙适中，用于一般转速的动配合
Ø16H7	Ø16H7/k6	稍有过盈的定位配合，消除振动时用，用木锤装配

4. 形位公差

图中形位公差的说明如表 9-8 所示。

表 9-8　　　　　　　　　　　　　　　　　形 位 公 差

形 位 公 差	说　　明
// 0.02 A	孔的轴线对基准面的平行度公差为 0.02
= 0.01 B	孔的轴线对槽的对称面在水平方向的对称度公差为 0.01

5. 表面粗糙度

重要部位表面粗糙度的选用如表 9-9 所示。

表 9-9 表面粗糙度

位　　　置	表面粗糙度 Ra	说　　　明
孔表面∅28H7	0.8	有相对转动的表面
槽表面∅16H7	3.2	起定位作用的表面
基准面 A	3.2	起定位作用的表面

【练习 9-3】　绘制转轴支架零件图，如图 9-10 所示。主要作图步骤如图 9-11 所示，详细绘图过程请参见素材文件 "\avi\第 09 章\9-3.avi"。

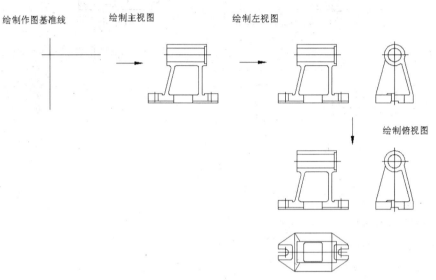

图 9-11　主要作图步骤（练习 9-3）

9.5　小　　结

本章主要介绍了绘制叉架类零件图的绘制方法。

（1）绘制零件主视图。

使用 LINE、OFFSET、TRIM 等命令形成主视图。

（2）从主视图向左视图投影几何特征。

左视图可利用绘制辅助投影线的方法来绘制，用 XLINE 命令绘制水平构造线把主要的结构特征从主视图向左视图投影，再在屏幕的适当位置绘制左视图的对称线，这样就形成了左视图的主要作图基准线。

（3）绘制零件左视图。

用 LINE、OFFSET 和 TRIM 等命令绘制左视图的细节特性。

第 10 章
箱体类零件

通过本章的学习，读者可以掌握绘制箱体类零件的方法及技巧。

10.1 箱体类零件的画法特点

箱体零件是构成机器或部件的主要零件之一，由于其内部要安装其他各类零件，因而形状较为复杂。在机械图中，为表现箱体结构所采用的视图往往较多，除基本视图外，还常使用辅助视图、剖面图和局部剖视图等。图 10-1 所示是减速器箱体的零件图，下面简要讲述该零件图的绘制过程。

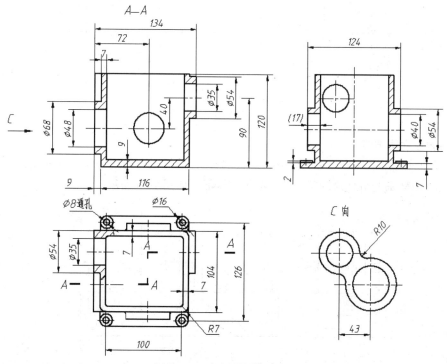

图 10-1　减速器箱体零件图

1. 绘制主视图

先绘制主视图中重要的轴线、端面线等，这些线条构成了主视图的主要布局线，如图 10-2 所示。再将主视图划分为 3 个部分，即左部分、右部分、下部分，然后以布局线为作图基准线，用

LINE、OFFSET 和 TRIM 命令逐一绘制每一部分的细节。

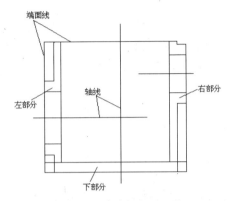

图 10-2　主视图主要布局线

2. 从主视图向左视图投影几何特征

绘制水平投影线把主视图的主要几何特征向左视图投影，再绘制左视图的对称轴线及左、右端面线，这些线条构成了左视图的主要布局线，如图 10-3 所示。

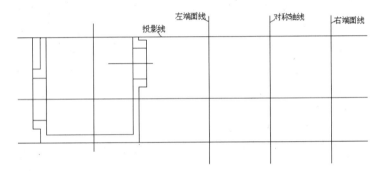

图 10-3　左视图主要布局线

3. 绘制左视图细节

把左视图分为两个部分（中间部分、底板部分），然后以布局线为作图基准线，用 LINE、OFFSET 和 TRIM 命令分别绘制每一部分的细节特征，如图 10-4 所示。

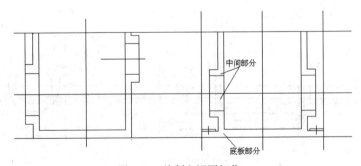

图 10-4　绘制左视图细节

4. 从主视图、左视图向俯视图投影几何特征

绘制完成主视图及左视图后，俯视图的布局线就可通过主视图及左视图投影得到，如图 10-5 所示。为方便从左视图向俯视图投影，用户可将左视图复制到新位置并旋转 90°，这样就可以很

方便地绘制投影线了。

5. 绘制俯视图细节

把俯视图分为 4 部分，即左部分、中间部分、右部分和底板部分，然后以布局线为作图基准线，用 LINE、OFFSET 和 TRIM 命令分别绘制每一部分的细节特征，或者通过从主视图及左视图投影获得图形细节，如图 10-6 所示。

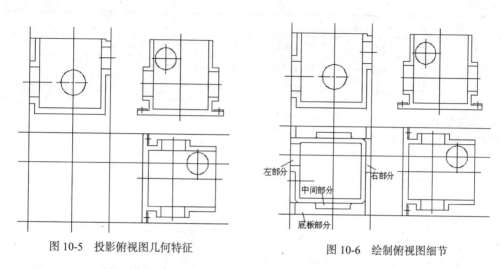

图 10-5　投影俯视图几何特征　　　　　　图 10-6　绘制俯视图细节

10.2　尾　　　座

尾座零件图如图 10-7 所示。图例的相关说明如下。

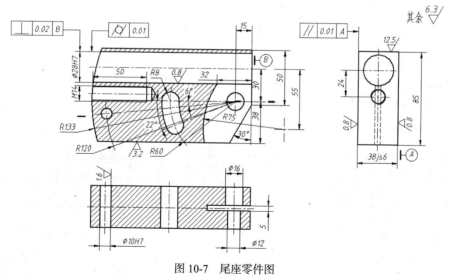

图 10-7　尾座零件图

1. 材料

HT200

2. 技术要求

（1）铸件不得有气孔、裂纹等缺陷。

（2）粗加工后进行人工时效处理。

（3）加工面线性尺寸未注公差按 GB1804- m。

3. 配合的选用

零件图中的配合如表 10-1 所示。

表 10-1 　　　　　　　　　　　　　　　配合的选用

位　置	配　合	说　　明
∅28H7	∅28H7/g6	配合间隙很小，用于不回转的精密滑动配合
38js6	38H7/js6	略有过盈的定位配合，用手或木锤装配
∅10H7	∅10H7/m6	过渡配合，约有 50%的过盈，用于紧密组件配合，用铜锤装配

4. 形位公差

形位公差的说明如表 10-2 所示。

表 10-2 　　　　　　　　　　　　　　　形 位 公 差

形 位 公 差	说　　明
⌀ 0.01	被测圆柱面的圆柱度公差为 0.01
⊥ 0.02 B	孔轴线对基准面的垂直度公差为 0.02
// 0.01 A	被测表面对基准面的平行度公差为 0.01

5. 表面粗糙度

重要部位表面粗糙度的选用如表 10-3 所示。

表 10-3 　　　　　　　　　　　　　　　表面粗糙度

位　置	表面粗糙度 Ra	说　　明
孔表面∅28H7	0.8	有相对滑动的表面
孔表面∅10H7	1.6	与轴有配合关系
厚度 38js6	0.8	有配合关系及定位要求的表面

【练习 10-1】 绘制尾座零件图，如图 10-7 所示。主要作图步骤如图 10-8 所示，详细绘图过程请参见素材文件 "\avi\第 10 章\10-1.avi"。

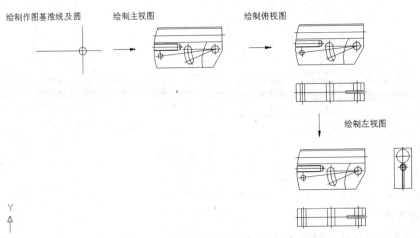

图 10-8　主要作图步骤（练习 10-1）

10.3　蜗　轮　箱

蜗轮箱零件图如图 10-9 所示，图例的相关说明如下。

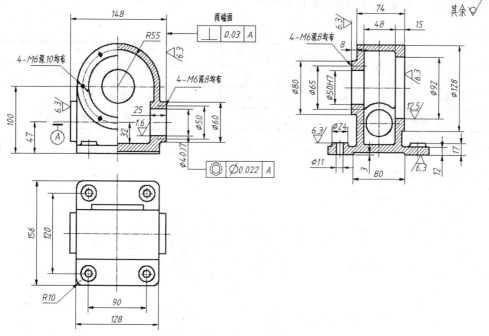

图 10-9　蜗轮箱零件图

1．材料

HT200

2．技术要求

（1）铸件不得有砂眼、气孔、裂纹等缺陷。

（2）机加工前进行时效处理。

（3）未注铸造圆角 R3 ~ R5。

（4）加工面线性尺寸未注公差按 GB1804- m。

3．配合的选用

零件图中的配合如表 10-4 所示。

表 10-4　　　　　　　　　　　　　　　　配合的选用

位　　置	配　　合	说　　明
∅40J7	与轴承外圈配合	正常负荷
∅50H7	∅50H7/h6	装配后有一点间隙，能很好地保证轴和孔同轴，可用手或木锤装配

4．形位公差

形位公差的说明如表 10-5 所示。

表 10-5　　　　　　　　　　　　　　　　形位公差

形　位　公　差	说　　明
◎ ∅0.022 A	孔的轴线对基准轴线的同轴度公差为∅0.022

形位公差	说　明
⊥ | 0.03 | A	被测端面对基准轴线的垂直度公差为 0.03

5. 表面粗糙度

重要部位表面粗糙度的选用如表 10-6 所示。

表 10-6　　　　　　　　　　　　　　　　表面粗糙度

位　置	表面粗糙度 Ra	说　明
孔表面 ∅40J7	1.6	安装轴承的表面
零件底面	6.3	零件的安装面
左右端面	6.3	有位置度要求的表面

【练习 10-2】　绘制蜗轮箱零件图，如图 10-9 所示。主要作图步骤如图 10-10 所示，详细绘图过程请参见素材文件"\avi\第 10 章\10-2.avi"。

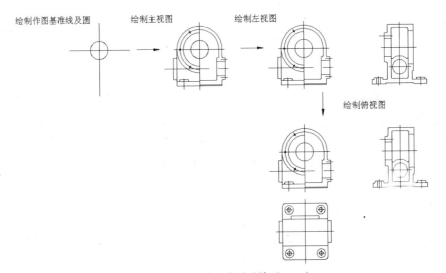

图 10-10　主要作图步骤（练习 10-2）

10.4　导　轨　座

导轨座零件图如图 10-11 所示，图例的相关说明如下。

1. 材料

20Cr

2. 技术要求

（1）表面渗碳 0.8 ~ 1.2，淬火硬度 58 ~ 62HRC。

（2）未注倒角 2×45°。

（3）线性尺寸未注公差按 GB1804-m。

（4）未注形位公差按 GB1184-H。

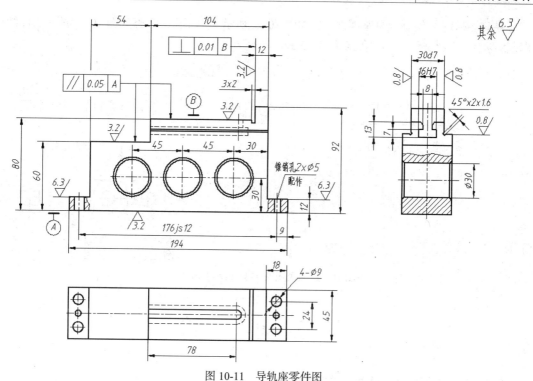

图 10-11　导轨座零件图

3. 配合的选用

零件图中的配合如表 10-7 所示。

表 10-7　　　　　　　　　　　　　　　配合的选用

位　　置	配　　合	说　　明
∅30d7	∅30H8/d7	配合间隙显著，适用于松动的配合
∅16H7	∅16H7/g6	配合间隙很小，适用于精密的滑动配合

4. 形位公差

图中形位公差的说明如表 10-8 所示。

表 10-8　　　　　　　　　　　　　　　形 位 公 差

形 位 公 差	说　　明
∥ 0.05 A	被测表面对基准面的平行度公差为 0.05
⊥ 0.01 B	被测表面对基准面的垂直度公差为 0.01

5. 表面粗糙度

重要部位表面粗糙度的选用如表 10-9 所示。

表 10-9　　　　　　　　　　　　　　　表面粗糙度

位　　置	表面粗糙度 Ra	说　　明
厚度 30d7	0.8	有相对滑动的表面
顶部厚度 12	3.2	有位置度要求的表面
基准面 A	3.2	起定位作用的表面

【练习 10-3】 绘制导轨座零件图，如图 10-11 所示。主要作图步骤如图 10-12 所示，详细绘图过程请参见素材文件 "\avi\第 10 章\10-3.avi"。

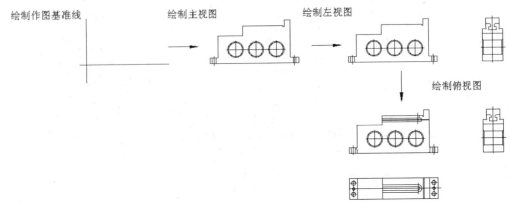

图 10-12　主要作图步骤（练习 10-3）

10.5　小　　结

本章主要介绍了绘制箱体类零件图的方法。

（1）绘制主视图。

先绘制主视图中重要的轴线、端面线等，这些线条构成了主视图的主要布局线，然后以布局线为作图基准线，用 LINE、OFFSET 和 TRIM 命令逐一绘制每一部分的细节。

（2）从主视图向左视图投影几何特征。

绘制水平投影线把主视图的主要几何特征向左视图投影，再绘制左视图的对称轴线及左、右端面线，这些线条构成了左视图的主要布局线。

（3）绘制左视图细节。

以布局线为作图基准线，用 LINE、OFFSET 和 TRIM 命令分别绘制每一部分的细节特征。

（4）从主视图、左视图向俯视图投影几何特征。

绘制完成主视图及左视图后，俯视图的布局线就可通过主视图及左视图投影得到，为方便从左视图向俯视图投影，用户可将左视图复制到新位置并旋转 90°，这样就可以很方便地绘制投影线了。

（5）绘制俯视图细节。

以布局线为作图基准线，用 LINE、OFFSET 和 TRIM 命令分别绘制每一部分的细节特征，或者通过从主视图及左视图投影获得图形细节。

第11章
机械加工工艺规程的制定

机械加工工艺规程是机械加工中不得随意更改、必须严格执行的重要技术文件。生产中只有严格地执行既定的工艺规程，才能在保证产品质量的前提下，既提高生产率，又获得好的经济效益。本章将介绍工艺规程的制定方法和工序卡片的编制。

11.1　机械加工工艺规程的作用

正确的机械加工工艺规程是在总结长期的生产实践和科学实验的基础上，依据科学理论和必要的工艺试验而制定的，并通过生产过程的实践不断得到改进和完善。

（1）机械加工工艺规程是组织车间生产的主要技术文件。

机械加工工艺规程是车间中一切从事生产的人员都要严格、认真贯彻的工艺技术文件，按照它组织生产，就能做到各工序科学有效地衔接，实现优质、高产和低消耗。

（2）机械加工工艺规程是生产准备和计划调度的主要依据。

有了机械加工工艺规程，在产品投入生产之前就可以根据它进行一系列的准备工作，如原材料和毛坯的供应，机床的调整，专用工艺装备的设计与制造，生产作业计划的编排，劳动力的组织以及生产成本的核算等。

有了机械加工工艺规程，就可以制定所生产产品的进度计划和相应的调度计划，使生产均衡、顺利地进行。

（3）机械加工工艺规程是新建或扩建厂房和车间的基本技术文件。

在新建或扩建厂房和车间时，只有根据机械加工工艺规程和生产纲领，才能准确确定生产所需机床种类和数量，工厂或车间的面积，机床的平面布置，生产工人的工种、等级、数量以及各辅助部门的安排等。

制定机械加工工艺规程时，必须充分考虑采用确保产品质量并以最经济的办法达到所要求的生产纲领的必要措施，即应做到技术上先进，经济上合理。

11.2　机械加工工艺规程的制定程序

制定机械加工工艺规程的原始资料主要是产品图纸、生产纲领、生产类型、现场加工设备和生产条件等。

11.2.1　分析加工零件的工艺性

了解零件的各项技术要求，提出必要的改进意见。

分析产品的装配图和零件图，熟悉该产品的用途、性能及工作条件，明确被加工零件在产品中的位置和作用，进而了解零件上各项技术要求制定的依据，找出主要技术要求和加工关键，以便在制定工艺规程时采取适当的工艺措施加以保证。对图纸的完整性、技术要求的合理性以及材料选择是否恰当等提出意见。

审查零件结构的切削加工工艺性，提出合理的改进意见，可以从以下几个方面考虑。

（1）工件应便于装夹和减少装夹次数，如图 11-1 所示，将左图中的圆弧面改成右图中的平面，便于装夹；图 11-2 中，改为通孔后，可减少装夹次数，并且能保证孔的同轴度。

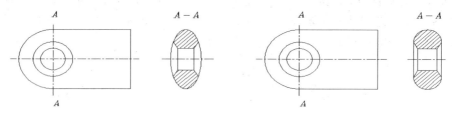

图 11-1　圆弧面改成平面

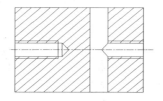 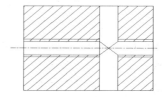

图 11-2　改为通孔

（2）减少刀具的调整与走刀次数，如图 11-3 所示。被加工表面尽量设计在同一平面上，可以一次走刀加工，同时可以保证被加工面的相对位置精度。

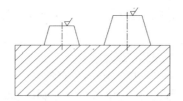 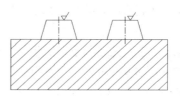

图 11-3　加工表面设计在同一平面

（3）采用标准刀具，减少刀具种类，如图 11-4 所示。磨削或精车时，轴上的过渡圆角尽量一致，可减少换刀、对刀次数。

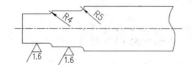 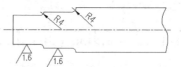

图 11-4　轴上过渡圆角一致

（4）避免内凹表面的加工，如图 11-5 所示。避免把加工表面布置在低凹处，影响加工效率。

（5）加工时便于进刀、退刀和测量，如图 11-6 所示。加工螺纹时，应留有退刀槽。

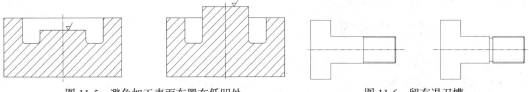

図 11-5　避免加工表面布置在低凹处　　　　図 11-6　留有退刀槽

（6）减少加工表面数和缩小加工表面面积，如图 11-7 所示。将中间部位多粗车一些，以减少精车长度。

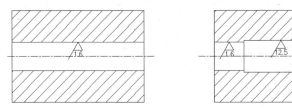

図 11-7　中间部位多粗车

（7）保证零件加工时必要的刚度，如图 11-8 所示。面积较大的薄壁悬崖零件，应增设加强筋。

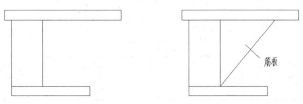

図 11-8　增设加强筋

（8）合理地采用组合件和组合表面，如图 11-9 所示。复杂的结构改为组合件，方便加工，而且能保证精度。

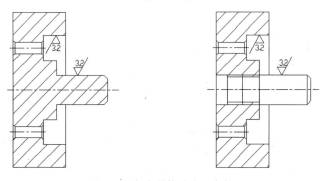

図 11-9　复杂结构改为组合件

11.2.2　选择毛坯

选择毛坯的种类和制造方法时应全面考虑机械加工成本和毛坯制造成本，以达到降低零件生产成本的目的。选择毛坯应考虑以下几个因素。

（1）生产规模的大小。

（2）工件结构形状和尺寸。

（3）零件的机械性能要求。

（4）本厂现有设备和技术水平。

11.2.3　拟定工艺过程

拟定工艺过程包括以下几个方面的内容。

（1）划分工艺过程的组成。

（2）选择定位基准。

（3）选择零件表面的加工方法，如车、铣、刨、磨和插等。

（4）安排加工顺序和组合工序。

11.2.4　工序设计

工序设计主要包括以下几个方面。

（1）选择机床和工艺装备。

（2）确定加工余量。

（3）计算工序尺寸及公差。

（4）确定切削用量及计算工时定额。

打开素材文件"\dwg\第 11 章\11-1.dwg"，如图 11-10 所示。压盖的单件或小批量生产的工艺过程如表 11-1 所示。

表 11-1　　　　　　　　　　　　　　　　压盖加工工艺过程

工 序 号	工 序 内 容	工 作 地 点	工 序 号	工 序 内 容	工 作 地 点
1	铣方	铣床	5	划孔线	平台
2	划外形	平台	6	钻孔、锪平	钻床
3	插外形	插床	7	修 R	平台
4	铣底面	铣床			

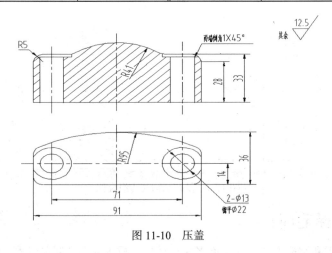

图 11-10　压盖

11.2.5　工序卡片的形式

在机械加工中，工序卡片是直接用来指导操作者进行生产的，操作者必须根据工序卡片的内

容进行生产，因此工序卡片要有一定的形式，让操作者能够简单易懂的看明白卡片的内容。打开
素材文件 "\dwg\第 11 章\11-2.dwg"，工序卡片的形式如图 11-11 所示。

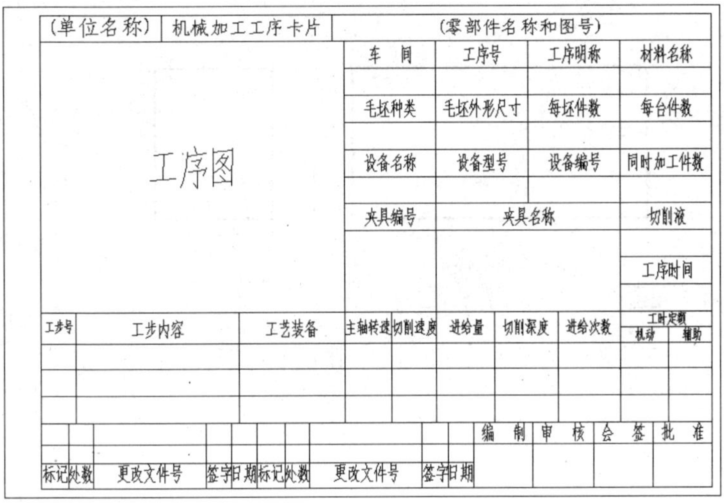

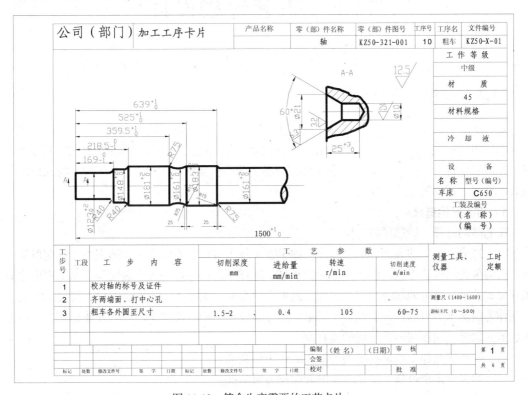

图 11-11　工序卡片

　　有时无需所有内容都填写就可以满足生产需要，在这种情况下，工艺师可以根据自己生
产的需要，将工序卡片简化，编制符合自己生产需要的工艺卡片。打开素材文件 "\dwg\第 11
章\11-3.dwg" 和 "\dwg\第 11 章\11-4.dwg"，如图 11-12 和图 11-13 所示，它们是两种不同形式，
但内容基本相同的工序卡片。

图 11-12　符合生产需要的工艺卡片一

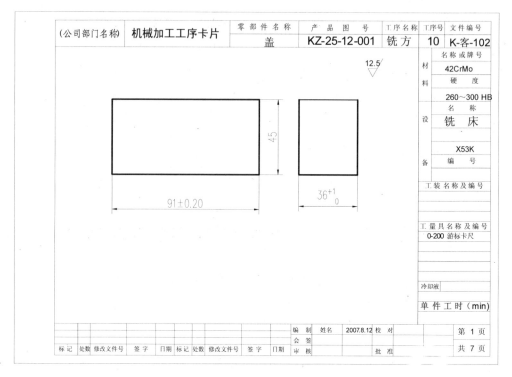

图 11-13　符合生产需要的工艺卡片二

11.3　工艺过程设计

工艺过程是改变生产对象的形状、尺寸、相对位置和性质等使其成为成品或半成品的过程。

11.3.1　定位基准的选择

定位基准在最初的工序中是铸造、锻造或轧制等得到的表面，这种未经加工的基准称为"粗基准"。用粗基准定位加工出光洁的表面后，就应该用加工过的表面作为后续工序的定位表面，此时的光洁表面称为"精基准"。为了便于装夹和易于获得所需的加工精度，在工件上特意做出的定位表面称为"辅助基准"。

1. 粗基准的选择

粗基准的选择一般遵循以下原则。

（1）选取不加工的表面作为粗基准。如果在工件上有很多不需要加工的表面，则应以其中与加工面的位置精度要求较高的表面作为粗基准。这样可保证零件的加工表面与不加工表面之间的相互位置关系，并可能在一次装夹中加工出更多的表面。如图 11-14 所示，以不需要加工的小外圆面作为粗基准，可以在一次安装中把绝大部分需要加工的表面加工出来，并能保证大外圆面与内孔的同轴度，端面与内孔轴线的垂直度。

（2）选择表面加工余量要求均匀的表面作为粗基准。

（3）为保证定位可靠，应选平整的表面作为粗基准。

（4）为避免产生较大位置误差，粗基准只能使用一次。

2．精基准的选择

为保证加工精度，使装夹方便可靠，精基准选择原则如下。

（1）基准重合原则：尽可能选择设计基准作为定位基准。

（2）基准统一原则：当工件以某一精基准可以方便地加工出其他各表面时，应尽可能在多数工序中使用此精基准。如图 11-15 所示的齿轮，一般总是先精加工孔，然后以孔作为精基准分别加工外圆、端面和齿形，这样可保证每一个表面的位置精度，避免基准转换误差。

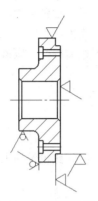

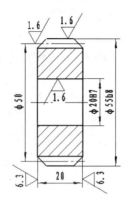

图 11-14　小外圆作为粗基准　　　　图 11-15　先精加工孔作为精基准

（3）一次安装原则：在一次安装中加工出有相互位置要求的所有表面，这样加工表面之间的相互位置精度只与机床精度有关。

（4）互为基准原则：有位置精度要求的两个表面在加工时，用其中任意一个表面作为定位基准来加工另一表面，用这种方法来保证两个表面之间的位置精度称为"互为基准"。

11.3.2　零件表面的加工方法和顺序

零件表面的加工方法和顺序，要根据各加工表面的技术要求，首先选择能保证该要求的最终加工方法，然后确定各工序、工步的加工方法顺序。

选择加工方法应考虑以下几个方面。

（1）每种加工方法的经济性和精度范围。

（2）材料的性质，即可加工性。

（3）工件的结构形状和尺寸大小。

（4）现有设备和技术条件。

有时为了加工需要，从工艺角度考虑，可对技术要求中并不重要的表面提出更高的加工要求，使这些表面成为精基准，这样既可以很好地保证下一工序中重要表面的加工质量，而且可以在大批量生产中提高加工效率。

在安排加工顺序时，要充分考虑零件的大小、形状和基准等。对于形状复杂、尺寸较大或尺寸偏差较大的毛坯，在进行加工前要安排划线工序，为加工提供找正基准。在加工时要先加工基准面，按照"先主后次，先粗后精"的顺序对各主要表面进行粗加工、半精加工和精加工，加工完主要表面后，再对与其有尺寸关系的其他表面进行加工。

有时零件还需要进行热处理或表面处理，如退火、时效及发蓝等。这些工序在加工中不能随意安排，具体可参照以下几个方面。

（1）时效。时效处理主要是为了消除残余应力，对于尺寸大、结构复杂的铸件，需要在粗加工前、后各安排一次时效处理；对于一般铸件，在铸造后或者粗加工后安排一次时效处理；对于精度要求较高的铸件，在半精加工前后各安排一次时效处理；对于精度高、刚性差的零件，可在多个工序后安排时效处理。

（2）退火和正火。应该安排在工件加工之前的毛坯阶段进行。

（3）淬火。淬火是为了提高材料的硬度，而且工件在淬火后容易产生变形，因此淬火后的工件不能进行大切削量的加工，也不能作为最后一道工序，而应该放在精加工阶段的磨削加工之前。

（4）渗碳。渗碳是提高材料的含碳量，渗碳层深度都是有一定要求的，而且容易产生变形，为了控制渗碳层的深度，消除变形，应将渗碳安排在精加工前进行。

（5）氮化。氮化一般安排在需氮化表面的最终加工工序之前进行，应该注意的是，氮化之前要进行调质处理。

（6）表面处理。表面处理包括发蓝、电镀、氧化和涂层等，这些工序一般安排在工艺过程的最后阶段进行。

在对零件进行加工的同时，要相应的安排一些辅助工序，如对零件尺寸及外观进行检测、对零件表面或内部质量进行探伤检查等。一般在重要的和消耗时间比较长的工序以及跨车间加工的前后要安排一次检查。

11.3.3　工序设计

工序设计包括机床与工艺装备的选择、加工余量的确定、工序尺寸的确定、切削用量的确定及工时定额的确定等。

1．机床的选择

机床的选择一般可按以下原则。

（1）机床的加工范围要与零件的最大尺寸相适应，过大，浪费资源，增加不必要的成本，过小则难以装夹。

（2）机床的加工精度要与本工序零件要求的精度相适应。

（3）机床的生产率要与零件要求的产量相适应。

（4）在选择机床时要考虑车间现有的设备条件，在需要的情况下，可以改造机床或设计专用机床。

2．工艺装备的选择

在选择工艺装备时，要考虑产品的批量、产量，材料的性质和加工表面的尺寸要求等。

（1）夹具的选择：在单件小批量生产中，尽可能选择通用夹具和组合夹具，在大批量生产中，可以根据要求，设计适合本工序的专用夹具。

（2）刀具的选择：选择刀具时，要考虑工件的材料、加工表面的尺寸、表面粗糙度及生产率等，应该尽可能的选择标准刀具，特殊情况下可选择专用刀具。

（3）量具的选择：在满足精度要求的情况下，单件小批量生产应尽可能采用通用量具，在大批量生产中，应采用高效率的检测仪器和检测夹具等。

11.4　典型零件的机械加工工序

通过对典型零件的加工工艺的分析，可以使用户了解机械加工工艺过程的一些基本知识及分析方法，学会选择合理的加工方案。

11.4.1　块状零件的加工工艺

打开素材文件"\dwg\第 11 章\11-5.dwg"，图 11-10 中压盖的加工工序在表 11-1 中列出，其具体的工序过程如图 11-16 至图 11-22 所示。

（1）铣方。由于是单件、小批量生产，可以用钢板料头铣出长方体，并且留量，如图 11-16 所示。

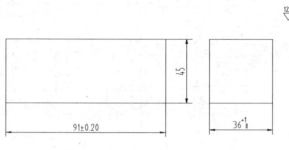

图 11-16　铣方

（2）划外形。在平台上用镐针等划出零件外形，各部分尺寸如图 11-17 所示。

（3）插外形。在插床上按照所划外形线，将外形插出，如图 11-18 所示。

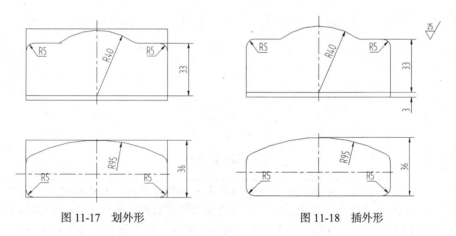

图 11-17　划外形　　　　　　　　　　图 11-18　插外形

（4）铣底面。在铣床上将底面铣出，如图 11-19 所示。将底面放在插外形之后，可以很好地保证尺寸 33，因为插外形时，尺寸不好控制，且容易出现尺寸超差现象，在底面留量，可以随时进行修正。

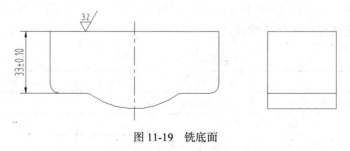

图 11-19　铣底面

（5）划孔线。在工件上将要加工的孔的位置划出，以便钻孔时找正，如图 11-20 所示。

（6）钻孔、锪孔。在划线处钻孔，并锪平表面，如图 11-21 所示。

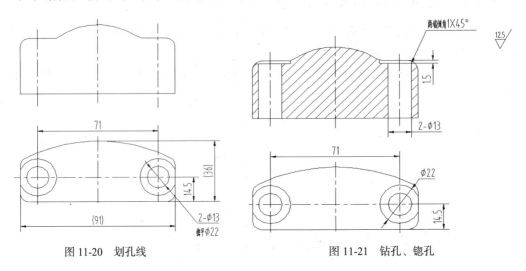

图 11-20 划孔线　　　　　　　　　　图 11-21 钻孔、锪孔

（7）修 R 角。将工件上插出的角进行打磨，使其圆滑过渡，如图 11-22 所示。

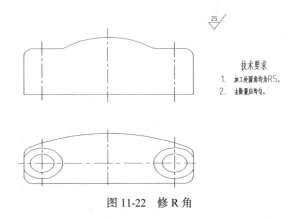

技术要求
1. 加工处圆角均为R5。
2. 去除量应均匀。

图 11-22 修 R 角

要点提示　　为了很好地区分本工序要加工的表面和不加工表面，可以在绘制工序卡片时，将不加工表面用细实线表示，将本工序要加工的表面用粗实线表示；本工序不加工的尺寸可以不标注，只把零件的主要尺寸标注上就可，例如只把总长、总宽和总高标注上。

11.4.2 盘盖类零件的加工工艺

打开素材文件 "\dwg\第 11 章\11-6.dwg"，如图 11-23 所示。以端盖为例，介绍盘盖类零件的加工工艺，其工艺流程如表 11-2 所示。

表 11-2　　　　　　　　　　　　盘盖类零件的工艺流程

工 序 号	工 序 内 容	工 作 地 点
1	车（尺寸 14 留量 0.2～0.3mm）	车床
2	划各孔线、槽线、边线	平台
3	钻孔 8×Φ13，4×M10 底孔，2×M12 底孔	钻床
4	铣口、边	铣床

工 序 号	工 序 内 容	工 作 地 点
5	攻丝 4×M10、2×M12	钳工
6	配车尺寸 14	车床

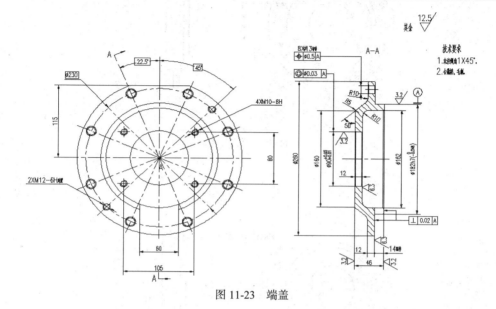

图 11-23　端盖

（1）第一步工序内容是车。打开素材文件 "\dwg\第 11 章\11-7.dwg"，如图 11-24 所示，根据产品图纸要求，将各部尺寸加工到图纸中所示的尺寸。在这步工序中分两次装夹，第一次装夹加工出基准面 A、Φ260mm、Φ162mm 等，并且尺寸 14mm 要留量，加工至 14.3mm。第二次装夹基准面 A，找正后加工剩余的尺寸，并且要保证达到工序卡片中的表面粗糙度要求。

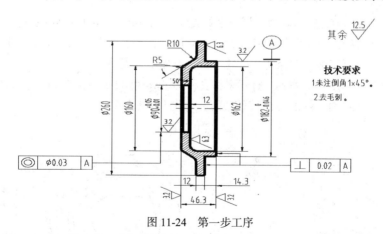

图 11-24　第一步工序

（2）第二步工序内容是划线。打开素材文件 "\dwg\第 11 章\11-8.dwg"，在这步工序中要把各孔线、槽线和边线准确地划出，保证位置度要求，打上样冲眼，各部分尺寸如图 11-25 所示。

（3）第三步工序内容是钻各个孔。打开素材文件 "\dwg\第 11 章\11-9.dwg"，如图 11-26 所示。在这步工序中要根据要求倒角钻 8×Φ13 孔、4×M10 底孔和 2×M12 底孔。在这步工序中可以做一个钻模来保证各孔的位置度符合要求，钻模以尺寸 Φ182mm 为定位基准，以尺寸 115mm 来对正。

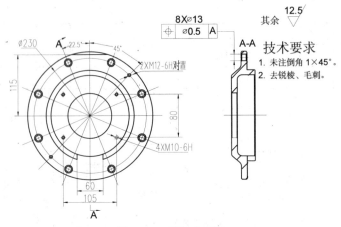

图 11-25　第二步工序

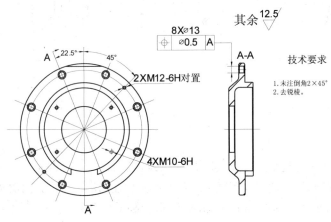

图 11-26　第三步工序

（4）第四步工序内容是铣口、边。打开素材文件 "\dwg\第 11 章\11-10dwg"，如图 11-27 所示。这步工序在铣床上进行，以所划线为基准，找正后压紧，按工序图中尺寸加工，工人在加工前可自行检验所划尺寸是否正确，以保证产品的质量，避免出现废品。

（5）第五步工序是攻丝、去刺。打开素材文件 "\dwg\第 11 章\11-11.dwg"，如图 11-28 所示。在这步工序中要把 $4 \times M10$ 和 $2 \times M12$ 丝孔攻好，并且打磨去刺。

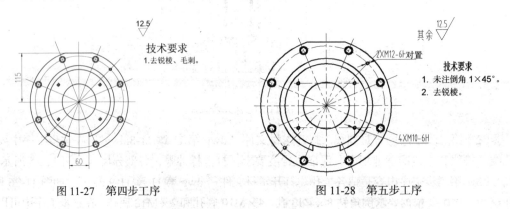

图 11-27　第四步工序　　　　　　图 11-28　第五步工序

（6）最后一步工序内容是配做尺寸 14mm。打开素材文件 "\dwg\第 11 章\11-12.dwg"，如图

11-29 所示。在这步工序中，要根据产品的装配尺寸，最终确定尺寸 14mm 的具体数值，然后才能加工。之所以配做，是由这个零件在装配中所处的位置决定的，由于每次装配时累计的误差不一样，所以这个尺寸只能配做。

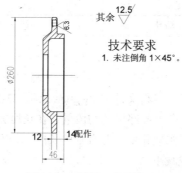

图 11-29　最后一步工序

11.4.3　轴类零件的加工工艺

打开素材文件 "\dwg\第 11 章\11-13.dwg"，如图 11-30 所示。以此轴为例，介绍轴类零件的加工工艺，其工艺流程如表 11-3 所示。

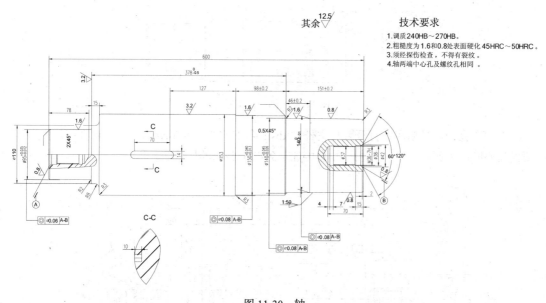

图 11-30　轴

表 11-3　　　　　　　　　　　　　　轴类零件的工艺流程

工　序　号	工　序　内　容	工　作　地　点
1	粗车（各部分留量 2.5 ~ 3mm）	车床
2	调质	
3	精车（粗糙度为 1.6 和 0.8 处留量 0.6 ~ 0.7mm）	车床
4	划槽线	平台
5	铣键槽	铣床

续表

工 序 号	工 序 内 容	工 作 地 点
6	淬火	
7	车研中心孔	车床
8	溜丝去刺、清孔	钳工
9	磨外圆	磨床
10	探伤	探伤机

（1）第一步工序是粗车。打开素材文件"\dwg\第 11 章\11-14.dwg"，如图 11-31 所示。要求各部留量 2.5～3mm，在直径方向上各部尺寸均留量，在长度方向上只需在直径最大处留量。在下一步调质工序时，工件有变形和氧化皮，并且轴的长度越长变形量越大，因此粗车时的留量可根据轴的长度大小，适当增大或减小。

技术要求
1. 未注圆角均为R2，未注
倒角均为1.5X45°。

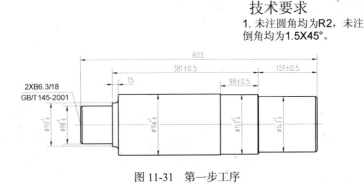

图 11-31　第一步工序

（2）调质完毕后是精车。打开素材文件"\dwg\第 11 章\11-15.dwg"，如图 11-32 所示。精车时要给需要磨的表面留磨量，其余尺寸直接加工到图纸要求的尺寸。

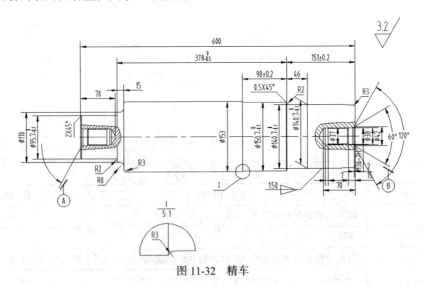

图 11-32　精车

（3）精车完毕后是划键槽线。打开素材文件"\dwg\第 11 章\11-16.dwg"，如图 11-33 所示。

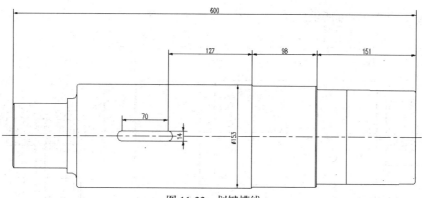

图 11-33　划键槽线

（4）接下来是铣键槽。打开素材文件"\dwg\第 11 章\11-17.dwg"，如图 11-34 所示。

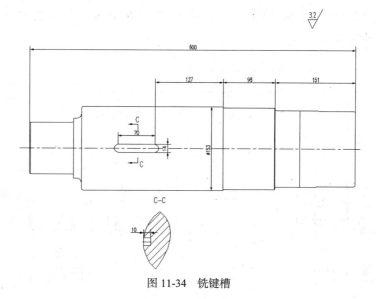

图 11-34　铣键槽

（5）淬火完毕后是研轴两端的中心孔，为磨表面做好基准。打开素材文件"\dwg\第 11 章\11-18.dwg"，如图 11-35 所示。

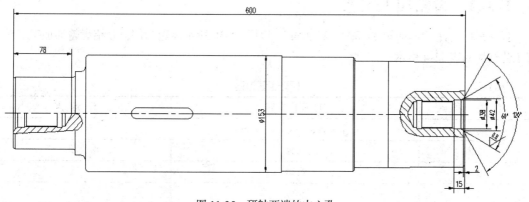

图 11-35　研轴两端的中心孔

（6）研好中心孔后，要对两端的丝孔进行修正和清理，即溜丝。打开素材文件"\dwg\第 11

章\11-19.dwg", 如图 11-36 所示。

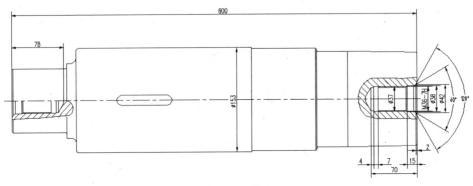

图 11-36　溜丝

（7）最后是磨外圆。打开素材文件 "\dwg\第 11 章\11-20.dwg"，如图 11-37 所示，将各表面加工到图纸要求的尺寸。

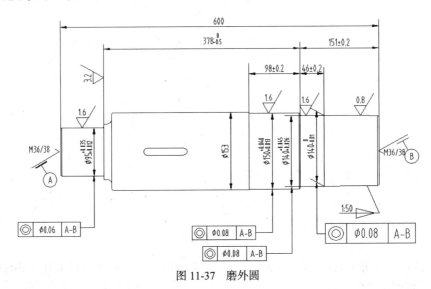

图 11-37　磨外圆

11.4.4　齿轮加工工艺

打开素材文件 "\dwg\第 11 章\11-21.dwg"，以图 11-38 所示齿轮为例，介绍齿轮的加工工艺，其工艺过程如表 11-4 所示。

表 11-4　　　　　　　　　　　　齿轮工艺过程

工 序 号	工 序 内 容	工 作 地 点
1	粗车（各部留量 7～8mm）	车床
2	滚齿	滚齿机
3	渗碳	
4	车碳	车床
5	齿端倒角（1×45°）	倒角机
6	淬火、喷丸	

续表

工 序 号	工 序 内 容	工 作 地 点
7	精车	车床
8	磨平面	平面磨床
9	磨孔	内孔磨床
10	磨齿	磨齿机
11	计量检验	齿轮计量仪
12	动平衡、去重	动平衡机
13	探伤	磁力探伤机

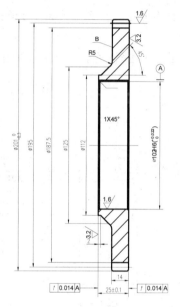

模 数	m	3
齿 数	Z	65
压 力 角	α	20°
公法线平均长度及上下偏差	Wkn	69.154$_{-0.120}^{-0.080}$
跨齿数	K	8
精度等级	766KLGB/T10095.1-2001	
	766KLGB/T10095.2-2001	

技术要求

1. 齿面渗碳深0.5～1mm，50HRC～55HRC。
2. 须做动平衡，不平衡允差35 g·mm/kg，允许在⌀130范围去重。
3. B面上打上制造序号。
4. 探伤检查，不得有裂纹。

图 11-38　齿轮

（1）粗车。打开素材文件"\dwg\第 11 章\11-22.dwg"，工序图和各部尺寸留量如图 11-39 所示。

（2）滚齿。打开素材文件"\dwg\第 11 章\11-23.dwg"，工序图和各部尺寸留量如图 11-40 所示。

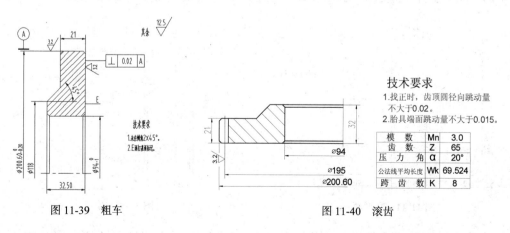

技术要求
1.本边倒角2×45°。
2.E处打表所示。

图 11-39　粗车

技术要求

1.找正时，齿顶圆径向跳动量不大于0.02。
2.胎具端面跳动量不大于0.015。

模 数	Mn	3.0
齿 数	Z	65
压 力 角	α	20°
公法线平均长度	Wk	69.524
跨 齿 数	K	8

图 11-40　滚齿

（3）车碳。打开素材文件"\dwg\第 11 章\11-24.dwg"，工序图和各部尺寸留量如图 11-41 所示。

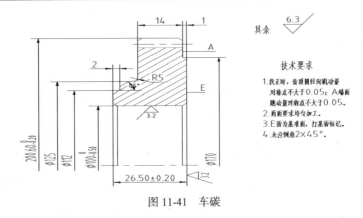

图 11-41　车碳

（4）齿端倒角。打开素材文件 "\dwg\第 11 章\11-25.dwg"，工序图和各部尺寸留量如图 11-42 所示。

（5）精车。打开素材文件 "\dwg\第 11 章\11-26.dwg"，工序图和各部尺寸留量如图 11-43 所示。

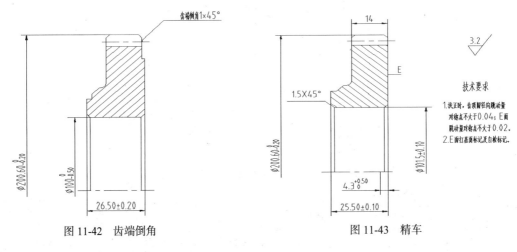

图 11-42　齿端倒角

图 11-43　精车

（6）磨平面。打开素材文件 "\dwg\第 11 章\11-27.dwg"，工序图和各部尺寸留量如图 11-44 所示。

（7）磨孔。打开素材文件 "\dwg\第 11 章\11-28.dwg"，工序图和各部尺寸留量如图 11-45 所示。

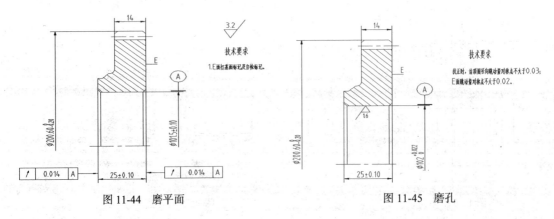

图 11-44　磨平面

图 11-45　磨孔

（8）磨齿。打开素材文件 "\dwg\第 11 章\11-29.dwg"，工序图和各部尺寸留量如图 11-46 所示。

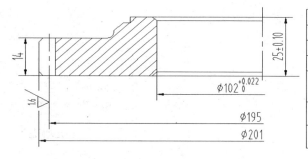

模　　　数	Mn	3.0
齿　　　数	Z	65
压　力　角	α	20°
齿顶高系数	Ha	1.0
精度等级		766KL GB/T10095.1-2001
		766KL GB/T10095.2-2001
公法线平均长度	Wk	69.074 $^{0}_{-0.04}$
跨　齿　数	K	8

图 11-46　磨齿

11.5　小　　结

本章主要介绍工艺规程的制定方法和工序卡片的编制。制定机械加工工艺规程时，必须充分考虑采用确保产品质量并以最经济的办法达到所要求的生产纲领的必要措施，即应做到技术上先进，经济上合理。工序卡片要有一定的形式，让操作者能够简单易懂的看明白卡片的内容。

通过对典型零件的加工工艺的分析，使读者了解机械加工工艺过程的一些基本知识及分析方法，学会选择合理的加工方案。

11.6　习　　题

1.　制作如图 11-47 所示的轴加工工艺卡片。

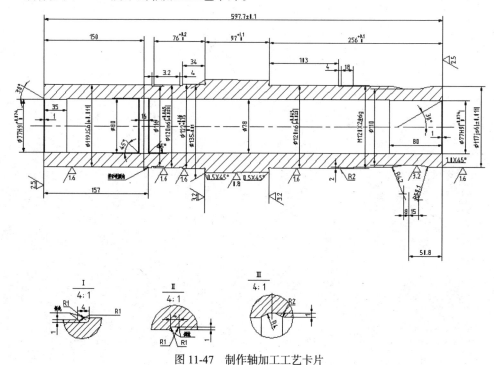

图 11-47　制作轴加工工艺卡片

2. 制作如图 11-48 所示的齿轮加工工艺卡片。

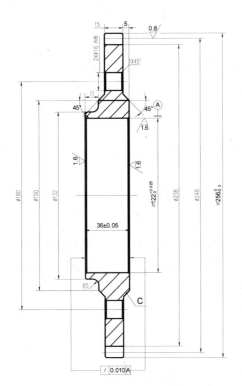

模数	m	4	
齿数	Z	62	
压力角	α	20°	
齿顶高系数	ha	1	
精度等级		7666 JLGB/T10095 .1-2001	
		7666 JLGB/T10095 .2-2001	
公法线平均长度上下偏差	L	$80.227_{-0.168}^{-0.112}$	
跨齿数	k	7	

技术要求

1. 齿面渗炭淬火55HRC～60HRC，深度0.5～1。
2. 探伤检查，不得有裂纹。
3. 须做动平衡，不平衡允差5.8g·mm/kg，在C面上去重。

图 11-48　制作齿轮加工工艺卡片

第12章
AutoCAD 产品设计方法及装配图

通过本章的学习，读者可以掌握利用 AutoCAD 开发新产品的方法及技巧。

12.1 用 AutoCAD 开发新产品的步骤

开发一个全新的产品与修改现有产品，采取的方法是不同的，前者的一个显著特点是方案的提出及修改，而后者则是在原有设计方案的基础上进一步改进。新产品的设计包含大量创造性劳动，前期主要是提出各种设计方案，对多个方案进行比较、评价，最终确定最佳方案，后期主要是绘制装配图及零件图。在整个过程中，用 AutoCAD 采取适当的设计方法，可以达到事半功倍的效果。下面以开发新型绕簧机为例，说明用 AutoCAD 进行产品设计的方法。

12.1.1 绘制 1：1 的总体方案图

进行新产品开发的第一步是绘制 1：1 的总体方案图，图中要表示产品的主要组成部分、各部分大致形状及重要尺寸，此外，该图还应能够表明产品的工作原理。图 12-1 所示是绕簧机总体方案图之一，它表明了绕簧机由机架、绕簧支架、电机等几部分组成及各部分之间的位置关系等。

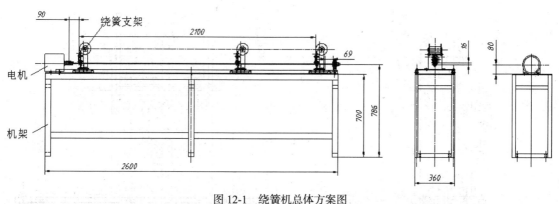

图 12-1　绕簧机总体方案图

12.1.2 设计方案的对比及修改

绘制了初步的总体方案图后，就要对方案进行广泛且深入的讨论，发现问题，进行修改。对于产品的关键结构及重要功能，更要反复细致地讨论，争取获得较为理想的解决方案。

在方案讨论阶段，可复制原有方案，然后对原方案进行修改。将修改后的方案与旧方案放在一起进行对比讨论，效果会更好。图 12-2 显示了原设计方案与修改后的方案。

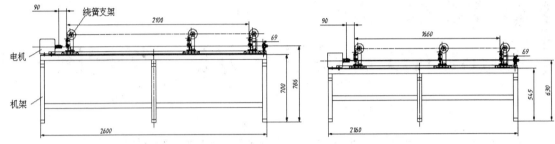

图 12-2　原设计方案与修改后方案

12.1.3　详细的结构设计

确定产品的总体方案后，接下来就要对各部件进行详细的结构设计，这一阶段主要要完成以下工作。

● 确定各零件的主要形状及尺寸，尺寸数值要精确，不能随意。对于关键结构及有装配关系的地方，更应精确地绘制。在这一点上，与手工设计是不同的。

● 轴承、螺栓、挡圈、联轴器及电机等要按正确尺寸绘制出外形图，特别是安装尺寸要绘制正确。

● 利用 MOVE、COPY 及 ROTATE 等命令模拟运动部件的工作位置，以确定关键尺寸及重要参数。

● 利用 MOVE、COPY 等命令调整链轮、带轮的位置，以获得最佳的传动布置方案。对于带长及链长，可利用创建面域并查询周长的方法获得。

图 12-3 显示了完成主要结构设计的绕簧支架，该图是一张细致的产品结构图，各部分尺寸都是精确无误的，可依据此图拆画零件图。

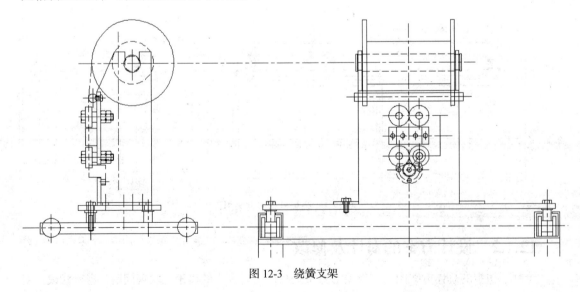

图 12-3　绕簧支架

12.1.4　由部件结构图拆画零件图

绘制了精确的部件结构图后，就可利用 AutoCAD 的复制及粘贴功能从该图拆画零件图，具体过程如下。

- 将结构图中某个零件的主要轮廓复制到剪贴板上。
- 通过样板文件创建一个新文件，然后将剪贴板上的零件图粘贴到当前文件中。
- 在已有零件图的基础上进行详细的结构设计，要求精确地进行绘制，以便以后利用零件图检验装配尺寸的正确性，详见 12.1.5 小节。

【练习 12-1】　打开素材文件 "\dwg\第 12 章\12-1.dwg"，如图 12-4 所示，由部件结构图拆画零件图。

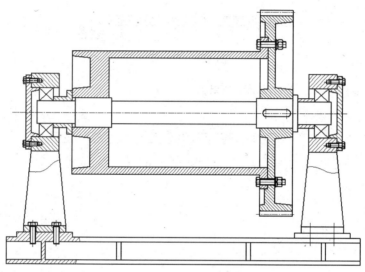

图 12-4　由部件结构图拆画零件图

（1）创建新图形文件，文件名为 "筒体.dwg"。

（2）切换到文件 "12-1.dwg"，在图形窗口中单击鼠标右键，弹出快捷菜单，选择 "带基点复制" 选项，然后选择筒体零件并指定复制的基点为 A 点，如图 12-5 所示。

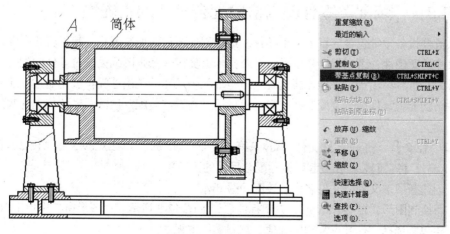

图 12-5　带基点复制筒体

（3）切换到文件"筒体.dwg"，在图形窗口中单击鼠标右键，弹出快捷菜单，选择"粘贴"选项，结果如图 12-6 所示。

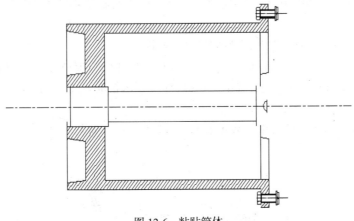

图 12-6 粘贴筒体

（4）对筒体零件进行必要的编辑，结果如图 12-7 所示。

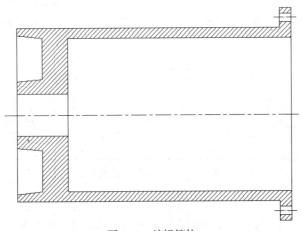

图 12-7 编辑筒体

12.1.5 "装配"零件图以检验配合尺寸的正确性

复杂机器设备常常包含成百上千个零件，这些零件要正确地装配在一起，就必须保证所有零件配合尺寸的正确性，否则就会产生干涉。若技术人员按一张张图纸去核对零件的配合尺寸，工作量非常大，且容易出错。怎样才能更有效地检查配合尺寸的正确性呢？可先通过 AutoCAD 的复制及粘贴功能将零件图"装配"在一起，然后通过查看"装配"后的图样就能迅速判定配合尺寸是否正确。

【练习 12-2】 打开素材文件"\dwg\第 12 章\"中的"12-2-A.dwg"、"12-2-B.dwg"和"12-2-C.dwg"，将它们装配在一起以检验配合尺寸的正确性。

（1）创建新图形文件，文件名为"装配检验.dwg"。

（2）切换到图形"12-2-A.dwg"，关闭标注层，如图 12-8 所示。在图形窗口中单击鼠标右键，弹出快捷菜单，选择"带基点复制"选项，复制零件主视图。

（3）切换到图形"装配检验.dwg"，在图形窗口中单击鼠标右键，弹出快捷菜单，选择"粘贴"选项，结果如图 12-9 所示。

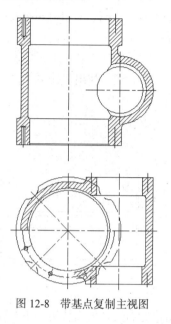

图 12-8　带基点复制主视图

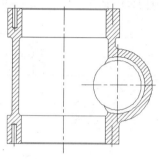

图 12-9　粘贴主视图

（4）切换到图形"12-2-B.dwg"，关闭标注层。在图形窗口中单击鼠标右键，弹出快捷菜单，选择"带基点复制"选项，复制零件主视图。

（5）切换到图形"装配检验.dwg"，在图形窗口中单击鼠标右键，弹出快捷菜单，选择"粘贴"选项，结果如图 12-10 左图所示。

（6）用 MOVE 命令将两个零件装配在一起，结果如图 12-10 右图所示。由图可以看出，两零件正确地配合在一起，它们的装配尺寸是正确的。

（7）用上述同样的方法将零件"12-2-C"与"12-2-A"也装配在一起，结果如图 12-11 所示。

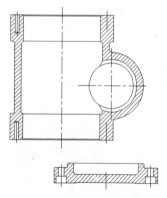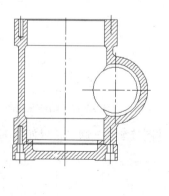

图 12-10　装配两个零件

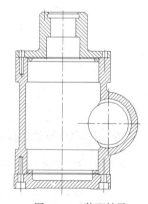

图 12-11　装配结果

12.1.6　由零件图组合装配图

若已绘制了机器或部件的所有零件图，当需要一张完整的装配图时，可考虑利用零件图来拼画装配图，这样能避免重复劳动，提高工作效率。拼画装配图的方法如下。

● 创建一个新文件。

● 打开所需的零件图,关闭尺寸所在的图层,利用复制及粘贴功能将零件图复制到新文件中。

● 利用 MOVE 命令将零件图组合在一起,再进行必要的编辑以形成装配图。

【练习 12-3 】 打开素材文件"\dwg\第 12 章\"中的"12-3-A.dwg"、"12-3-B.dwg"、"12-3-C.dwg"和"12-3-D.dwg"。将 4 张零件图"装配"在一起形成装配图。

(1)创建新图形文件,文件名为"装配图.dwg"。

(2)切换到图形"12-3-A.dwg",在图形窗口中单击鼠标右键,弹出快捷菜单,选择"带基点复制"选项,复制零件主视图。

(3)切换到图形"装配图.dwg",在图形窗口中单击鼠标右键,弹出快捷菜单,选择"粘贴"选项,结果如图 12-12 所示。

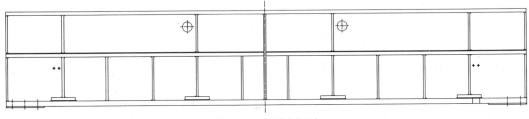

图 12-12　粘贴主视图

(4)切换到图形"12-3-B.dwg",在图形窗口中单击鼠标右键,弹出快捷菜单,选择"带基点复制"选项,复制零件左视图。

(5)切换到图形"装配图.dwg",在图形窗口中单击鼠标右键,弹出快捷菜单,选择"粘贴"选项。再重复粘贴操作,结果如图 12-13 所示。

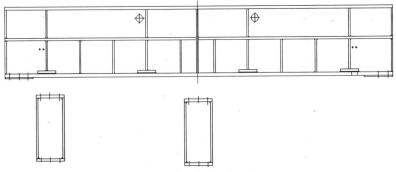

图 12-13　粘贴左视图

(6)用 MOVE 命令将零件图装配在一起,结果如图 12-14 所示。

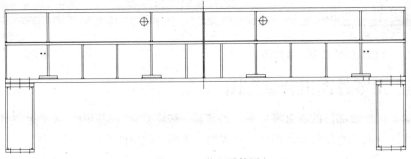

图 12-14　装配零件图

（7）用与上述类似的方法将零件图"12-3-C"与"12-3-D"也插入装配图中，并进行必要的编辑，结果如图 12-15 所示。

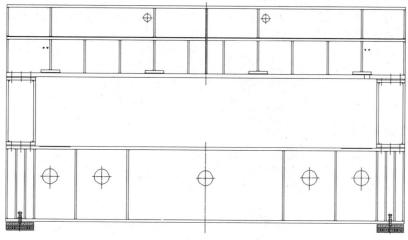

图 12-15　编辑结果

（8）打开素材文件"\dwg\第 12 章\标准件.dwg"，将该文件中的 M20 螺栓、螺母、垫圈等标准件复制到"装配图.dwg"中，然后用 MOVE 和 ROTATE 命令将这些标准件装配到正确的位置，结果如图 12-16 所示。

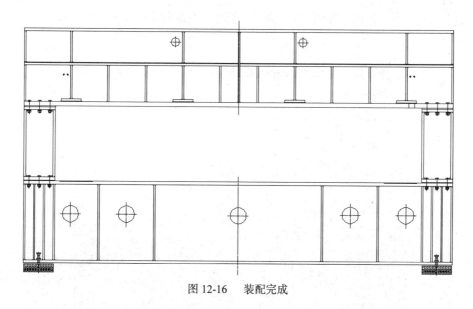

图 12-16　装配完成

12.2　标注零件序号

使用 MLEADER 命令可以很方便地创建带下划线或带圆圈形式的零件序号，如图 12-19 所示。生成序号后，用户可通过关键点编辑方式调整引线或序号数字的位置。

【练习 12-4】 编写零件序号。

（1）打开素材文件 "\dwg\第 12 章\12-4.dwg"。

（2）单击 "多重引线" 工具栏上的 ⚲ 按钮，打开 "多重引线样式管理器" 对话框，单击 修改(M)... 按钮，打开 "修改多重引线样式" 对话框，如图 12-17 所示。在该对话框中完成以下设置。

● "引线格式" 选项卡

● "引线结构" 选项卡

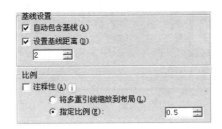

文本框中的数值 2 表示下划线与引线间的距离，"指定比例" 栏中的数值等于绘图比例的倒数。

● "内容" 选项卡

"内容" 选项卡设置的选项如图 12-17 所示。其中 "基线间距" 文本框中的数值表示下划线的长度。

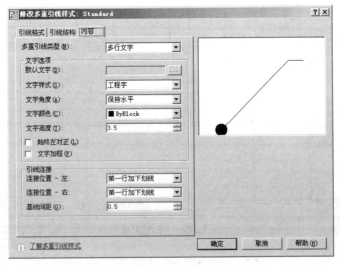

图 12-17 "修改多重引线样式" 对话框

（3）单击 "多重引线" 工具栏上的 ⚲ 按钮，启动创建引线标注命令，标注零件序号，结果如图 12-18 所示。

（4）对齐零件序号。单击 "多重引线" 工具栏上的 按钮，选择零件序号 1、2、3、5，按 Enter 键，然后选择要对齐的序号 4 并指定水平方向为对齐方向，结果如图 12-19 所示。

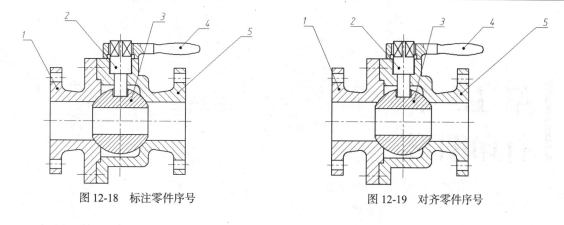

图 12-18　标注零件序号　　　　　　　　　图 12-19　对齐零件序号

12.3　编写明细表

用户可事先创建空白表格对象并保存在一个文件中，当要编写零件明细表时，打开该文件，然后填写表格对象。

【练习 12-5】　打开素材文件 "\dwg\第 12 章\明细表.dwg"，该文件包含一个零件明细表。此表是表格对象，通过双击其中一个单元就可填写文字，填写的结果如图 12-20 所示。

		5		右阀体		1		青铜				
旧底图总号		4		手柄		1		HT150				
		3		球形阀瓣		1		黄铜				
		2		阀杆		1		35				
底图总号		1		左阀体		1		青铜				
				制定					标记			
				绘写						共　页	第　页	
签名	日期			校对								
				标准化检查			明细表					
		标记	更改内容或依据	更改人	日期	审核						

图 12-20　零件明细表

12.4　小　　结

本章主要介绍了利用 AutoCAD 开发新产品的方法及技巧。首先提出各种设计方案，对多个方案进行比较、评价，然后确定最佳方案，最后绘制装配图及零件图。在整个过程中，用 AutoCAD 采取适当的设计方法，可以达到事半功倍的效果。

第13章
打印图形

通过本章的学习，读者可以掌握从模型空间打印图形的方法，并学会将多张图纸布置在一起打印的技巧。

13.1　打印图形的过程

在模型空间中将工程图样布置在标准幅面的图框内，再标注尺寸及书写文字后，就可以输出图形了。输出图形的主要过程如下。

（1）指定打印设备，可以是 Windows 系统打印机或是在 AutoCAD 中安装的打印机。

（2）选择图纸幅面及打印份数。

（3）设置要输出的内容。例如，可指定将某一矩形区域输出，或是将包围所有图形的最大矩形区域输出。

（4）调整图形在图纸上的位置及方向。

（5）选择打印样式，详见 13.2.2 小节。若不指定打印样式，则按对象原有属性进行打印。

（6）设置打印比例。

（7）预览打印效果。

【练习 13-1】　从模型空间打印图形。

（1）打开素材文件 "\dwg\第 13 章\13-1.dwg"。

（2）选取菜单命令 "文件" / "绘图仪管理器"，打开 "Plotters" 对话框，利用该对话框的 "添加绘图仪向导" 配置一台绘图仪 "DesignJet 450C C4716A"。

（3）选取菜单命令 "文件" / "打印"，打开 "打印" 对话框，如图 13-1 所示。在该对话框中完成以下设置。

● 在 "打印机/绘图仪" 分组框的 "名称（M）" 下拉列表中选择打印设备 "DesignJet 450C C4716A"。

● 在 "图纸尺寸" 下拉列表中选择 A2 幅面图纸。

● 在 "打印份数" 分组框的文本框中输入打印份数。

● 在 "打印范围" 下拉列表中选择 "范围" 选项。

● 在 "打印比例" 分组框中设置打印比例为 "1：5"。

● 在 "打印偏移" 分组框中指定打印原点为（80,40）。

● 在 "图形方向" 分组框中设置图形打印方向为 "横向"。

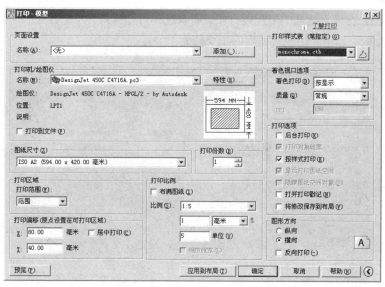

图 13-1　"打印"对话框

● 在"打印样式表"分组框的下拉列表中选择打印样式"monochrome.ctb"（将所有颜色打印为黑色）。

（4）单击 预览(P)... 按钮，预览打印效果，如图 13-2 所示。若满意，单击 确定 按钮开始打印；否则，按 Esc 键返回"打印"对话框，重新设置打印参数。

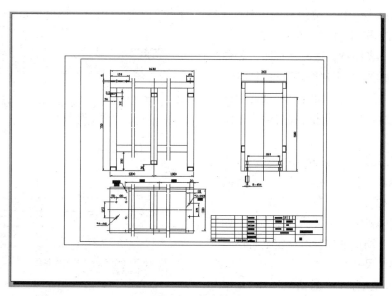

图 13-2　打印效果

13.2　设置打印参数

在 AutoCAD 中用户可使用内部打印机或 Windows 系统打印机输出图形，并能方便地修改打印机设置及其他打印参数。选取菜单命令"文件" / "打印"，AutoCAD 打开"打印"对话框，如

图 13-3 所示。用户在该对话框中可配置打印设备及选择打印样式，还能设置图纸幅面、打印比例及打印区域等参数。以下介绍该对话框的主要功能。

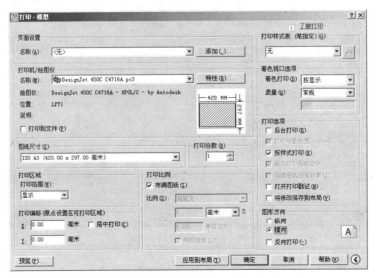

图 13-3　在"打印"对话框中设置参数

13.2.1　选择打印设备

在"打印机/绘图仪"分组框的"名称（M）"下拉列表中，用户可选择 Windows 系统打印机或 AutoCAD 内部打印机（".pc3"文件）作为输出设备。请读者注意，这两种打印机名称前的图标是不一样的。当用户选定某种打印机后，"名称（M）"下拉列表下面将显示被选中设备的名称、连接端口以及其他有关打印机的注释信息。

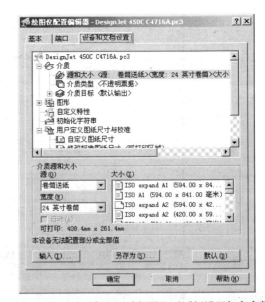

图 13-4　在"绘图仪配置编辑器"对话框设置打印参数

如果用户想修改当前打印机设置，可单击 **特性(R)...** 按钮，打开"绘图仪配置编辑器"对话框，如图 13-4 所示。在该对话框中用户可以重新设置打印机端口及其他打印参数，如打印介质、图形、物理笔配置、自定义特性、校准及自定义图纸尺寸等。

"绘图仪配置编辑器"对话框包含"基本"、"端口"和"设备和文档设置"3 个选项卡，各选项卡功能如下。

● "基本"：该选项卡包含了打印机配置文件（".pc3"文件）的基本信息，如配置文件名称、驱动程序信息和打印机端口等。用户可在此选项卡的"说明"区域中加入其他注释信息。

● "端口"：通过此选项卡用户可修改打印机与计算机的连接设置，如选定打印端口、指定打印到文件和后台打印等。

若使用后台打印，则允许用户在打印的同时运行其他应用程序。

● "设备和文档设置"：在该选项卡中用户可以指定图纸来源、尺寸和类型，并能修改颜色深度、打印分辨率等。

13.2.2　使用打印样式

在"打印"对话框的"打印样式表"下拉列表中选择打印样式，如图 13-5 所示。打印样式是对象的一种特性，如同颜色、线型一样。它用于修改打印图形的外观，若为某个对象选择了一种打印样式，则输出图形后，对象的外观由样式决定。AutoCAD 提供了几百种打印样式，并将其组合成一系列打印样式表。

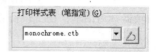

图 13-5　"名称"下拉列表

有以下两种类型的打印样式表。

● 颜色相关打印样式表：颜色相关打印样式表以 ".ctb" 为文件扩展名保存。该表以对象颜色为基础，共包含 255 种打印样式，每种 ACI 颜色对应一个打印样式，样式名分别为"颜色 1"、"颜色 2"等。用户不能添加或删除颜色相关打印样式，也不能改变它们的名称。若当前图形文件与颜色相关打印样式表相连，则系统自动根据对象的颜色分配打印样式。用户不能选择其他打印样式，但可以对已分配的样式进行修改。

● 命名相关打印样式表：命名相关打印样式表以 ".stb" 为文件扩展名保存。该表包括一系列已命名的打印样式，可修改打印样式的设置及其名称，还可添加新的样式。若当前图形文件与命名相关打印样式表相连，则用户可以不考虑对象颜色，直接给对象指定样式表中的任意一种打印样式。

在"名称"下拉列表中包含了当前图形中所有打印样式表，用户可选择其中之一。若要修改打印样式，可单击此下拉列表右边的⬜按钮，打开"打印样式表编辑器"对话框。利用该对话框可查看或改变当前打印样式表中的参数。

选取菜单命令"文件"/"打印样式管理器"，打开"plot styles"文件夹。该文件夹中包含打印样式文件及创建新打印样式快捷方式，单击此快捷方式就能创建新打印样式。

AutoCAD 新建的图形处于"颜色相关"模式或"命名相关"模式下，这和创建图形时选择的样板文件有关。若是采用无样板方式新建图形，则可事先设置新图形的打印样式模式。发出 OPTIONS 命令，系统打开"选项"对话框，进入"打印和发布"选项卡，再单击 打印样式表设置(S)... 按钮，打开"打印样式表设置"对话框，如图 13-6 所示。通过该对话框设置新图形的默认打印样式模式。当选择"使用命名打印样式"单选项并指定打印样式表后，还可从样式表中选取对象或图层 0 所采用的默认打印样式。

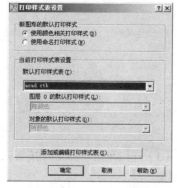

图 13-6　"打印样式表设置"对话框

13.2.3 选择图纸幅面

在"打印"对话框的"图纸尺寸"下拉列表中指定图纸大小，如图 13-7 所示。"图纸尺寸"下拉列表中包含了选定打印设备可用的标准图纸尺寸。当选择某种幅面图纸时，该列表右上角出现所选图纸及实际打印范围的预览图像（打印范围用阴影表示出来，可在"打印区域"中设置）。将鼠标光标移到图像上面，在鼠标光标位置处就显示精确的图纸尺寸及图纸上可打印区域的尺寸。

除了从"图纸尺寸"下拉列表中选择标准图纸外，用户也可以创建自定义的图纸。此时，用户需修改所选打印设备的配置。

【练习 13-2】 创建自定义图纸。

（1）在"打印"对话框的"打印机/绘图仪"分组框中单击 特性(R)... 按钮，打开"绘图仪配置编辑器"对话框，在"设备和文档设置"选项卡中选择"自定义图纸尺寸"选项，如图 13-8 所示。

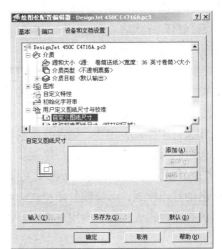

图 13-7 "图纸尺寸"下拉列表　　　图 13-8 在"绘图仪配置编辑器"对话框中自定义图纸尺寸

（2）单击 添加(A)... 按钮，打开"自定义图纸尺寸"对话框，如图 13-9 所示。

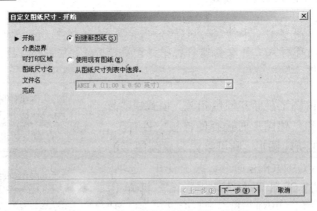

图 13-9 "自定义图纸尺寸"对话框

（3）连续单击 下一步(N) > 按钮，并根据 AutoCAD 的提示设置图纸参数，最后单击 完成(F) 按钮结束。

（4）返回"打印"对话框，AutoCAD 将在"图纸尺寸"下拉列表中显示自定义图纸尺寸。

13.2.4　设置打印区域

在"打印"对话框的"打印区域"分组框中设置要输出的图形范围，如图 13-10 所示。

"打印范围"下拉列表中包含 4 个选项，用户可利用如图 13-11 所示图样了解它们的功能。

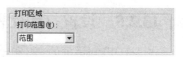

图 13-10　"打印区域"分组框

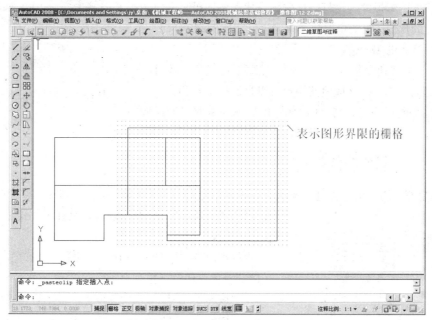

图 13-11　设置打印区域

在"草图设置"对话框中关闭选项"自适应栅格"及"显示超出界线的栅格"，才出现如图 13-11 所示的栅格。

- "图形界限"：从模型空间打印时，"打印范围"下拉列表将列出"图形界限"选项。选取该选项，系统就把设置的图形界限范围（用 LIMITS 命令设置图形界限）打印在图纸上，结果如图 13-12 所示。

从图纸空间打印时，"打印范围"下拉列表将列出"布局"选项。选取该选项，系统将打印虚拟图纸可打印区域内的所有内容。

- "范围"：打印图样中所有图形对象，结果如图 13-13 所示。
- "显示"：打印整个绘图窗口，打印结果如图 13-14 所示。

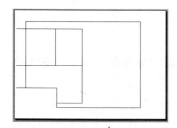

图 13-12　"图形界限"选项打印

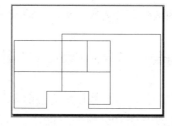

图 13-13　"范围"选项打印

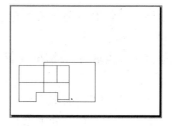

图 13-14　"显示"选项打印

● "窗口"：打印用户自己设置的区域。选择此选项后，系统提示指定打印区域的两个角点，同时在"打印"对话框中显示 按钮，单击此按钮，可重新设置打印区域。

13.2.5　设置打印比例

在"打印"对话框的"打印比例"分组框中设置出图比例，如图 13-15 所示。绘制阶段用户根据实物按 1∶1 比例绘图，出图阶段需依据图纸尺寸确定打印比例，该比例是图纸尺寸单位与图形单位的比值。当测量单位是毫米，打印比例设定为 1∶2 时，表示图纸上的 1mm 代表两个图形单位。

"比例"下拉列表包含了一系列标准缩放比例值。此外，还有"自定义"选项，该选项使用户可以自己指定打印比例。

从模型空间打印时，"打印比例"的默认设置是"布满图纸"。此时，系统将缩放图形以充满所选定的图纸。

图 13-15　"打印比例"分组框

13.2.6　设置着色打印

"着色打印"用于指定着色图及渲染图的打印方式，并可设定它们的分辨率。在"打印"对话框的"着色视口选项"分组框中设置着色打印方式，如图 13-16 所示。

"着色视口选项"分组框中包含以下 3 个选项。

1. "着色打印"下拉列表

● "按显示"：按对象在屏幕上的显示进行打印。

● "线框"：按线框方式打印对象，不考虑其在屏幕上的显示情况。

图 13-16　"着色视口选项"分组框

● "消隐"：打印对象时消除隐藏线，不考虑其在屏幕上的显示情况。

● "三维隐藏"：按"三维隐藏"视觉样式打印对象，不考虑其在屏幕上的显示方式。

● "三维线框"：按"三维线框"视觉样式打印对象，不考虑其在屏幕上的显示方式。

● "概念"：按"概念"视觉样式打印对象，不考虑其在屏幕上的显示方式。

● "真实"：按"真实"视觉样式打印对象，不考虑其在屏幕上的显示方式。

● "渲染"：按渲染方式打印对象，不考虑其在屏幕上的显示方式。

2. "质量"下拉列表

● "草稿"：将渲染及着色图按线框方式打印。

● "预览"：将渲染及着色图的打印分辨率设置为当前设备分辨率的四分之一，DPI 的最大值为"150"。

● "常规"：将渲染及着色图的打印分辨率设置为当前设备分辨率的二分之一，DPI 的最大值为"300"。

● "演示"：将渲染及着色图的打印分辨率设置为当前设备的分辨率，DPI 的最大值为"600"。

● "最大"：将渲染及着色图的打印分辨率设置为当前设备的分辨率。

● "自定义"：将渲染及着色图的打印分辨率设置为"DPI"框中用户指定的分辨率，最大可为当前设备的分辨率。

3. DPI

设定打印图像时每英寸的点数，最大值为当前打印设备分辨率的最大值。只有当"质量"下拉列表中选择了"自定义"后，此选项才可用。

13.2.7　调整图形打印方向和位置

图形在图纸上的打印方向通过"图形方向"分组框中的选项进行调整，如图 13-17 所示。该分组框包含一个图标，此图标表明图纸的放置方向，图标中的字母代表图形在图纸上的打印方向。

"图形方向"包含以下 3 个选项。

- "纵向"：图形在图纸上的放置方向是水平的。
- "横向"：图形在图纸上的放置方向是竖直的。
- "反向打印"：使图形颠倒打印，此选项可与"纵向"、"横向"结合使用。

图形在图纸上的打印位置由"打印偏移"确定，如图 13-18 所示。默认情况下，AutoCAD 从图纸左下角打印图形。打印原点处在图纸左下角位置，坐标是（0,0），用户可在"打印偏移"中设置新的打印原点，这样图形在图纸上将沿 x 轴和 y 轴移动。

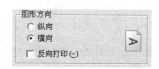

图 13-17　"图形方向"分组框　　　图 13-18　"打印偏移"分组框

该分组框包含以下 3 个选项。

- "居中打印"：在图纸正中间打印图形（自动计算 X 和 Y 的偏移值）。
- "X"：指定打印原点在 x 轴方向的偏移值。
- "Y"：指定打印原点在 y 轴方向的偏移值。

如果用户不能确定打印机如何确定原点，可试着改变一下打印原点的位置并预览打印结果，然后根据图形的移动距离推测原点位置。

13.2.8　预览打印效果

打印参数设置完成后，用户可通过打印预览观察图形的打印效果。如果不合适可重新调整，以免浪费图纸。

单击"打印"对话框下面的 预览(P)... 按钮，AutoCAD 显示实际的打印效果。由于系统要重新生成图形，因此对于复杂图形需耗费较多时间。

预览时鼠标光标变成 "Q+" 形状，用户可以进行实时缩放操作。查看完毕后，按 Esc 键或 Enter 键返回"打印"对话框。

13.2.9　保存打印设置

用户选择打印设备并设置打印参数（图纸幅面、比例和方向等）后，可以将其保存在页面设置中，以便以后使用。

在"打印"对话框"页面设置"分组框的"名称"下拉列表中显示了所有已命名的页面设置。若要保存当前页面设置，可单击该列表右边的 添加(O)... 按钮，打开"添加页面设置"对话框，如图 13-19 所示。在该对话框的"新页面设置名"文本框中输入页面名称，然后单击 确定 按钮，存储页面设置。

用户也可以从其他图形中输入已定义的页面设置。在"页面设置"分组框的"名称"下拉列表中选取"输入"选项，打开"从文件选择页面设置"对话框，选择并打开所需的图形文件，打开"输入页面设置"对话框，如图 13-20 所示。该对话框显示图形文件中包含的页面设置，选择其中之一，单击 确定 按钮完成。

图 13-19　"添加页面设置"对话框　　　　图 13-20　"输入页面设置"对话框

13.3　打印图形实例

前面几节介绍了许多有关打印方面的知识，下面通过一个实例演示打印图形的全过程。

【练习 13-3】　打印图形。

（1）打开素材文件"\dwg\第 13 章\13-3.dwg"。

（2）选取菜单命令"文件" / "打印"，打开"打印"对话框，如图 13-21 所示。

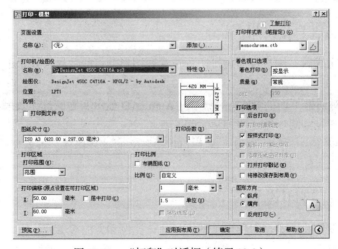

图 13-21　"打印"对话框（练习 13-3）

如果用户想使用以前创建的页面设置，可在"页面设置"分组框的"名称"下拉列表中选择它。

（3）在"打印机/绘图仪"分组框的"名称（M）"下拉列表中指定打印设备。若要修改打印机特性，可单击下拉列表右边的 特性(R)... 按钮，打开"绘图仪配置编辑器"对话框。通过该对话框，用户可修改打印机端口、介质类型，还可自定义图纸大小。

（4）在"打印份数"分组框的文本框中输入打印份数。

（5）如果要将图形输出到文件，则应在"打印机/绘图仪"分组框中选择"打印到文件"复选项。此后，每当用户单击"打印"对话框的 确定 按钮时，AutoCAD 就打开"浏览打印文件"对话框，用户通过该对话框指定输出文件名称及地址。

（6）继续在"打印"对话框中进行以下设置。

- 在"图纸尺寸"下拉列表中选择 A3 图纸。
- 在"打印区域"下拉列表中选择"范围"选项。
- 设置打印比例为 1：1.5。
- 设置图形打印方向为"横向"。
- 指定打印原点为(50，60)。
- 在"打印样式表"分组框的下拉列表中选择打印样式"monochrome.ctb"（将所有颜色打印为黑色）。

（7）单击 预览(P)... 按钮，预览打印效果，如图 13-22 所示。若满意，按 Esc 键返回"打印"对话框，再单击 确定 按钮开始打印。

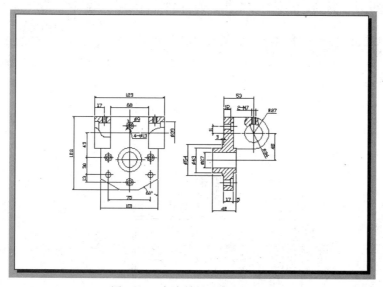

图 13-22　打印效果（练习 13-3）

13.4　将多张图纸布置在一起打印

为了节省图纸，用户常常需要将几个图样布置在一起打印，具体方法如下。

【练习 13-4】　素材文件"\dwg\第 13 章\13-4-A.dwg"和"13-4-B.dwg"都采用 A2 幅面图纸，

绘图比例分别为 1：3、1：4，现将它们布置在一起输出到 A1 幅面的图纸上。

（1）创建一个新文件。

（2）选取菜单命令"插入"/"DWG 参照"，打开"选择参照文件"对话框，找到图形文件"13-4-A.dwg"。单击 打开(O) 按钮，打开"外部参照"对话框，利用该对话框插入图形文件。插入时的缩放比例为 1：1。

（3）用 SCALE 命令缩放图形，缩放比例为 1：3（图样的绘图比例）。

（4）用与第 2、3 步相同的方法插入文件"13-4-B.dwg"，插入时的缩放比例为 1：1。插入图样后，用 SCALE 命令缩放图形，缩放比例为 1：4。

（5）用 MOVE 命令调整图样位置，让其组成 A1 幅面图纸，如图 13-23 所示。

（6）选取菜单命令"文件"/"打印"，打开"打印"对话框，如图 13-24 所示。

在该对话框中进行以下设置。

● 在"打印机/绘图仪"分组框的"名称（M）"下拉列表中选择打印设备"DesignJet 450C C4716A"。

● 在"图纸尺寸"下拉列表中选择 A1 幅面图纸。

● 在"打印样式表"下拉列表中选择打印样式"monochrome.ctb"（将所有颜色打印为黑色）。

● 在"打印区域"下拉列表中选取"范围"选项。

● 在"打印比例"分组框中选取"布满图纸"复选项。

● 在"图形方向"分组框中选取"纵向"单选项。

（7）单击 预览(P)... 按钮，预览打印效果，如图 13-25 所示。若满意，单击 按钮开始打印。

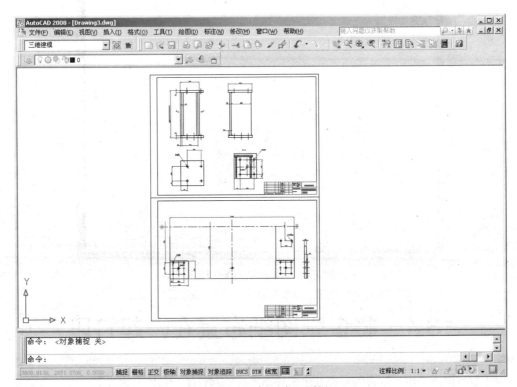

图 13-23　组成 A1 幅面图纸

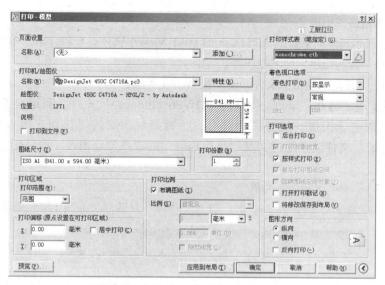

图 13-24 "打印"对话框(练习 13-4)

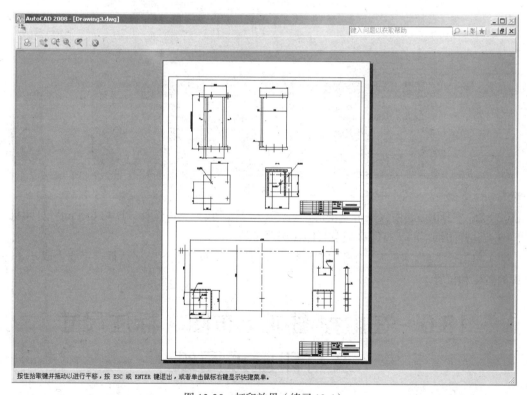

图 13-25 打印效果(练习 13-4)

13.5 创建电子图纸

用户可通过 AutoCAD 的电子打印功能将图形存为 Web 上可用的".dwf"格式文件,这种格式文件具有以下特点。

（1）它是矢量格式图形。

（2）可使用 Internet 浏览器或 AutoDesk 的 DWF Viewer 软件查看和打印，并能对其进行平移和缩放操作，还可控制图层、命名视图等。

（3）".dwf"文件是压缩格式文件，便于在 Web 上传输。

系统提供了用于创建".dwf"文件的"DWF6 ePlot.pc3"文件。利用它可生成针对打印和查看而优化的电子图形，这些图形具有白色背景和图纸边界。用户可以修改预定义的"DWF6 ePlot.pc3"文件或是通过"绘图仪管理器"的"添加绘图仪"向导创建新的".dwf"打印机配置。

【练习 13-5】　创建".dwf"文件。

（1）选取菜单命令"文件"/"打印"，打开"打印"对话框，如图 13-26 所示。

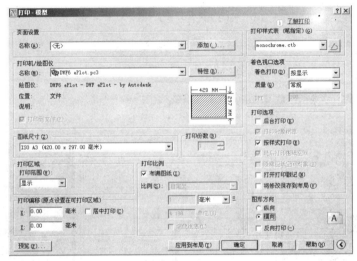

图 13-26　　"打印"对话框（练习 13-5）

（2）在"打印机/绘图仪"分组框的"名称（M）"下拉列表中选择"DWF6 ePlot"打印机。

（3）设置图纸幅面、打印区域及打印比例等参数。

（4）单击 确定 按钮，打开"浏览打印文件"对话框，通过该对话框指定要生成".dwf"文件的名称和位置。

13.6　在虚拟图纸上布图、标注尺寸
及打印虚拟图纸

AutoCAD 提供了两种图形环境：模型空间和图纸空间。模型空间用于绘制图形，图纸空间用于布置图形。进入图纸空间后，图形区出现一张虚拟图纸，用户可设置该图纸的幅面，并能将模型空间中的图形布置在虚拟图纸上。布图的方法是通过浮动视口显现图形，系统一般会自动在图纸上建立一个视口。此外，用户也可通过"视口"工具栏上的 ▢ 按钮创建视口。可以认为视口是虚拟图纸上观察模型空间的一个窗口，该窗口的位置、大小可以调整，图形的缩放比例也可以设置。视口激活后，其所在范围就是一个小的模型空间，在其中可对图形进行各类操作。

在虚拟图纸上布置所需的图形并设置缩放比例后，用户就可标注尺寸及书写文字（注意，一般

不要进入模型空间标注尺寸或书写文字），标注设置为 1，文字高度等于打印在图纸上的实际高度。

以下将介绍在图纸空间布图及出图的方法。

【练习 13-6】　在图纸空间布图及出图。

（1）打开素材文件 "\dwg\第 13 章\" 中的 "13-6.dwg" 及 "13-A3.dwg"。

（2）单击 布局1 按钮，切换至图纸空间，系统显示一张虚拟图纸。利用 Windows 的复制和粘贴功能，将文件 "13-A3.dwg" 中的 A3 幅面图框复制到虚拟图纸上，再调整其位置，如图 13-27 所示。

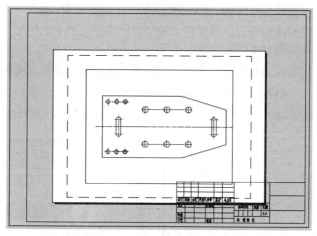

图 13-27　A3 幅面图框（练习 13-6）

（3）将鼠标光标放在 布局1 按钮上，单击鼠标右键，弹出快捷菜单，选取 "页面设置管理器" 选项，打开 "页面设置管理器" 对话框，再单击 修改(M)... 按钮，打开 "页面设置" 对话框，如图 13-28 所示，在该对话框中完成以下设置。

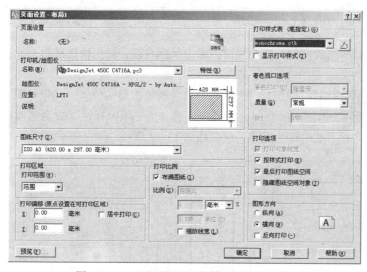

图 13-28　"页面设置" 对话框（练习 13-6）

● 在 "打印机/绘图仪" 分组框的 "名称（M）" 下拉列表中选择打印设备 "DesignJet 450C C4716A"。

● 在 "图纸尺寸" 下拉列表中选择 A3 幅面图纸。

● 在 "打印区域" 下拉列表中选取 "范围" 选项。

- 在"打印比例"分组框中选取"布满图纸"复选项。

- 在"打印偏移"分组框中指定打印原点为(0,0)。

- 在"图形方向"分组框中设置图形打印方向为"横向"。

- 在"打印样式表"分组框的下拉列表中选择打印样式"monochrome.ctb"（将所有颜色打印为黑色）。

（4）单击 确定 按钮，再关闭"页面设置管理器"对话框，在屏幕上出现一张 A3 幅面的图纸，图纸上的虚线代表可打印区域，A3 图框被布置在此区域中，如图 13-29 所示。图框内部的小矩形是系统自动创建的浮动视口，通过这个视口显示模型空间中的图形。用户可复制或移动视口，还可利用编辑命令调整其大小。

（5）创建"视口"层，将矩形视口修改到该层上，然后利用关键点编辑方式调整视口大小。选中视口，在"视口"工具栏上的"视口缩放比例"下拉列表中设置视口缩放比例为 1∶1.5，如图 13-30 所示。视口缩放比例值就是图形布置在图纸上的缩放比例，即绘图比例。

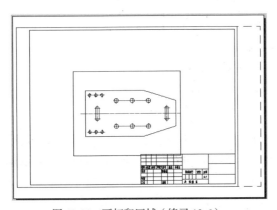

图 13-29 可打印区域（练习 13-6）

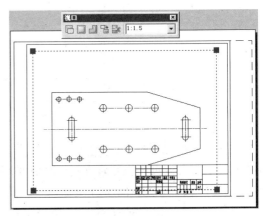

图 13-30 设置视口缩放比例（练习 13-6）

（6）锁定视口的缩放比例。选中视口，单击鼠标右键，弹出快捷菜单，通过此菜单将"显示锁定"设置为"是"。

（7）单击图纸 激活浮动视口，用 MOVE 命令调整图形的位置，结果如图 13-31 所示。

（8）单击模型 ，返回图纸空间，冻结视口层。使"国标标注"成为当前样式，再设置标注全局比例因子为"1"，然后标注尺寸，结果如图 13-32 所示。

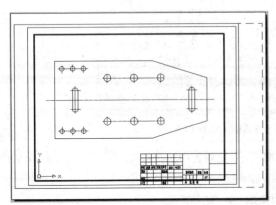

图 13-31 调整图形位置（练习 13-6）

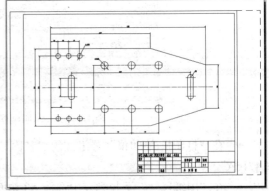

图 13-32 标注尺寸（练习 13-6）

（9）至此，用户已经创建了一张完整的虚拟图纸，接下来就可以从图纸空间打印出图了。打印的效果与虚拟图纸显示的效果是一样的。单击"标准"工具栏上的 按钮，打开"打印"对话框，该对话框列出了新建图纸时已设置的打印参数，单击 确定 按钮开始打印。

13.7 小   结

本章主要介绍了从模型空间出图的基础知识，并通过实例说明了具体的打印步骤，此外，还演示了从图纸空间出图的过程。

打印图形时，用户一般需进行以下设置。

（1）选择打印设备，包括 Windows 系统打印机及 AutoCAD 内部打印机。

（2）指定图幅大小、图纸单位及图形放置方向。

（3）设置打印比例。

（4）设置打印范围，用户可指定图形界限、所有图形对象、某一矩形区域或显示窗口等作为输出区域。

（5）调整图形在图纸上的位置。通过修改打印原点可使图形沿 x 轴、y 轴移动。

（6）预览打印效果。

AutoCAD 提供了模型空间和图纸空间两种图形环境。用户一般是在模型空间中按 1：1 比例作图，绘制完成后，再以放大或缩小的比例打印图形。图纸空间提供了一张"虚拟图纸"，设计人员在这张图纸上布置模型空间的图形并设置缩放比例，出图时，将虚拟图纸用 1：1 比例打印出来。

13.8 习   题

1. 打印图形时一般应设置哪些打印参数？如何设置？

2. 打印图形的主要过程是什么？

3. 当设置完打印参数后，应如何保存以便再次使用？

4. 从模型空间出图时，怎样将不同绘图比例的图纸放在一起打印？

5. 有哪两种类型的打印样式？它们的作用分别是什么？

6. 怎样生成电子图纸？

7. 从图纸空间打印图形的主要过程是什么？

第14章
三维绘图

通过本章的学习，读者可以掌握创建三维实体及曲面的主要命令，了解利用布尔运算构建复杂模型的方法。

14.1 三维建模空间

用户可切换至 AutoCAD 三维工作空间创建三维模型。在"工作空间"工具栏的下拉列表中选择"三维建模"选项或选取菜单命令"工具"/"工作空间"/"三维建模"，即可切换至该空间。

默认情况下，三维建模空间包含"标准"工具栏、"图层"工具栏、"工作空间"工具栏及三维建模"面板"。"面板"是一种特殊形式的选项板，选取菜单命令"工具"/"选项板"/"面板"即可打开或关闭它。"面板"由二维绘制控制台（三维工作空间中隐藏）、三维制作控制台、三维导航控制台、视觉样式控制台、材质控制台、光源控制台、渲染控制台及图层控制台等组成，如图 14-1 所示。这些控制台提供了三维建模常用的工具按钮及相关控件，使用户可以方便地进行建模、观察及渲染等工作。

每个控制台左侧的大图标称为控制台图标，将鼠标光标移动到相应的图标附近，就会显示控制台的名称及箭头 ⌄，单击该图标或箭头即可展开控制台面板。每次仅显示一个滑出面板，新展开一个滑出面板后，之前打开的滑出面板将自动关闭。在单击控制台图标时，除展开面板外还将

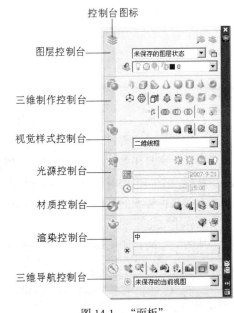

图 14-1　"面板"

弹出与控制台关联的工具选项板组，如三维制作或材质选项板组等。这些选项板组是可以设置的，用鼠标右键单击控制台，弹出快捷菜单，利用"工具选项板组"选项指定与控制台关联的选项板组或设置为"无"。

用户可以改变面板中控制台的数量，用鼠标右键单击面板，弹出快捷菜单，通过该菜单中"控制台"选项即可打开或关闭某一控制台。

14.2　观察三维模型

绘制三维图形的过程中常需要从不同方向观察图形。当用户设置某个查看方向后，AutoCAD 就显示对应的 3D 视图，具有立体感的 3D 图将有助于正确理解模型的空间结构。二维绘图时，AutoCAD 的默认视图是 *xy* 平面视图，这时观察点位于 *z* 轴上，观察方向与 *z* 轴重合，因而用户看不见物体的高度，所见的视图是模型在 *xy* 平面内的视图。

三维建模"面板"的三维导航控制台及视觉样式控制台提供了观察模型的命令按钮及控件，前一个控制台主要用于设置观察方向，后一个控制台用于指定模型的显示方式，下面介绍这两个控制台的主要功能。

14.2.1　用标准视点观察 3D 模型

任何三维模型都可以从任意一个方向观察，三维导航控制台的视图控制下拉列表提供了 10 种标准视点，如图 14-2 所示。通过这些视点就能获得 3D 对象的 10 种视图，如前视图、后视图、左视图及东南轴测图等。

标准视点是相对于某个基准坐标系（世界坐标系或用户创建的坐标系）设置的，基准坐标系不同，则所得视图也是不同的。

用户可在"视图管理器"对话框中指定基准坐标系。选择"视图"/"命名视图"选项，打开"视图管理器"对话框，该对话框左边的列表框中列出了预设的标准正交视图名称，这些视图所采用的基准坐标系可在"设定相对于"下拉列表中选择，如图 14-3 所示。

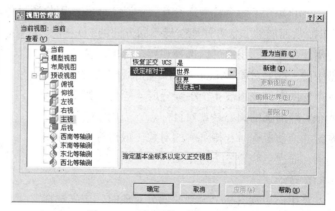

图 14-2　三维导航控制台　　　　图 14-3　"视图管理器"对话框

【练习 14-1】　下面通过图 14-4 所示的三维模型来演示标准视点生成的视图。

（1）打开素材文件"\dwg\第 14 章\14-1.dwg"。

（2）选择三维导航控制台"视图控制"下拉列表中的"主视"选项，结果如图 14-5 所示，此图是三维模型的前视图。

（3）选择"视图控制"下拉列表中的"左视"选项，再发出消隐命令 HIDE，结果如图 14-6 所示，此图是三维模型的左视图。

（4）选择"视图控制"下拉列表中的"东南等轴测"选项，然后发出消隐命令 HIDE，结果如图 14-7 所示，此图是三维模型的东南轴测视图。

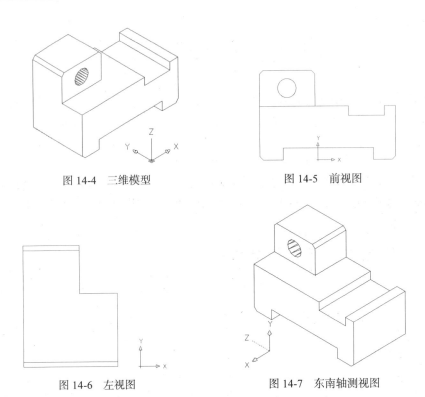

图 14-4　三维模型

图 14-5　前视图

图 14-6　左视图

图 14-7　东南轴测视图

14.2.2　三维动态观察

3DFORBIT 命令将激活交互式的动态视图，用户通过单击并拖动鼠标光标的方法来改变观察方向，从而能够非常方便地获得不同方向的 3D 视图。

使用此命令时，用户可以选择观察全部的对象或是模型中的一部分对象，AutoCAD 围绕待观察的对象形成一个辅助圆，该圆被 4 个小圆分成 4 等份，如图 14-8 所示。辅助圆的圆心是观察目标点，当用户按住鼠标左键并拖动鼠标时，待观察的对象（或目标点）静止不动，而视点绕着 3D 对象旋转，显示结果是视图在不断地转动。

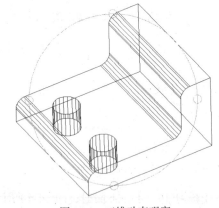

图 14-8　三维动态观察

当用户想观察整个模型的部分对象时，应先选择这些对象，然后启动 3DFORBIT 命令。此时，仅所选对象显示在屏幕上。若其没有处在动态观察器的大圆内，可以单击鼠标右键，选取"范围缩放"选项。

启动 3DFORBIT 命令的方法如下。

- 下拉菜单："视图" / "动态观察" / "自由动态观察"。
- 工具栏："动态观察"工具栏及三维导航控制台的 按钮。

启动 3DFORBIT 命令，AutoCAD 窗口中即会出现一个大圆和 4 个均布的小圆，如图 14-8 所示。当鼠标光标移至圆的不同位置时，其形状将发生变化，不同形状的鼠标光标表明了当前视图的旋转方向。

1. 球形光标

鼠标光标位于辅助圆内时，就变为形状，此时可假想一个球体将目标对象包裹起来。单击并拖动鼠标光标，即可使球体沿光标拖动的方向旋转，因而模型视图也就旋转起来。

2. 圆形光标

移动鼠标光标到辅助圆外，光标就变为形状，按住鼠标左键并将鼠标光标沿辅助圆拖动，即可使 3D 视图旋转，旋转轴垂直于屏幕并通过辅助圆心。

3. 水平椭圆形光标

当把鼠标光标移动到左、右小圆的位置时，光标就变为形状。单击并拖动鼠标光标即可使视图绕着一个铅垂轴线转动，此旋转轴线经过辅助圆心。

4. 竖直椭圆形光标

将鼠标光标移动到上、下两个小圆的位置时，光标就变为形状。单击并拖动鼠标光标即可使视图绕着一个水平轴线转动，此旋转轴线经过辅助圆心。

当 3DFORBIT 命令激活时，单击鼠标右键，弹出快捷菜单，如图 14-9 所示。

此菜单中常用选项的功能如下。

- "其他导航模式"：对三维视图执行平移、缩放操作。
- "平行"：激活平行投影模式。
- "透视"：激活透视投影模式，透视图与眼睛观察到的图像极为接近。
- "视觉样式"：提供了以下模型显示方式。

"三维隐藏"：用三维线框表示模型并隐藏不可见线条。

"三维线框"：用直线和曲线表示模型。

"概念"：着色对象，效果缺乏真实感，但可以清晰地显示模型细节。

图 14-9 快捷菜单

"真实"：对模型表面进行着色，显示已附着于对象的材质。

14.2.3 利用相机视图观察模型

可以将虚拟相机放置在三维空间中创建相机视图。单击三维导航控制台上的按钮，启动创建相机视图命令，首先设置相机的位置，再指定观察点的位置，即可生成相机视图。默认视图名称为"相机 1"。该名称显示在三维导航控制台的"视图控制"下拉列表中，选中它即可切换到相机视图。

若要修改虚拟相机的特性，如焦距、视野等，可单击三维导航控制台上的按钮，使虚拟相机轮廓变为可见，选择模型，显示相机关键点及"相机预览"对话框，如图 14-10 所示。选中并拖动关键点，即可改变相机视野或目标点位置，与此同时对应的相机视图出现在"相机预览"对话框中。

14.2.4 视觉样式

视觉样式用于改变模型在视口中的显示外观，它是一组控制模型显示方式的设置，这些设置包括面设置、环境设置及边设置等。面设置控制视口中面的外观，环境设置控制阴影和背景，边设置控制如何显示边。当选中一种视觉样式时，AutoCAD 在视口中按样式规定的形式显示模型。

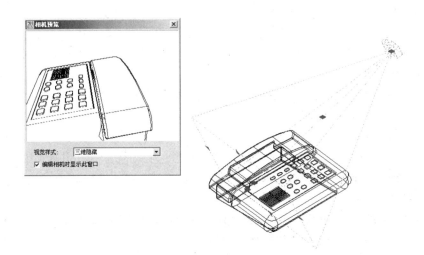

图 14-10   "相机预览"对话框

　　AutoCAD 提供了以下 5 种默认视觉样式，可在三维建模"面板"的视觉样式控制台的"视觉样式"下拉列表中进行选择。

● 二维线框：以线框形式显示对象，光栅图像、线型及线宽均可见，如图 14-11 所示。

● 三维线框：以线框形式显示对象，同时显示着色的 UCS 图标，光栅图像、线型及线宽可见，如图 14-11 所示。

● 三维隐藏：以线框形式显示对象并隐藏不可见线条，光栅图像及线宽可见，线型不可见，如图 14-11 所示。

● 概念：对模型表面进行着色，着色时采用从冷色到暖色的过渡而不是从深色到浅色的过渡。效果缺乏真实感，但可以很清晰地显示模型细节，如图 14-11 所示。

● 真实：对模型表面进行着色，显示已附着于对象的材质。光栅图像、线型及线宽均可见，如图 14-11 所示。

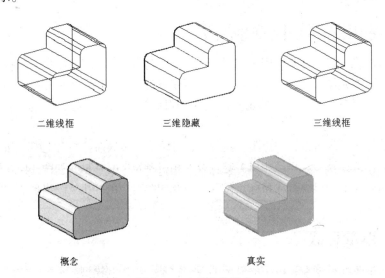

二维线框　　　　　　　　三维隐藏　　　　　　　　三维线框

概念　　　　　　　　　　　　　　真实

图 14-11   5 种视觉样式

　　用户可以修改已有视觉样式或是创建新的视觉样式。单击"视觉样式"控制台中的　按钮，打开"视觉样式管理器"对话框，如图 14-12 所示。通过此对话框可以更改视觉样式的设置或新建视觉样式。该对话框上部列出了所有视觉样式的效果图片，选择其中之一，对话框下部即会列出所选样式的面设置、环境设置及边设置等参数，用户可对这些参数进行修改。

图 14-12　"视觉样式管理器"对话框

14.2.5　快速建立平面视图

PLAN 命令可以生成坐标系的 xy 平面视图，即视点位于坐标系的 z 轴上。该命令在三维建模过程中是非常有用的。例如，当用户想在 3D 空间的某个平面上绘图时，可先以该平面为 xy 坐标面创建新坐标系，然后使用 PLAN 命令使坐标系的 xy 平面视图显示在屏幕上，这样在三维空间的某一平面上绘图就如同绘制一般的二维图一样。

【练习 14-2】　在下面的练习中，用 PLAN 命令建立 3D 对象的平面视图。

（1）打开素材文件"\dwg\第 14 章\14-2.dwg"。

（2）利用 UCS 命令建立用户坐标系，关于此命令的用法详见 14.3 节。

```
命令: ucs                              //键入 UCS 命令
指定 UCS 的原点或 [面(F)/命名(NA)/对象(OB)/上一个(P)/视图(V)/世界(W)/X/Y/Z/Z 轴(ZA)] <世界>:
                                       //捕捉端点 A，如图 14-13 所示
指定 X 轴上的点或 <接受>:               //捕捉端点 B
指定 XY 平面上的点或 <接受>:            //捕捉端点 C
```

结果如图 14-13 所示。

（3）创建平面视图。

```
命令: plan                             //键入 PLAN 命令
输入选项 [当前 UCS(C)/UCS(U)/世界(W)] <当前 UCS>:   //按 Enter 键
```

结果如图 14-14 所示。

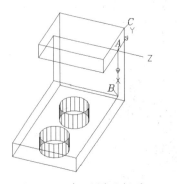
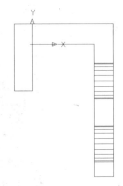

图 14-13　建立用户坐标系　　　　图 14-14　平面视图

14.2.6　平行投影模式及透视投影模式

AutoCAD 图形窗口中的投影模式或是平行投影模式或是透视投影模式。前者投影线相互平行，后者投影线相交于投射中心。平行投影视图能反映出物体主要部分的真实大小和比例关系。透视模式与眼睛观察物体的方式类似，此时物体显示的特点是近大远小，视图具有较强的深度感和距离感。当观察点与目标距离接近时，透视投影模式的效果更明显。

图 14-15 中显示的是平行投影图与透视投影图。单击三维导航控制台上的 ◻ 按钮切换到平行投影模式，单击 ◻ 按钮可切换到透视投影模式。

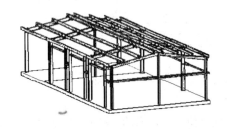
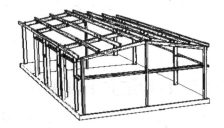

平行投影图　　　　　　　　　　　　　透视投影图

图 14-15　平行投影图及透视投影图

14.3　用户坐标系及动态用户坐标系

默认情况下，AutoCAD 坐标系统是世界坐标系，该坐标系是一个固定坐标系。用户也可在三维空间中建立自己的坐标系（UCS），该坐标系是一个可变动的坐标系，坐标轴正向按右手螺旋法则确定。三维绘图时，UCS 坐标系特别有用，因为用户可以在任意位置、沿任何方向建立 UCS，从而使得三维作图变得更加容易。

除用 UCS 命令改变坐标系外，也可打开动态 UCS 功能，使 UCS 坐标系的 xy 平面在绘图过程中自动与某一平面对齐。按 F6 键或按下状态栏上的 ᴅᴜᴄs 按钮，就打开动态 UCS 功能。启动二维或三维绘图命令，将鼠标光标移动到要绘图的实体面，该实体面亮显，表明坐标系的 xy 平面临时与实体面对齐，绘制的对象将处于此面内。绘图完成后，UCS 坐标系又返回原来状态。

　　AutoCAD 多数 2D 命令只能在当前坐标系的 *xy* 平面或与 *xy* 平面平行的平面内执行，若用户想在空间的某一平面内使用 2D 命令，则应沿此平面位置创建新的 UCS。

【练习 14-3】　在三维空间中创建坐标系。

（1）打开素材文件"\dwg\第 14 章\14-3.dwg"。

（2）改变坐标原点。

```
命令: ucs                                              //键入 UCS 命令
指定 UCS 的原点或 [面(F)/命名(NA)/对象(OB)/上一个(P)/视图(V)/世界(W)/X/Y/Z/Z 轴(ZA)] <世界>:
                                                       //捕捉 A 点, 如图 14-16 所示
指定 X 轴上的点或 <接受>:                               //按 Enter 键
```

结果如图 14-16 所示。

（3）将 UCS 坐标系绕 *x* 轴旋转 90°。

```
命令: ucs
指定 UCS 的原点或 [面(F)/X/Y/Z/Z 轴(ZA)] <世界>: x     //使用"X"选项
指定绕 X 轴的旋转角度 <90>: 90                          //输入旋转角度
```

结果如图 14-17 所示。

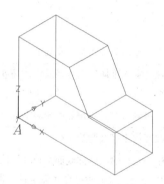

图 14-16　改变坐标原点

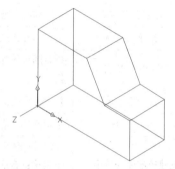

图 14-17　坐标系绕 *x* 轴旋转 90°

（4）利用三点定义新坐标系。

```
命令: ucs
指定 UCS 的原点或 <世界>:                               //捕捉 B 点
指定 X 轴上的点或 <接受>:                               //捕捉 C 点
指定 XY 平面上的点或 <接受>:                            //捕捉 D 点
```

结果如图 14-18 所示。

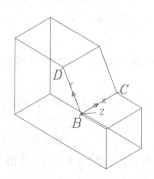

图 14-18　用三点定义坐标系

14.4 创建三维实体和曲面

创建三维实体和曲面的主要工具都包含在"建模"工具栏及"三维制作控制台"中，利用这些工具可以创建圆柱体、球体及锥体等基本立体，此外，还可拉伸、旋转、扫掠及放样 2D 对象形成三维实体和曲面。

14.4.1 三维基本立体

AutoCAD 能生成长方体、球体、圆柱体、圆锥体、楔形体以及圆环体等基本立体，"建模"工具栏及"三维制作控制台"包含了创建这些立体的命令按钮，表 14-1 列出了这些按钮的功能及操作时要输入的主要参数。

表 14-1　　　　　　　　　　　　创建基本立体的命令按钮

按　钮	功　　能	输　入　参　数
	创建长方体	指定长方体的一个角点，再输入另一角点的相对坐标
	创建球体	指定球心，输入球半径
	创建圆柱体	指定圆柱体底面的中心点，输入圆柱体半径及高度
	创建圆锥体及圆锥台	指定圆锥体底面的中心点，输入锥体底面半径及锥体高度 指定圆锥台底面的中心点，输入锥台底面半径、顶面半径及锥台高度
	创建楔形体	指定楔形体的一个角点，再输入另一对角点的相对坐标
	创建圆环	指定圆环中心点，输入圆环体半径及圆管半径
	创建棱锥体及棱锥台	指定棱锥体底面边数及中心点，输入锥体底面半径及锥体高度 指定棱锥台底面边数及中心点，输入棱锥台底面半径、顶面半径及棱锥台高度

创建长方体或其他基本立体时，也可通过单击一点设置参数的方式进行绘制。当 AutoCAD 提示输入相关数据时，用户移动鼠标光标到适当位置，然后单击一点，在此过程中，立体的外观将显示出来，便于用户初步确定立体形状。绘制完成后，可用 PROPERTIES 命令显示立体尺寸，并可对其修改。

【练习 14-4】　创建长方体及圆柱体。

（1）进入三维建模工作空间。选择三维导航控制台"视图控制"下拉列表中的"东南等轴测"选项，切换到东南等轴测视图。再通过视觉样式控制台的"视觉样式"下拉列表设置当前模型显示方式为"二维线框"。

（2）单击"建模"工具栏或三维制作控制台上的 按钮，AutoCAD 提示如下：

命令: _box
指定第一个角点或 [中心(C)]: 　　　　　　　//指定长方体角点 A，如图 14-19 所示
指定其他角点或 [立方体(C)/长度(L)]: @100,200,300
　　　　　　　　　　　　　　　　　　//输入另一角点 B 的相对坐标，如图 14-19 所示

（3）单击"建模"工具栏或三维制作控制台上的 按钮，AutoCAD 提示如下：

命令: _cylinder

指定底面的中心点或 [三点(3P)/两点(2P)/相切、相切、半径(T)/椭圆(E)]:

　　　　　　　　　　　　　　　　　　　　　　　//指定圆柱体底圆中心，如图 14-19 所示

指定底面半径或 [直径(D)] <80.0000>: 80　　　　　//输入圆柱体半径

指定高度或 [两点(2P)/轴端点(A)] <300.0000>: 300　　　//输入圆柱体高度

结果如图 14-19 所示。

（4）改变实体表面网格线的密度。

命令: isolines

输入 ISOLINES 的新值 <4>: 40　　　　　　　　//设置实体表面网格线的数量，详见 14.4.11 小节

选择菜单命令"视图"/"重生成"，重新生成模型，实体表面网格线变得更加密集。

（5）控制实体消隐后表面网格线的密度。

命令: facetres

输入 FACETRES 的新值 <0.5000>: 5　　　　　　//设置实体消隐后的网格线密度，详见 14.4.11 小节

启动 HIDE 命令，结果如图 14-19 所示。

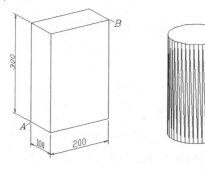

图 14-19　长方体及圆柱体

14.4.2　多段体

使用 POLYSOLID 命令可以像绘制连续折线或绘制多段线一样创建实体，该实体被称为"多段体"。它看起来是由矩形薄板及圆弧形薄板组成，板的高度和厚度可以设定。此外，还可利用该命令将已有的直线、圆弧及二维多段线等对象创建成多段体。

【练习 14-5】　练习使用 POLYSOLID 命令。

（1）打开素材文件 "\dwg\第 14 章\14-5.dwg"。

（2）将坐标系绕 x 轴旋转 90°，打开极轴追踪、对象捕捉极自动追踪功能，用 POLYSOLID 命令创建实体。

单击"建模"工具栏或三维制作控制台上的 ▨ 按钮，启动创建多段体命令。

命令: _Polysolid 指定起点或 [对象(O)/高度(H)/宽度(W)/对正(J)] <对象>: h

　　　　　　　　　　　　　　　　　　　//使用"高度(H)"选项

指定高度 <260.0000>: 260　　　　　　　//输入多段体的高度

指定起点或 [对象(O)/高度(H)/宽度(W)/对正(J)] <对象>: w　　//使用"宽度(W)"选项

指定宽度 <30.0000>: 30　　　　　　　//输入多段体的宽度

指定起点或 [对象(O)/高度(H)/宽度(W)/对正(J)] <对象>: j　　//使用"对正(J)"选项

输入对正方式 [左对正(L)/居中(C)/右对正(R)] <居中>: c　　//使用"居中(C)"选项

指定起点或 [对象(O)/高度(H)/宽度(W)/对正(J)] <对象>: mid 于

　　　　　　　　　　　　　　　　　//捕捉中点 A，如图 12-20 所示

指定下一个点或 [圆弧(A)/放弃(U)]: 100	//向下追踪并输入追踪距离
指定下一个点或 [圆弧(A)/放弃(U)]: a	//切换到圆弧模式
指定圆弧的端点或 [闭合(C)/方向(D)/直线(L)/第二个点(S)/放弃(U)]: 220	
	//沿 x 轴方向追踪并输入追踪距离
指定圆弧的端点或 [闭合(C)/方向(D)/直线(L)/第二个点(S)/放弃(U)]: l	
	//切换到直线模式
指定下一个点或 [圆弧(A)/闭合(C)/放弃(U)]: 150	//向上追踪并输入追踪距离
指定下一个点或 [圆弧(A)/闭合(C)/放弃(U)]:	//按 Enter 键结束

结果如图 14-20 所示。

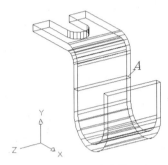

图 14-20　多段体

对 POLYSOLID 命令的选项说明如下。

- 对象：将直线、圆弧、圆及二维多段线转化为实体。
- 高度：设置实体沿当前坐标系 z 轴的高度。
- 宽度：指定实体宽度。
- 对正：设置光标在实体宽度方向的位置。该选项包含"圆弧"子选项，可用于创建圆弧形多段体。

14.4.3　将二维对象拉伸成实体或曲面

EXTRUD 命令可以拉伸二维对象以生成 3D 实体或曲面。若拉伸闭合对象，则生成实体，否则生成曲面。操作时，可指定拉伸高度值及拉伸对象的锥角，还可沿某一直线或曲线路径进行拉伸。

EXTRUD 命令可以拉伸的对象及路径如表 14-2 所示。

表 14-2　　　　　　　　　　　　　　　　拉伸对象及路径

拉 伸 对 象	拉 伸 路 径
直线、圆弧、椭圆弧	直线、圆弧、椭圆弧
二维多段线	二维及三维多段线
二维样条曲线	二维及三维样条曲线
面域	螺旋线
实体上的平面	实体及曲面的边

实体的面、边及顶点是实体的子对象，按住 Ctrl 键即可选择这些子对象。

【练习 14-6】　练习使用 EXTRUDE 命令。

（1）打开素材文件"\dwg\第 14 章\14-6.dwg"，用 EXTRUDE 命令创建实体。

（2）将图形 A 创建成面域，再将连续线 B 编辑成一条多段线，如图 14-21 所示。

（3）用 EXTRUDE 命令拉伸面域及多段线，形成实体和曲面。

单击"建模"工具栏或三维制作控制台上的按钮，启动 EXTRUDE 命令。

```
命令: _extrude
选择要拉伸的对象: 找到 1 个                            //选择面域
选择要拉伸的对象:                                     //按 Enter 键
指定拉伸的高度或 [方向(D)/路径(P)/倾斜角(T)] <262.2213>: 260
                                                    //输入拉伸高度
命令:EXTRUDE                                         //重复命令
选择要拉伸的对象: 找到 1 个                            //选择多段线
选择要拉伸的对象:                                     //按 Enter 键
指定拉伸的高度或 [方向(D)/路径(P)/倾斜角(T)] <260.0000>: p
                                                    //使用"路径(P)"选项
选择拉伸路径或 [倾斜角]:                               //选择样条曲线 C
```

结果如图 14-21 右图所示。

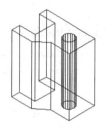

图 14-21　拉伸二维对象生成 3D 实体或曲面

> **要点提示**　系统变量 SURFU 和 SURFV 控制曲面上素线的密度。选中曲面，启动 PROPERTIES 命令，该命令将列出这两个系统变量的值，修改相应的值，曲面上素线的数量即会发生变化。

对 EXTRUDE 命令的选项说明如下。

● 指定拉伸的高度：如果输入正的拉伸高度，则使对象沿 z 轴正向拉伸；若输入负值，则 AutoCAD 沿 z 轴负向拉伸。当对象不在坐标系 xy 平面内时，将沿该对象所在平面的法线方向拉伸对象。

● 方向：指定两点，两点的连线表明拉伸方向和距离。

● 路径：沿指定路径拉伸对象形成实体或曲面。拉伸时，路径被移动到轮廓的形心位置。路径不能与拉伸对象在同一个平面内，也不能具有较大曲率的区域，否则，有可能在拉伸过程中产生自相交情况。

● 倾斜角：当 AutoCAD 提示"指定拉伸的倾斜角度<0>:"时，输入正的拉伸倾角表示从基准对象逐渐变细地拉伸，输入负角度值则表示从基准对象逐渐变粗地拉伸，如图 14-22 所示。用户要注意拉伸斜角不能太大，若拉伸实体截面在到达拉伸高度前已经变成一个点，那么 AutoCAD 将提示不能进行拉伸。

拉伸斜角为5°　　　　　　　拉伸斜角为-5°

图 14-22　拉伸倾斜角度

14.4.4　旋转二维对象形成实体或曲面

REVOLVE 命令可以旋转二维对象以生成 3D 实体。若二维对象是闭合的，则生成实体，否则生成曲面。用户通过选择直线、指定两点或 x 轴、y 轴来确定旋转轴。

REVCLVE 命令可以旋转以下二维对象。

- 直线、圆弧、椭圆弧。
- 二维多段线，二维样条曲线。
- 面域，实体上的平面。

【练习 14-7】　练习使用 REVOLVE 命令。

打开素材文件 "\dwg\第 14 章\14-7.dwg"，用 REVOLVE 命令创建实体。

单击"建模"工具栏或三维制作控制台上的 🔄 按钮，启动 REVOLVE 命令。

命令: _revolve

选择要旋转的对象: 找到 1 个　　　//选择要旋转的对象，该对象是面域，如图 14-23 左图所示

选择要旋转的对象:　　　　　　　　　　　　　　　//按 Enter 键

指定轴起点或根据以下选项之一定义轴 [对象(O)/X/Y/Z] <对象>: //捕捉端点 A

指定轴端点:　　　　　　　　　　　　　　　　//捕捉端点 B

指定旋转角度或 [起点角度(ST)] <360>: st　　　　　//使用"起点角度(ST)"选项

指定起点角度 <0.0>: -30　　　　　　　　　　//输入回转起始角度

指定旋转角度 <360>: 210　　　　　　　　　　//输入回转角度

再启动 HIDE 命令，结果如图 14-23 右图所示。

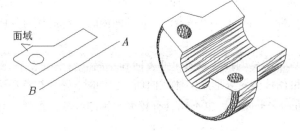

图 14-23　旋转二维对象生成 3D 实体

若拾取两点指定旋转轴，则轴的正向是从第一点指向第二点，旋转角的正方向按右手螺旋法则确定。

对 REVOLVE 命令的选项说明如下。

- 对象：选择直线或实体的线性边作为旋转轴，轴的正方向是从拾取点指向最远端点。
- X、Y、Z：使用当前坐标系的 x 轴、y 轴、z 轴作为旋转轴。
- 起点角度：指定旋转起始位置与旋转对象所在平面的夹角，角度的正向以右手螺旋法则确定。

要点提示 使用 EXTRUDE、REVOLVE 命令时，如果要保留原始的线框对象，应设置系统变量 DELOBJ 等于 "0"。

14.4.5 通过扫掠创建实体或曲面

SWEEP 命令可以将平面轮廓沿二维或三维路径进行扫掠以形成实体或曲面。若二维轮廓是闭合的，则生成实体，否则生成曲面。扫掠时，轮廓一般会被移动并被调整到与路径垂直的方向。默认情况下，轮廓形心将与路径起始点对齐，但也可指定轮廓的其他点作为扫掠对齐点。

扫掠时可选择的轮廓对象及路径如表 14-3 所示。

表 14-3 扫掠轮廓及路径

轮 廓 对 象	扫 掠 路 径
直线、圆弧、椭圆弧	直线、圆弧、椭圆弧
二维多段线	二维及三维多段线
二维样条曲线	二维及三维样条曲线
面域	螺旋线
实体上的平面	实体及曲面的边

【练习 14-8】 练习使用 SWEEP 命令。

（1）打开素材文件 "\dwg\第 14 章\14-8.dwg"。

（2）利用 PEDIT 命令将路径曲线 A 编辑成一条多段线。

（3）用 SWEEP 命令将面域沿路径扫掠。

单击 "建模" 工具栏或三维制作控制台上的 按钮，启动 SWEEP 命令。

命令：_sweep

选择要扫掠的对象：找到 1 个 //选择轮廓面域，如图 14-24 左图所示

选择要扫掠的对象： //按 Enter 键

选择扫掠路径或 [对齐(A)/基点(B)/比例(S)/扭曲(T)]:b //使用 "基点(B)" 选项

指定基点： end 于 //捕捉 B 点

选择扫掠路径或 [对齐(A)/基点(B)/比例(S)/扭曲(T)]: //选择路径曲线 A

启动 HIDE 命令，结果如图 14-24 右图所示。

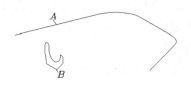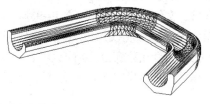

图 14-24 扫掠形成实体或曲面

对 SWEEP 命令选项说明如下。

● 对齐：指定是否将轮廓调整到与路径垂直的方向或是保持原有方向。默认情况下，AutoCAD 将使轮廓与路径垂直。

● 基点：指定扫掠时的基点，该点将与路径起始点对齐。

● 比例：路径起始点处轮廓缩放比例为 1，路径结束处缩放比例为输入值，中间轮廓沿路径连续变化。与选择点靠近的路径端点是路径的起始点。

● 扭曲：设置轮廓沿路径扫掠时的扭转角度，角度值小于 360°。该选项包含"倾斜"子选项，可使轮廓随三维路径自然倾斜。

14.4.6　通过放样创建实体或曲面

LOFT 命令可对一组平面轮廓曲线进行放样以形成实体或曲面。若所有轮廓是闭合的，则生成实体，否则生成曲面，如图 14-25 所示。注意，放样时轮廓线或是全部闭合或是全部开放，不能使用既包含开放轮廓又包含闭合轮廓的选择集。

放样实体或曲面中间轮廓的形状可利用放样路径控制，如图 14-25 左图所示。放样路径始于第一个轮廓所在的平面，终于最后一个轮廓所在的平面。导向曲线是另一种控制放样形状的方法，将轮廓上对应的点通过导向曲线连接起来，使轮廓按预定方式进行变化，如图 14-25 右图所示。轮廓的导向曲线可以有多条，每条导向曲线必须与各轮廓相交，始于第一个轮廓，止于最后一个轮廓。

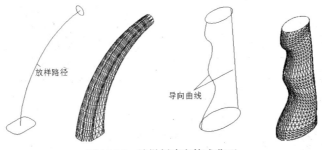

图 14-25　放样创建实体或曲面

放样时可选择的轮廓对象、路径及导向曲线如表 14-4 所示。

表 14-4　　　　　　　　　　　　　　放样轮廓、路径及导向曲线

轮　廓　对　象	路径及导向曲线
直线、圆弧、椭圆弧	直线、圆弧、椭圆弧
面域、二维多段线及二维样条曲线	二维及三维多段线
点对象，仅第一或最后一个放样截面可以是点	二维及三维样条曲线

【练习 14-9】　练习使用 LOFT 命令。

（1）打开素材文件"\dwg\第 14 章\14-9.dwg"。

（2）利用 PEDIT 命令将线条 *A*、*D*、*E* 编辑成多段线，如图 14-26 所示。

（3）用 LOFT 命令在轮廓 *B*、*C* 间放样，路径曲线是 *A*。

单击"建模"工具栏或三维制作控制台上的 按钮，启动 LOFT 命令。

命令: _loft

按放样次序选择横截面:总计 2 个　　　　　　　　　　//选择轮廓 *B*、*C*，如图 14-26 所示

按放样次序选择横截面： //按 Enter 键

输入选项 [导向(G)/路径(P)/仅横截面(C)] <仅横截面>: P

                                      //使用"路径(P)"选项

选择路径曲线： //选择路径曲线 *A*

结果如图 14-26 右图所示。

（4）用 LOFT 命令在轮廓 *F*、*G*、*H*、*I*、*J* 间放样，导向曲线是 *D*、*E*。

命令: _loft

按放样次序选择横截面:总计 5 个 //选择轮廓 *F*、*G*、*H*、*I*、*J*

按放样次序选择横截面： //按 Enter 键

输入选项 [导向(G)/路径(P)/仅横截面(C)] <仅横截面>: G

                                       //使用"导向(G)"选项

选择导向曲线：总计 2 个 //导向曲线是 *D*、*E*

选择导向曲线： //按 Enter 键

结果如图 14-26 右图所示。

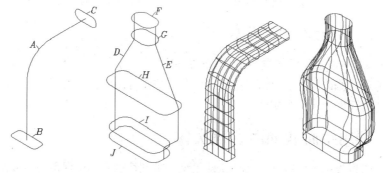

图 14-26 放样创建实体或曲面

对 LOFT 命令的选项说明如下。

● 导向：利用连接各个轮廓的导向曲线控制放样实体或曲面的截面形状。

● 路径：指定放样实体或曲面的路径，路径要与各个轮廓截面相交。

● 仅横截面：选择此选项打开"放样设置"对话框，如图 14-27 所示，通过该对话框控制放样对象表面的变化。

图 14-27 "放样设置"对话框

"放样设置"对话框中各选项的功能如下。

- "直纹"：各轮廓线间是直纹面。
- "平滑拟合"：用平滑曲面连接各轮廓线。
- "法线指向"：下拉列表中的选项用于设置放样对象表面与各轮廓截面是否垂直。
- "拔模斜度"：设置放样对象表面在起始及终止位置处的切线方向与轮廓所在截面的夹角。该角度对放样对象的影响范围由"起点幅值"和"端点幅值"框中的数值决定。

14.4.7 创建平面

使用 PLANESURF 命令可以创建矩形平面或是将闭合线框、面域等对象转化为平面。操作时可一次选取多个对象。

单击"建模"工具栏或三维制作控制台上的 按钮，启动 PLANESURF 命令，AutoCAD 提示"指定第一个角点或 [对象(O)] <对象>:"。可采取以下方式响应提示。

- 指定矩形的对角点创建矩形平面。
- 使用"对象(O)"选项，选择构成封闭区域的一个或多个对象生成平面。

14.4.8 加厚曲面形成实体

THICKEN 命令可以加厚任何类型曲面以形成实体。

选取菜单命令"修改"/"三维操作"/"加厚"，启动 THICKEN 命令，选择要加厚的曲面，再输入厚度值，曲面即会转化为实体。

14.4.9 利用平面或曲面切割实体

SLICE 命令可以根据平面或曲面切开实体模型，被剖切的实体可保留一半或两半都保留。保留部分将保持原实体的图层和颜色特性。剖切方法是先定义切割平面，然后选择需要的部分。用户可通过 3 点来定义切割平面，也可指定当前坐标系 *xy* 平面、*yz* 平面或 *zx* 平面作为切割平面。

【练习 14-10】 练习使用 SLICE 命令。

打开素材文件"\dwg\第 14 章\14-10.dwg"，用 SLICE 命令切割实体。

选取菜单命令"修改"/"三维操作"/"剖切"，启动 SLICE 命令。

命令: _slice
选择要剖切的对象: 找到 1 个   //选择实体，如图 14-28 左图所示
选择要剖切的对象: //按 Enter 键
指定切面的起点或 [平面对象(O)/曲面(S)/Z 轴(Z)/视图(V)/XY/YZ/ZX/三点(3)]<三点>:
                                                    //按 Enter 键，利用 3 点定义剖切平面
指定平面上的第一个点: end 于   //捕捉端点 A
指定平面上的第二个点: mid 于   //捕捉中点 B
指定平面上的第三个点: mid 于   //捕捉中点 C
在所需的侧面上指定点或 [保留两个侧面(B)] <保留两个侧面>://在要保留的那边单击一点
命令:SLICE   //重复命令
选择要剖切的对象: 找到 1 个   //选择实体
选择要剖切的对象: //按 Enter 键
指定 切面 的起点或 [平面对象(O)/曲面(S)/Z 轴(Z)/视图(V)/XY/YZ/ZX/三点(3)] <三点>: s
                                                    //使用"曲面(S)"选项

选择曲面：　　　　　　　　　　　　　　　　　　　//选择曲面

选择要保留的实体或 [保留两个侧面(B)] <保留两个侧面>：　//在要保留的那边单击一点

结果如图 14-28 右图所示。

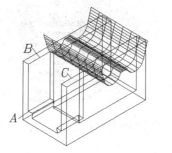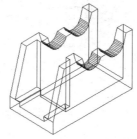

图 14-28　利用曲面切割实体

对 SLICE 命令的选项说明如下。

● 平面对象：用圆、椭圆、圆弧或椭圆弧、二维样条曲线或二维多段线等对象所在平面作为剖切平面。

● 曲面：指定曲面作为剖切面。

● Z 轴：通过指定剖切平面的法线方向来确定剖切平面。

● 视图：剖切平面与当前视图平面平行。

● XY、YZ、ZX：用坐标平面 *xoy*、*yoz* 或 *zox* 剖切实体。

14.4.10　螺旋线、涡状线及弹簧

HELIX 命令可创建螺旋线及涡状线，这些曲线可用作扫掠路径及拉伸路径，从而形成复杂的三维实体。用户用 HELIX 命令绘制螺旋线，再用 SWEEP 命令将圆沿螺旋线扫掠即可创建弹簧的实体模型。

【练习 14-11】　练习使用 HELIX 命令。

（1）打开素材文件 "\dwg\第 14 章\14-11.dwg"。

（2）用 HELIX 命令绘制螺旋线。

单击 "建模" 工具栏或三维制作控制台上的 按钮，启动 HELIX 命令。

命令: _Helix

指定底面的中心点：　　　　　　　　　　　　　　　//指定螺旋线底面中心点

指定底面半径或 [直径(D)] <40.0000>: 40　　　　//输入螺旋线半径值

指定顶面半径或 [直径(D)] <40.0000>:　　　　　//按 Enter 键

指定螺旋高度或 [轴端点(A)/圈数(T)/圈高(H)/扭曲(W)] <100.0000>: h

　　　　　　　　　　　　　　　　　　　　　　　//使用 "圈高(H)" 选项

指定圈间距 <20.0000>: 20　　　　　　　　　　//输入螺距

指定螺旋高度或 [轴端点(A)/圈数(T)/圈高(H)/扭曲(W)] <100.0000>: 100

　　　　　　　　　　　　　　　　　　　　　　　//输入螺旋线高度

结果如图 14-29 左图所示。

若输入螺旋线的高度为 0，则形成涡状线。

（3）用 SWEEP 命令将圆沿螺旋线扫掠形成弹簧，再启动 HIDE 命令，结果如图 14-29 右图所示。

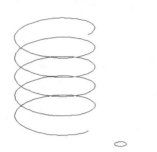

图 14-29　扫掠形成弹簧

对 HELIX 命令的选项说明如下。

● 轴端点(A)：指定螺旋轴端点的位置。螺旋轴的长度及方向表明了螺旋线的高度及倾斜方向。

● 圈数(T)：输入螺旋线的圈数，数值小于 500。

● 圈高(H)：输入螺旋线螺距。

● 扭曲(W)：按顺时针或逆时针方向绘制螺旋线，以第 2 种方式绘制的螺旋线是右旋的。

14.4.11　与实体显示有关的系统变量

与实体显示有关的系统变量有 3 个，ISOLINES、FACETRES 和 DISPSILH，下面分别介绍。

● 系统变量 ISOLINES。此变量用于设置实体表面网格线的数量，如图 14-30 所示。

● 系统变量 FACETRES。用于设置实体消隐或渲染后表面网格密度。此变量值的范围为 0.01～10.0，值越大表明网格越密，消隐或渲染后表面越光滑，如图 14-31 所示。

ISOLINES=10　　　　　ISOLINES=30　　　　　FACETRES=1.0　　　　FACETRES=10.0

图 14-30　系统变量 ISOLINES　　　　　图 14-31　系统变量 FACETRES

● 系统变量 DISPSILH。用于控制消隐时是否显示实体表面网格线。此变量值为 0，显示网格线；为 1 时，则不显示网格线，如图 14-32 所示。

DISPSILH=0　　　　　DISPSILH=1

图 14-32　系统变量 DISPSILH

14.5 利用布尔运算构建复杂实体模型

前面已经学习了如何生成基本三维实体及由二维对象转换得到三维实体。将这些简单实体放在一起，然后进行布尔运算就能构建复杂的三维模型。

布尔运算包括：并集、差集、交集。

1. 并集操作

UNION 命令将两个或多个实体合并在一起形成新的单一实体，操作对象既可以是相交的，也可是分离开的。

【练习 14-12】 并集操作。

打开素材文件"\dwg\第 14 章\14-12.dwg"，用 UNION 命令进行并运算。单击"建模"工具栏或三维制作控制台上的⑩按钮，AutoCAD 提示如下：

```
命令: _union
选择对象: 找到 2 个            //选择圆柱体及长方体, 如图 14-33 左图所示
选择对象:                    //按 Enter 键结束
```

结果如图 14-33 右图所示。

2. 差集操作

SUBTRACT 命令将实体构成的一个选择集从另一选择集中减去。操作时用户首先选择被减对象，构成第一选择集，然后选择要减去的对象，构成第二选择集，操作结果是第一选择集减去第二选择集后形成的新对象。

【练习 14-13】 差集操作。

打开素材文件"14-13.dwg"，用 SUBTRACT 命令进行差运算。单击"建模"工具栏或三维制作控制台上的⑩按钮，AutoCAD 提示如下：

```
命令: _subtract 选择要从中减去的实体或面域...
选择对象: 找到 1 个                    //选择长方体, 如图 14-34 左图所示
选择对象:                            //按 Enter 键
选择要减去的实体或面域 ..
选择对象: 找到 1 个                    //选择圆柱体
选择对象:                            //按 Enter 键结束
```

结果如图 14-34 右图所示。

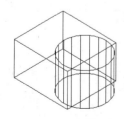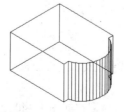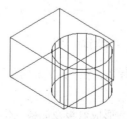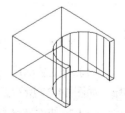

图 14-33　并集操作　　　　　　　　　　图 14-34　差集操作

3. 交集操作

INTERSECT 命令可创建由两个或多个实体重叠部分构成的新实体。

【**练习 14-14**】 交集操作。

打开素材文件"\dwg\第 14 章\14-14.dwg",用 INTERSECT 命令进行交运算。单击"建模"工具栏或三维制作控制台上的⊙按钮，AutoCAD 提示如下：

```
命令: _intersect
选择对象:                          //选择圆柱体和长方体，如图 14-35 左图所示
选择对象:                          //按 Enter 键
```

结果如图 14-35 右图所示。

【**练习 14-15**】 下面绘制如图 14-36 所示支撑架的实体模型，通过这个例子向读者演示三维建模的过程。

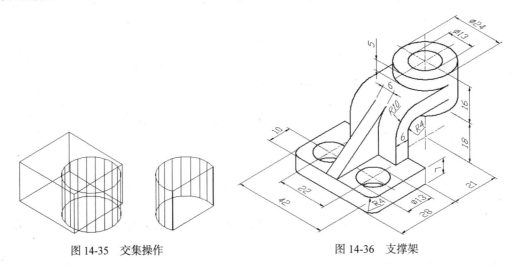

图 14-35　交集操作　　　　　　　　　　　　　图 14-36　支撑架

请读者先观看素材文件"\avi\第 14 章\14-15.avi"，然后按照以下操作步骤练习。

（1）创建一个新图形。

（2）选择三维导航控制台"视图控制"下拉列表的"东南等轴测"选项，切换到东南轴测视图。在 xy 平面绘制底板的轮廓形状，并将其创建成面域，如图 14-37 所示。

（3）拉伸面域以形成底板的实体模型，如图 14-38 所示。

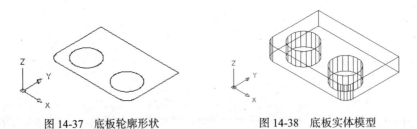

图 14-37　底板轮廓形状　　　　　　　　　图 14-38　底板实体模型

（4）建立新的用户坐标系，在 xy 平面内绘制弯板及三角形筋板的二维轮廓，并将其创建成面域，如图 14-39 所示。

（5）拉伸面域 A 和 B，形成弯板及筋板的实体模型，如图 14-40 所示。

（6）用 MOVE 命令将弯板及筋板移动到正确的位置，如图 14-41 所示。

（7）建立新的用户坐标系，如图 14-42 左图所示，再绘制两个圆柱体 A 和 B，如图 14-42 右图所示。

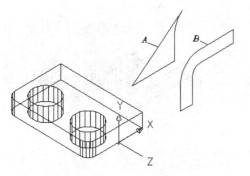

图 14-39　弯板及三角形筋板二维轮廓

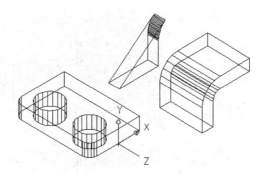

图 14-40　弯板及筋板实体模型

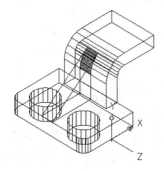

图 14-41　移动弯板及筋板

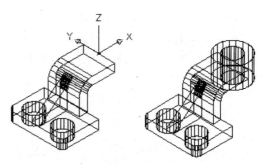

图 14-42　绘制圆柱体 *A* 和 *B*

（8）合并底板、弯板、筋板及大圆柱体，使其成为单一实体，然后从该实体中去除小圆柱体，结果如图 14-43 所示。

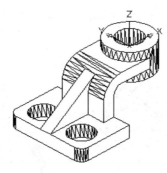

图 14-43　绘制结果

14.6　实体建模综合练习

【练习 14-16】　绘制如图 14-44 所示立体的实体模型。

　　主要作图步骤如图 14-45 所示，详细绘图过程请参见素材文件"\avi\第 14 章\14-16.avi"。

【练习 14-17】　绘制如图 14-46 所示立体的实体模型。

　　主要作图步骤如图 14-47 所示，详细绘图过程请参见素材文件"\avi\第 14 章\14-17.avi"。

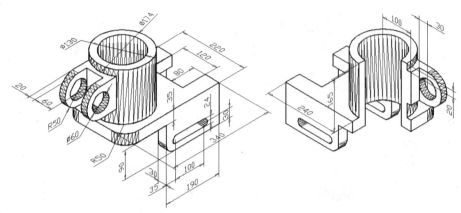

图 14-44　立体实体模型（练习 14-16）

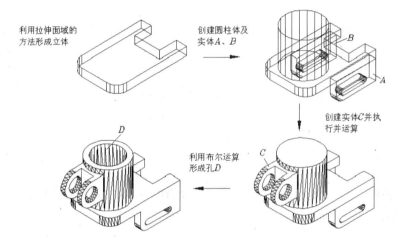

利用拉伸面域的
方法形成立体

创建圆柱体及
实体A、B

创建实体C并执
行并运算

利用布尔运算
形成孔D

图 14-45　主要作图步骤（练习 14-16）

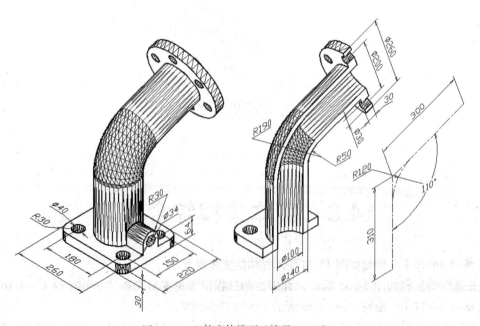

图 14-46　立体实体模型（练习 14-17）

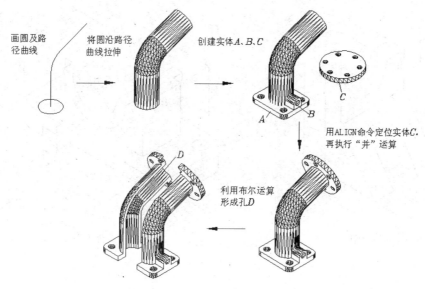

图 14-47　主要作图步骤（练习 14-17）

14.7　小　　结

本章着重介绍了如何创建简单立体的表面及实体模型，并通过实例说明了三维建模的方法，具体内容如下。

- 创建长方体、圆柱体、球体和锥体等基本实体。
- 拉伸或旋转二维对象，从而生成三维实体或曲面。
- 扫掠或放样二维对象，从而生成三维实体或曲面。
- 通过实体间布尔运算构建复杂三维模型。
- 控制实体显示的变量：ISOLENES、FACETRES 和 DISPSILH。

AutoCAD 的三维模型分成线框、曲面和实体 3 类。曲面及实体模型比线框模型具有更多的优点，它们包含了面的信息，可以消隐及渲染，实体模型还具有体积、转动惯量等质量特性。

读者应熟练掌握本章所讲的 3D 绘图命令，并了解用户坐标系及利用布尔运算构建实体模型的方法，这些是创建复杂 3D 模型的基础。

14.8　习　　题

1. 绘制如图 14-48 所示的立体实体模型一。
2. 绘制如图 14-49 所示的立体实体模型二。
3. 绘制如图 14-50 所示的立体实体模型三。
4. 绘制如图 14-51 所示的立体实体模型四。

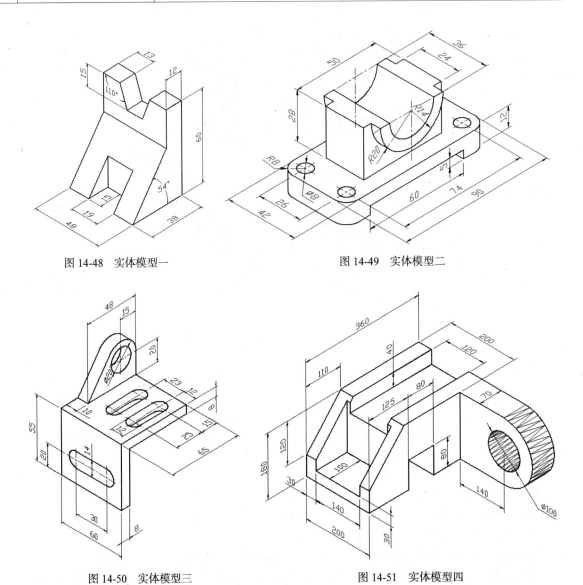

图 14-48　实体模型一

图 14-49　实体模型二

图 14-50　实体模型三

图 14-51　实体模型四

第 15 章
编辑三维图形

通过本章的学习，读者可以掌握编辑三维模型的主要命令，了解利用编辑命令构建复杂模型的技巧。

15.1 三 维 移 动

可以使用 MOVE 命令在三维空间中移动对象，操作方式与在二维空间时一样，只不过当通过输入距离来移动对象时，必须输入沿 x 轴、y 轴或 z 轴的距离值。

AutoCAD 提供了专门用来在三维空间中移动对象的命令 3DMOVE，该命令还能移动实体的面、边及顶点等子对象（按 Ctrl 键可选择子对象）。3DMOVE 命令的操作方式与 MOVE 命令类似，但前者使用起来更形象、直观。

【练习 15-1】　练习使用 3DMOVE 命令。

（1）打开素材文件 "\dwg\第 15 章\15-1.dwg"。

（2）单击"建模"工具栏或三维制作控制台上的 ⊞ 按钮，启动 3DMOVE 命令，将对象 A 由基点 B 移动到第二点 C，再通过输入距离的方式移动对象 D，移动距离为 "40,-50" 结果如图 15-1 所示。

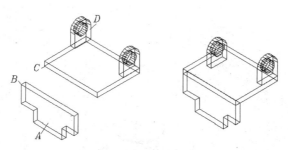

图 15-1　移动对象 A

（3）重复命令，选择对象 E，按 Enter 键，AutoCAD 显示附着在光标上的移动工具，该工具 3 个轴的方向与当前坐标轴的方向一致，如图 15-2 左图所示。

（4）移动鼠标光标到 F 点，并捕捉该点，移动工具就被放置在此点处，如图 15-2 左图所示。

（5）移动鼠标光标到 G 轴上，停留一会儿，显示出移动辅助线。单击鼠标左键确认，物体的移动方向与轴的方向一致。

（6）若将鼠标光标移动到两轴间的短线处，停住直至两条短线变成黄色，则表明移动被限制在两条短线构成的平面内。

（7）移动方向确定后，输入移动距离 50，结果如图 15-2 右图所示。也可通过单击一点移动对象。

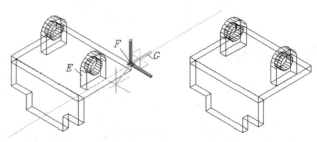

图 15-2　移动对象 E

15.2　三 维 旋 转

使用 ROTATE 命令仅能使对象在 *xy* 平面内旋转，即旋转轴只能是 *z* 轴。ROTATE3D 及 3DROTATE 命令是 ROTATE 命令的 3D 版本，这两个命令能使对象绕 3D 空间中任意轴旋转。此外，ROTATE3D 命令还能旋转实体的表面（按住 Ctrl 键选择实体表面）。下面介绍这两个命令的用法。

【练习 15-2】　练习使用 3DROTATE 命令。

（1）打开素材文件 "\dwg\第 15 章\15-2.dwg"。

（2）单击 "建模" 工具栏或三维制作控制台上的 ⊕ 按钮，启动 3DROTATE 命令，选择要移动的对象，按 Enter 键，AutoCAD 显示附着在光标上的旋转工具，如图 15-3 左图所示，该工具包含表示旋转方向的 3 个辅助圆。

（3）移动鼠标光标到 *A* 点处，并捕捉该点，旋转工具就被放置在此点，如图 15-3 左图所示。

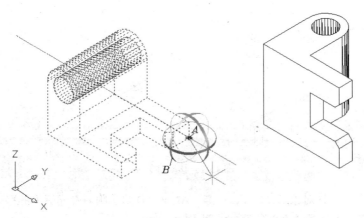

图 15-3　3DROTATE 命令旋转

（4）将鼠标光标移动到圆 *B* 处，停住光标直至圆变为黄色，同时出现以圆为回转方向的回转轴，单击鼠标左键确认。回转轴与当前坐标系的坐标轴是平行的，且轴的正方向与坐标轴正向一致。

（5）输入回转角度值"–90°"，结果如图 15-3 右图所示。角度正方向按右手螺旋法则确定，也可单击一点指定回转起点，然后再单击一点指定回转终点。

ROTATE3D 命令没有提供指示回转方向的辅助工具，但使用此命令时，可通过拾取两点来设置回转轴。在这一点上，3DROTATE 命令没有此便利，它只能沿与当前坐标轴平行的方向来设置回转轴。

【练习 15-3】　练习使用 ROTATE3D 命令。

打开素材文件"\dwg\第 15 章\15-3.dwg"，用 ROTATE3D 命令旋转 3D 对象。

命令: _rotate3d　　　　　　　　　　　//输入 ROTATE3D 命令
选择对象: 找到 1 个　　　　　　　　　 //选择要旋转的对象
选择对象:　　　　　　　　　　　　　 //按 Enter 键
指定轴上的第一个点或定义轴依据[对象(O)/最近的(L)/视图(V)/X 轴(X)/Y 轴(Y)/Z 轴(Z)/两点(2)]:
　　　　　　　　　　　　　　　　　//指定旋转轴上的第一点 A，如图 15-4 所示
指定轴上的第二点:　　　　　　　　　//指定旋转轴上的第二点 B
指定旋转角度或 [参照(R)]: 60　　　 //输入旋转的角度值

结果如图 15-4 所示。

对 ROTATE3D 命令的选项说明如下。

● 对象：AutoCAD 根据选择的对象来设置旋转轴。如果用户选择直线，则该直线就是旋转轴，而且旋转轴的正方向是从选择点开始指向远离选择点的那一端。若选择了圆或圆弧，则旋转轴通过圆心并与圆或圆弧所在的平面垂直。

● 最近的：该选项将上一次使用 ROTATE3D 命令时定义的轴作为当前旋转轴。

● 视图：旋转轴垂直于当前视区，并通过用户的选取点。

● X 轴：旋转轴平行于 x 轴，并通过用户的选取点。

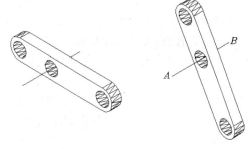

图 15-4　ROTATE3D 命令旋转

● Y 轴：旋转轴平行于 y 轴，并通过用户的选取点。

● Z 轴：旋转轴平行于 z 轴，并通过用户的选取点。

● 两点：通过指定两点来设置旋转轴。

● 指定旋转角度：输入正的或负的旋转角，角度正方向由右手螺旋法则确定。

● 参照：选择该选项，AutoCAD 将提示"指定参照角 <0>:"，输入参考角度值或拾取两点指定参考角度，当 AutoCAD 继续提示"指定新角度:"时，再输入新的角度值或拾取另外两点指定新参考角，新角度减去初始参考角就是实际旋转角度。常用"参照(R)"选项将 3D 对象从最初位置旋转到与某一方向对齐的另一位置。

要点提示　　使用 ROTATE3D 命令的"参照(R)"选项时，如果是通过拾取两点来指定参考角度，一般要使 UCS 平面垂直于旋转轴，并且应在 xy 平面或与 xy 平面平行的平面内选择点。

使用 ROTATE3D 命令时，用户应注意确定旋转轴的正方向。当旋转轴平行于坐标轴时，坐标

轴的方向就是旋转轴的正方向，若用户通过两点来指定旋转轴，那么轴的正方向是从第一个选取点指向第二个选取点。

15.3 3D 阵列

3DARRAY 命令是二维 ARRAY 命令的 3D 版本。通过这个命令，用户可以在三维空间中创建对象的矩形或环形阵列。

【练习 15-4】　练习 3DARRAY 命令。

（1）打开素材文件 "\dwg\第 15 章\15-4.dwg"，用 3DARRAY 命令创建矩形及环形阵列。

（2）单击 "修改" / "三维操作" / "三维阵列"，启动三维阵列命令。

命令：_3darray	
选择对象：找到 1 个	//选择要阵列的对象，如图 15-5 所示
选择对象：	//按 Enter 键
输入阵列类型 [矩形(R)/环形(P)] <矩形>：	//指定矩形阵列
输入行数 (---) <1>：2	//输入行数，行的方向平行于 x 轴
输入列数 (|||) <1>：3	//输入列数，列的方向平行于 y 轴
输入层数 (...) <1>：3	//指定层数，层数表示沿 z 轴方向的分布数目
指定行间距 (---)：50	//输入行间距，如果输入负值，阵列方向将沿 x 轴反方向
指定列间距 (|||)：80	//输入列间距，如果输入负值，阵列方向将沿 y 轴反方向
指定层间距 (...)：120	//输入层间距，如果输入负值，阵列方向将沿 z 轴反方向

（3）启动 HIDE 命令，结果如图 15-5 所示。

（4）如果选择 "环形(P)" 选项，就能建立环形阵列，AutoCAD 提示如下：

输入阵列中的项目数目：6	//输入环形阵列的数目
指定要填充的角度 (+=逆时针，-=顺时针) <360>：	
//输入环行阵列的角度值，可以输入正值或负值，角度正方向由右手螺旋法则确定	
旋转阵列对象？[是(Y)/否(N)]<是>：	//按 Enter 键，则阵列的同时还旋转对象
指定阵列的中心点：	//指定旋转轴的第一点 A，如图 15-6 所示
指定旋转轴上的第二点：	//指定旋转轴的第二点 B

（5）启动 HIDE 命令，结果如图 15-6 所示。

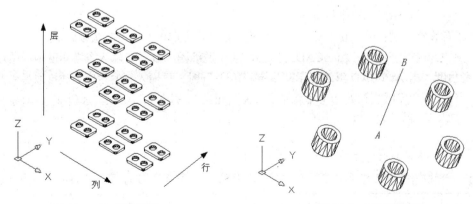

图 15-5　3D 矩形阵列　　　　　　　　　　　图 15-6　3D 环形阵列

旋转轴的正方向是从第一个指定点指向第二个指定点，沿该方向伸出大拇指，则其他 4 个手指的弯曲方向就是旋转角的正方向。

15.4　3D 镜像

如果镜像线是当前 UCS 平面内的直线，则使用常见的 MIRROR 命令就可进行 3D 对象的镜像复制。但若想以某个平面作为镜像平面来创建 3D
对象的镜像复制，就必须使用 MIRROR3D 命令。
如图 15-7 所示，把 A、B、C 点定义的平面作为镜像平面，对实体进行镜像。

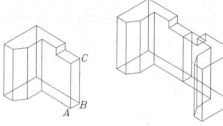

图 15-7　3D 镜像

【练习 15-5】　练习使用 MIRROR3D 命令。

（1）打开素材文件 "\dwg\第 15 章\15-5.dwg"，
用 MIRROR3D 命令创建对象的三维镜像。

（2）单击 "修改" / "三维操作" / "三维镜像"，
启动三维镜像命令。

命令: _mirror3d

选择对象: 找到 1 个　　　　　　　　　　　　　//选择要镜像的对象

选择对象:　　　　　　　　　　　　　　　　　//按 Enter 键

指定镜像平面 (三点) 的第一个点或 [对象(O)/最近的(L)/Z 轴(Z)/视图(V)/XY 平面(XY)/YZ 平面(YZ)/ZX
平面(ZX)/三点(3)]<三点>:

　　　　　　　　　　　　//利用 3 点指定镜像平面，捕捉第一点 A, 如图 15-7 所示

在镜像平面上指定第二点:　　　　　　　　　　//捕捉第二点 B

在镜像平面上指定第三点:　　　　　　　　　　//捕捉第三点 C

是否删除源对象? [是(Y)/否(N)] <否>:　　　　//按 Enter 键不删除原对象

结果如图 15-7 所示。

MIRROR3D 命令有以下选项，利用这些选项就可以在三维空间中定义镜像平面。

- 对象：以圆、圆弧、椭圆、2D 多段线等二维对象所在的平面作为镜像平面。

- 最近的：该选项指定上一次 MIRROR3D 命令使用的镜像平面作为当前镜像面。

- Z 轴：用户在三维空间中指定两个点，镜像平面将垂直于两点的连线，并通过第一个选
取点。

- 视图：镜像平面平行于当前视区，并通过用户的拾取点。

- XY 平面、YZ 平面、ZX 平面：镜像平面平行于 xy、yz 或 zx 平面，并通过用户的拾取点。

15.5　3D 对齐

3DALIGN 命令在 3D 建模中非常有用，通过这个命令，用户可以指定源对象与目标对象的对
齐点，从而使源对象的位置与目标对象的位置对齐。例如，利用 3DALIGN 命令让对象 M（源对
象）的某一平面上的 3 点与对象 N（目标对象）的某一平面上的 3 点对齐，操作完成后，M、N
两对象将重合在一起，如图 15-8 所示。

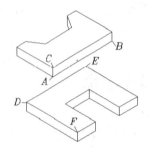 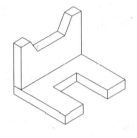

图 15-8　3D 对齐

【练习 15-6】　练习使用 3DALIGN 命令。

（1）打开素材文件 "\dwg\第 15 章\15-6.dwg"，用 3DALIGN 命令对齐 3D 对象。

（2）单击 "修改" / "三维操作" / "三维对齐"，启动三维对齐命令。

命令：_3dalign	
选择对象：找到 1 个	//选择要对齐的对象
选择对象：	//按 Enter 键
指定基点或 [复制(C)]：	//捕捉源对象上的第一点 A，如图 15-8 左图所示
指定第二个点或 [继续(C)] <C>：	//捕捉源对象上的第二点 B
指定第三个点或 [继续(C)] <C>：	//捕捉源对象上的第三点 C
指定第一个目标点：	//捕捉目标对象上的第一点 D
指定第二个目标点或 [退出(X)] <X>：	//捕捉目标对象上的第二点 E
指定第三个目标点或 [退出(X)] <X>：	//捕捉目标对象上的第三点 F

结果如图 15-8 右图所示。

使用 3DALIGN 命令时，用户不必指定所有的 3 组对齐点。以下说明提供不同数量的对齐点时，AutoCAD 如何移动源对象。

● 如果仅指定一组对齐点，AutoCAD 就把源对象由第一个源点移动到第一目标点处。

● 若指定两组对齐点，AutoCAD 移动源对象后，将使两个源点的连线与两个目标点的连线重合，并让第一个源点与第一目标点也重合。

● 如果指定 3 组对齐点，那么命令结束后，3 个源点定义的平面将与 3 个目标点定义的平面重合在一起。选择的第一个源点要移动到第一个目标点的位置，前两个源点的连线与前两个目标点的连线重合。第 3 个目标点的选取顺序若与第 3 个源点的选取顺序一致，则两个对象平行对齐，否则是相对对齐。

15.6　3D 倒圆角

FILLET 命令可以给实心体的棱边倒圆角，该命令对表面模型不适用。在 3D 空间中使用此命令时与在 2D 中有一些不同，用户不必事先设置倒角的半径值，AutoCAD 会提示用户进行设置。

【练习 15-7】　在 3D 空间使用 FILLET 命令。

（1）打开素材文件 "\dwg\第 15 章\15-7.dwg"，用 FILLET 命令给 3D 对象倒圆角。

（2）单击 "修改" 工具栏上的▧按钮或输入命令代号 FILLET，启动圆角命令。

命令：_fillet

选择第一个对象或 [放弃(U)/多段线(P)/半径(R)/修剪(T)/多个(M)]:

    //选择棱边 A，如图 15-9 左图所示

输入圆角半径<10.0000>:15   //输入圆角半径

选择边或 [链(C)/半径(R)]:   //选择棱边 B

选择边或 [链(C)/半径(R)]:   //选择棱边 C

选择边或 [链(C)/半径(R)]:   //按 Enter 键结束

结果如图 15-9 右图所示。

 要点提示   对交于一点的几条棱边倒圆角时，若各边圆角半径相等，则在交点处产生光滑的球面过渡。

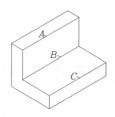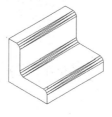

图 15-9   3D 倒圆角

对 FILLET 命令的选项说明如下。

- 选择边：可以连续选择实体的倒角边。
- 链(C)：如果各棱边是相切的关系，则选择其中一个边，所有这些棱边都将被选中。
- 半径(R)：该选项使用户可以为随后选择的棱边重新设置圆角半径。

15.7　3D 倒斜角

倒斜角命令 CHAMFER 只能用于实体，而对表面模型不适用。在对 3D 对象应用此命令时，AutoCAD 的提示顺序与二维对象倒斜角时不同。

【练习 15-8】   在 3D 空间应用 CHAMFER 命令。

（1）打开素材文件 "\dwg\第 15 章\15-8.dwg"，用 CHAMFER 命令给 3D 对象倒斜角。

（2）单击"修改"工具栏上的 按钮或输入命令代号 CHAMFER，启动倒角命令。

命令: _chamfer

选择第一条直线或 [放弃(U)/多段线(P)/距离(D)/角度(A)/修剪(T)/方式(E)/多个(M)]:

    //选择棱边 E，如图 15-10 左图所示

基面选择...   //平面 A 高亮显示

输入曲面选择选项 [下一个(N)/当前(OK)] <当前>: n

    //利用"下一个(N)"选项指定平面 B 为倒角基面

输入曲面选择选项 [下一个(N)/当前(OK)] <当前>:   //按 Enter 键

指定基面的倒角距离 <12.0000>: 15   //输入基面内的倒角距离

指定其他曲面的倒角距离 <15.0000>: 10   //输入另一平面内的倒角距离

选择边或[环(L)]:   //选择棱边 E

选择边或[环(L)]:   //选择棱边 F

选择边或[环(L)]:	//选择棱边 G
选择边或[环(L)]:	//选择棱边 H
选择边或[环(L)]:	//按 Enter 键结束

结果如图 15-10 右图所示。

实体的棱边是两个面的交线，当第一次选择棱边时，AutoCAD 将高亮显示其中一个面，这个面代表倒角基面，用户也可以通过"下一个(N)"选项使另一个表面成为倒角基面。

对 CHAMFER 命令的选项说明如下。

● 选择边：选择基面内要倒角的棱边。

● 环(L)：该选项使用户可以一次选中基面内的所有棱边。

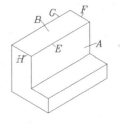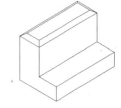

图 15-10　3D 倒斜角

15.8　编辑实心体的面、边和体

除了可对实体进行倒角、阵列、镜像、旋转等操作外，AutoCAD 还专门提供了编辑实体模型表面、棱边及体的命令 SOLIDEDIT，该命令的编辑功能概括如下。

● 对于面的编辑，提供了拉伸、移动、旋转、倾斜、复制和改变颜色等选项。

● 边编辑选项使用户可以改变实体棱边的颜色，或复制棱边以形成新的线框对象。

● 体编辑选项允许用户把一个几何对象"压印"在三维实体上，另外，还可以拆分实体或对实体进行抽壳操作。

SOLIDEDIT 命令的所有编辑功能都包含在"实体编辑"工具栏中，表 15-1 中列出了工具栏中各按钮的功能。

表 15-1　　　　　　　　　　　　　"实体编辑"工具栏中按钮的功能

按　　钮	按　钮　功　能	按　　钮	按钮功能
⊚	"并"运算	⬓	将实体的表面复制成新的图形对象
⊚	"差"运算	⬓	将实体的某个面修改为特殊的颜色，以增强着色效果或是便于根据颜色附着材质
⊚	"交"运算	⬓	把实体的棱边复制成直线、圆、圆弧及样条线等
⬓	根据指定的距离拉伸实体表面或将面沿某条路径进行拉伸	⬓	改变实体棱边的颜色。将棱边改变为特殊的颜色后就能增加着色效果
⬓	移动实体表面。例如，可以将孔从一个位置移到另一个位置	⬓	把圆、直线、多段线及样条曲线等对象压印在三维实体上，使其成为实体的一部分。被压印的对象将分割实体表面
⬓	偏移实体表面。例如，可以将孔表面向内偏移以减小孔的尺寸	⬓	将实体中多余的棱边、顶点等对象去除。例如，可通过此按钮清除实体上压印的几何对象
⬓	删除实体表面。例如，可以删除实体上的孔或圆角	⬓	将体积不连续的单一实体分成几个相互独立的三维实体

续表

按　　钮	按钮功能	按　　钮	按钮功能
	将实体表面绕指定轴旋转		将一个实心体模型创建成一个空心的薄壳体
	沿指定的矢量方向使实体表面产生锥度		检查对象是否是有效的三维实体对象

15.8.1　拉伸面

AutoCAD 可以根据指定的距离拉伸面或将面沿某条路径进行拉伸。拉伸时，如果是输入拉伸距离值，那么还可输入锥角，这样将使拉伸所形成的实体锥化。如图 15-11 所示的是将实体面按指定的距离、锥角及沿路径进行拉伸的结果。

当用户输入距离值来拉伸面时，面将沿着其法线方向移动。若指定路径进行拉伸，则 AutoCAD 形成拉伸实体的方式会依据不同性质的路径（如直线、多段线、圆弧及样条线等）而各有特点。

【练习 15-9】　拉伸面。

打开素材文件"\dwg\第 15 章\15-9.dwg"，利用 SOLIDEDIT 命令拉伸实体表面。

单击"实体编辑"工具栏上的 按钮，AutoCAD 主要提示如下：

```
命令：_solidedit
选择面或 [放弃(U)/删除(R)]：找到一个面。          //选择实体表面 A，如图 15-11 所示
选择面或 [放弃(U)/删除(R)/全部(ALL)]：            //按 Enter 键
指定拉伸高度或 [路径(P)]：50                      //输入拉伸的距离
指定拉伸的倾斜角度 <0>：5                         //指定拉伸的锥角
```

结果如图 15-11 所示。

选择要拉伸的实体表面后，AutoCAD 提示"指定拉伸高度或 [路径(P)]:"，各选项功能如下。

（1）指定拉伸高度。

输入拉伸距离及锥角来拉伸面。对于每个面规定其外法线方向是正方向，当输入的拉伸距离是正值时，面将沿其外法线方向移动；否则，将向相反方向移动。在指定拉伸距离后，AutoCAD 会提示输入锥角，若输入正的锥角值，则将使面向实体内部锥化；否则，将使面向实体外部锥化，如图 15-12 所示。

要点提示　　如果用户指定的拉伸距离及锥角都较大时，可能使面在到达指定的高度前已缩小成为一个点，这时 AutoCAD 将提示拉伸操作失败。

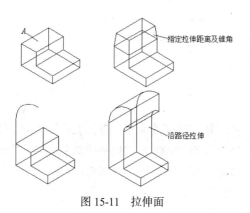

图 15-11　拉伸面

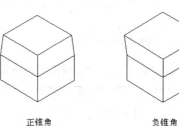

图 15-12　拉伸锥角

（2）路径。

沿着一条指定的路径拉伸实体表面。拉伸路径可以是直线、圆弧、多段线或 2D 样条线等，作为路径的对象不能与要拉伸的表面共面，也应避免路径曲线的某些局部区域有较高的曲率，否则，可能使新形成的实体在路径曲率较高处出现自相交的情况，从而导致拉伸失败。

拉伸路径的一个端点一般应在要拉伸的面内，否则 AutoCAD 将把路径移动到面轮廓的中心。拉伸面时，面从初始位置开始沿路径运动，直至路径终点结束，在终点位置被拉伸的面与路径是垂直的。

如果拉伸的路径是 2D 样条曲线，拉伸完成后，在路径起始点和终止点处被拉伸的面都将与路径垂直。若路径中相邻两条线段是非平滑过渡的，则 AutoCAD 沿着每一线段拉伸面后，将把相邻两段实体缝合在其交角的平分处。

要点提示　可用 PEDIT 命令的"合并(J)"选项将当前 UCS 平面内的连续几段线条连接成多段线，这样就可以将其定义为拉伸路径了。

15.8.2　移动面

可以通过移动面来修改实体的尺寸或改变某些特征（如孔、槽等的位置）。如图 15-13 所示，将实体的顶面 A 向上移动，并把孔 B 移动到新的位置。用户可以通过对象捕捉或输入位移值来精确地调整面的位置，AutoCAD 在移动面的过程中将保持面的法线方向不变。

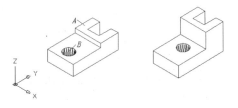
图 15-13　移动面

【练习 15-10】　移动面。

打开素材文件"\dwg\第 15 章\15-10.dwg"，利用 SOLIDEDIT 命令移动实体表面。

单击"实体编辑"工具栏上的 按钮，AutoCAD 主要提示如下：

```
命令: _solidedit
选择面或 [放弃(U)/删除(R)]: 找到一个面          //选择孔的表面 B，如图 15-13 左图所示
选择面或 [放弃(U)/删除(R)/全部(ALL)]:          //按 Enter 键
指定基点或位移: 0,70,0                          //输入沿坐标轴移动的距离
指定位移的第二点:                               //按 Enter 键
```

结果如图 15-13 右图所示。

如果指定了两点，AutoCAD 就根据两点定义的矢量来确定移动的距离和方向。若在提示"指定基点或位移:"时输入一个点的坐标，当提示"指定位移的第二点:"时按 Enter 键，AutoCAD 将根据输入的坐标值把选定的面沿着面法线方向移动。

15.8.3　偏移面

对于三维实体，可通过偏移面来改变实体及孔、槽等特征的大小。进行偏移操作时，用户可以直接输入数值或拾取两点来指定偏移的距离，随后 AutoCAD 根据偏移距离沿表面的法线方向移动面。输入正的偏移距离，将使表面向其外法线方向移动；否则，被编辑的面将向相反的方向移动。如图 15-14 所示，把顶面 A 向下偏移，再将孔的表面向外偏移。

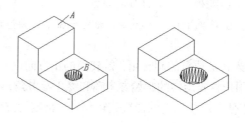

图 15-14　偏移面

【练习 15-11】　偏移面。

打开素材文件"\dwg\第 15 章\15-11.dwg"，利用 SOLIDEDIT 命令偏移实体表面。

单击"实体编辑"工具栏上的 按钮，AutoCAD 主要提示如下：

```
命令: _solidedit
选择面或 [放弃(U)/删除(R)]: 找到一个面。          //选择圆孔表面 B，如图 15-14 左图所示
选择面或 [放弃(U)/删除(R)/全部(ALL)]:            //按 Enter 键
指定偏移距离: -20                                //输入偏移距离
```

结果如图 15-14 右图所示。

15.8.4　旋转面

通过旋转实体的表面就可改变面的倾斜角度，或将一些结构特征（如孔、槽等）旋转到新的方位。如图 15-15 所示，将 A 面的倾斜角修改为120°，并把槽旋转 90°。

在旋转面时，用户可通过拾取两点、选择某条直线或设定旋转轴平行于坐标轴等方法来指定旋转轴，另外，应注意确定旋转轴的正方向。

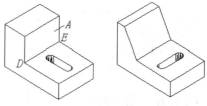

图 15-15　旋转面

【练习 15-12】　旋转面。

打开素材文件"\dwg\第 15 章\15-12.dwg"，利用 SOLIDEDIT 命令旋转实体表面。

单击"实体编辑"工具栏上的 按钮，AutoCAD 主要提示如下：

```
命令: _solidedit
选择面或 [放弃(U)/删除(R)]: 找到一个面。          //选择表面 A
选择面或 [放弃(U)/删除(R)/全部(ALL)]:            //按 Enter 键
指定轴点或 [经过对象的轴(A)/视图(V)/X 轴(X)/Y 轴(Y)/Z 轴(Z)] <两点>:
                                               //捕捉旋转轴上的第一点 D，如图 15-15 左图所示
在旋转轴上指定第二个点:                           //捕捉旋转轴上的第二点 E
指定旋转角度或 [参照(R)]: -30                    //输入旋转角度
```

结果如图 15-15 右图所示。

选择要旋转的实体表面后，AutoCAD 提示"指定轴点或 [经过对象的轴(A)/视图(V)/X 轴(X)/Y 轴(Y)/Z 轴(Z)] <两点>:"，各选项功能如下。

- 两点：指定两点来确定旋转轴，轴的正方向是由第一个选择点指向第二个选择点。
- 经过对象的轴：通过图形对象来定义旋转轴。若选择直线，则所选直线即是旋转轴；若选择圆或圆弧，则旋转轴通过圆心且垂直于圆或圆弧所在的平面。

● 视图：旋转轴垂直于当前视图，并通过拾取点。

● X 轴、Y 轴、Z 轴：旋转轴平行于 x 轴、y 轴或 z 轴，并通过拾取点。旋转轴的正方向与坐标轴的正方向一致。

● 指定旋转角度：输入正的或负的旋转角，旋转角的正方向由右手螺旋法则确定。

● 参照：该选项允许用户指定旋转的起始参考角和终止参考角，这两个角度的差值就是实际的旋转角，此选项常常用来使表面从当前的位置旋转到另一指定的方位。

15.8.5　锥化面

可以沿指定的矢量方向使实体表面产生锥度。如图 15-16 所示，选择圆柱表面 A 使其沿矢量 EF 方向锥化，结果圆柱面变为圆锥面。如果选择实体的某一平面进行锥化操作，则将使该平面倾斜一个角度。

进行面的锥化操作时，其倾斜方向由锥角的正负号及定义矢量时的基点决定。若输入正的锥度值，则将已定义的矢量绕基点向实体内部倾斜，否则向实体外部倾斜，矢量的倾斜方式表明了被编辑表面的倾斜方式。

【练习 15-13】　锥化面。

打开素材文件 "\dwg\第 15 章\15-13.dwg"，利用 SOLIDEDIT 命令使实体表面锥化。

单击 "实体编辑" 工具栏上的 按钮，AutoCAD 主要提示如下：

选择面或 [放弃(U)/删除(R)]：找到一个面。	//选择圆柱面 A，如图 15-16 左图所示
选择面或 [放弃(U)/删除(R)/全部(ALL)]：找到一个面	//选择平面 B
选择面或 [放弃(U)/删除(R)/全部(ALL)]：	//按 Enter 键
指定基点：	//捕捉端点 E
指定沿倾斜轴的另一个点：	//捕捉端点 F
指定倾斜角度：10	//输入倾斜角度

结果如图 15-16 右图所示。

15.8.6　复制面

利用 按钮可以将实体的表面复制成新的图形对象，该对象是面域或曲面。如图 15-17 所示，复制圆柱的顶面及侧面，生成的新对象 A 是面域，而对象 B 是曲面。复制实体表面的操作过程与移动面的操作过程类似。

若把实体表面复制成面域，就可拉伸面域形成新的实体。

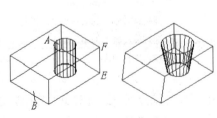

图 15-16　锥化面

图 15-17　复制面

15.8.7　删除面及改变面的颜色

用户可删除实体表面及改变面的颜色。

- 按钮：删除实体上的表面，包括倒圆角和倒斜角时形成的面。
- 按钮：将实体的某个面修改为特殊的颜色，以增强着色效果。

15.8.8 编辑实心体的棱边

对于实心体模型，可以复制其棱边或改变某一棱边的颜色。

- 按钮：把实心体的棱边复制成直线、圆、圆弧、样条线等。如图 15-18 所示，将实体的棱边 *A* 复制成圆，复制棱边时，操作方法与常用的 COPY 命令类似。

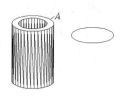

图 15-18 棱边 *A* 复制成圆

- 按钮：利用此按钮用户可以改变棱边的颜色。将棱边改变为特殊的颜色后，可增加着色效果。

> 通过复制棱边的功能，就能获得实体的结构特征信息，如孔、槽等特征的轮廓线框，然后可利用这些信息生成新实体。

15.8.9 抽壳

可以利用抽壳的方法将一个实心体模型创建成一个空心的薄壳体。在使用抽壳功能时，用户要先指定壳体的厚度，然后 AutoCAD 把现有的实体表面偏移指定的厚度值以形成新的表面，这样，原来的实体就变为一个薄壳体。如果指定正的厚度值，AutoCAD 就在实体内部创建新面，否则，在实体的外部创建新面。另外，在抽壳操作过程中还能将实体的某些面去除，以形成薄壳体的开口，图 15-19 所示的是把实体进行抽壳并去除其顶面的结果。

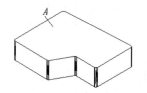

图 15-19 抽壳

【练习 15-14】 抽壳。

打开素材文件 "\dwg\第 15 章\15-14.dwg"，利用 SOLIDEDIT 命令创建一个薄壳体。

单击 "实体编辑" 工具栏上的按钮，AutoCAD 主要提示如下：

```
选择三维实体：                          //选择要抽壳的对象
删除面或 [放弃(U)/添加(A)/全部(ALL)]：找到一个面，已删除 1 个
                                        //选择要删除的表面 A，如图 15-19 左图所示
删除面或 [放弃(U)/添加(A)/全部(ALL)]：   //按 Enter 键
```

输入抽壳偏移距离：10   //输入壳体厚度

结果如图 15-19 右图所示。

15.8.10 压印

压印（Imprint）可以把圆、直线、多段线、样条曲线、面域、实心体等对象压印到三维实体上，使其成为实体的一部分。用户必须使被压印的几何对象在实体表面内或与实体表面相交，压印操作才能成功。压印时，AutoCAD 将创建新的表面，该表面以被压印的几何图形及实体的棱边作为边界，用户可以对生成的新面进行拉伸、复制、锥化等操作。如图 15-20 所示，将圆压印在实体上，并将新生成的面向上拉伸。

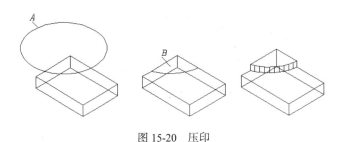

图 15-20 压印

【练习 15-15】 压印。

（1）打开素材文件 "\dwg\第 15 章\15-15.dwg"。

（2）单击 "实体编辑" 工具栏上的 按钮，AutoCAD 主要提示如下：

选择三维实体：   //选择实体模型

选择要压印的对象：   //选择圆 A，如图 15-20 左图所示

是否删除源对象 [是(Y)/否(N)] <N>: y   //删除圆 A

选择要压印的对象：   //按 Enter 键结束

（3）单击 按钮，AutoCAD 主要提示：

选择面或 [放弃(U)/删除(R)]：找到一个面。   //选择表面 B

选择面或 [放弃(U)/删除(R)/全部(ALL)]:   //按 Enter 键

指定拉伸高度或 [路径(P)]：10   //输入拉伸高度

指定拉伸的倾斜角度 <0>:   //按 Enter 键结束

结果如图 15-20 右图所示。

15.8.11 拆分、清理及检查实体

AutoCAD 的实体编辑功能中提供了拆分不连续实体及清除实体中多余对象的选项。

● 按钮：将体积不连续的完整实体分成几个相互独立的三维实体。例如，在进行 "差" 类型的布尔运算时，常常将一个实体变成不连续的几块，但此时这几块实体仍是一个单一实体，利用此按钮就可以把不连续的实体分割成几个单独的实体块。

● 按钮：在对实体执行各种编辑操作后，可能得到奇怪的新实体。单击此按钮可将实体中多余的棱边、顶点等对象去除。

● 按钮：校验实体对象是否是有效的三维实体，从而保证对其编辑时不会出现 ACIS 错误信息。

15.9 利用"选择并拖动"方式创建及修改实体

PRESSPULL 命令允许用户以"选择并拖动"的方式创建或修改实体，启动该命令后，选择一平面封闭区域，然后移动鼠标光标或输入距离值即可。距离值的正负号表明形成立体的不同方向。

PRESSPULL 命令能操作的对象如下。

- 面域、圆、椭圆及闭合多段线。
- 由直线、曲线等对象围成的闭合区域。
- 实体表面，压印操作产生的面。

【练习 15-16】 PRESSPULL 命令。

（1）打开素材文件"\dwg\第 15 章\15-16.dwg"。

（2）单击三维制作控制台上的 ▦ 按钮，在线框 A 的内部单击一点，如图 15-21 左图所示，输入立体高度值 700，结果如图 15-21 右图所示。

（3）用 LINE 命令绘制线框 B，如图 15-22 左图所示，单击三维制作控制台上的 ▦ 按钮，在线框 B 的内部单击一点，输入立体高度值 -700，然后删除线框 B，结果如图 15-22 右图所示。

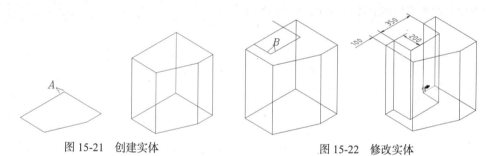

图 15-21 创建实体 图 15-22 修改实体

15.10 由三维模型投影成二维视图

如果用户已绘制了真实对象的三维模型，那么就可以很容易地生成其二维图。AutoCAD 的图纸布局功能很强，当进入图纸空间后，用户就可根据三维模型轻易地创建多种形式的布局。可以把图纸空间想象成是一张虚拟的"图纸"，用户在上面创建视口以形成视图，然后调整视图位置及缩放比例，再在虚拟"图纸"上标注尺寸，这样就形成了一张完整的二维图。

15.11 综合练习——实体建模技巧

【练习 15-17】 绘制如图 15-23 所示的三维实体模型。

请读者先观看素材文件"\avi\第 15 章\15-17.avi"，然后按照以下操作步骤练习。

（1）选取菜单命令"视图"/"三维视图"/"东南等轴测"，切换到东南轴测视图。

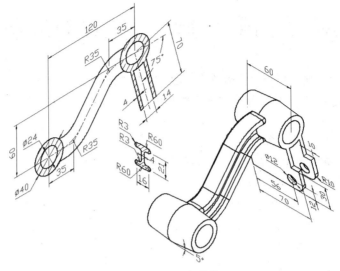

图 15-23　三维实体模型

（2）创建新坐标系，在 xy 平面内绘制平面图形，其中连接两圆心的线条为多段线，如图 15-24 所示。

（3）拉伸两个圆形成立体 A 和 B，如图 15-25 所示。

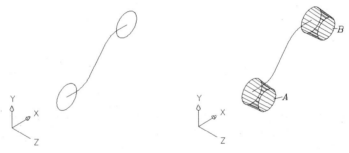

图 15-24　绘制平面图形　　　　　　图 15-25　创建立体 A 和 B

（4）对立体 A 和 B 进行镜像操作，结果如图 15-26 所示。

（5）创建新坐标系，在 xy 平面内绘制平面图形，并将该图形创建成面域，如图 15-27 所示。

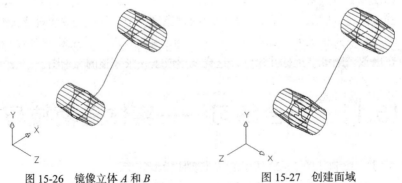

图 15-26　镜像立体 A 和 B　　　　　　图 15-27　创建面域

（6）沿多段线路径拉伸面域，创建立体，结果如图 15-28 所示。

（7）创建新坐标系，在 xy 平面内绘制平面图形，并将该图形创建成面域，如图 15-29 所示。

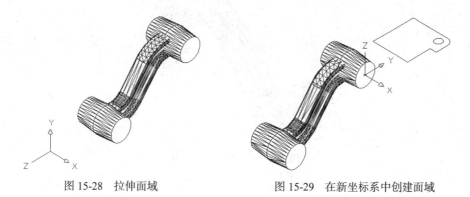

图 15-28　拉伸面域　　　　　　　　　图 15-29　在新坐标系中创建面域

（8）拉伸面域形成立体，并将该立体移动到正确的位置，如图 15-30 所示。

（9）以 xy 平面为镜像面镜像立体 E，结果如图 15-31 所示。

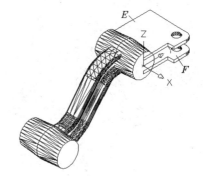

图 15-30　在新坐标系中拉伸面域　　　　　图 15-31　镜像立体 E

（10）将立体 E、F 绕 x 轴逆时针旋转 75°，再对所有立体执行"并"运算，结果如图 15-32 所示。

（11）将坐标系绕 y 轴旋转 90°，然后绘制圆柱体 G、H，如图 15-33 所示。

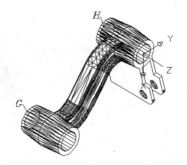

图 15-32　执行"并"运算　　　　　　　图 15-33　绘制圆柱体 G、H

（12）将圆柱体 G、H 从模型中"减去"，结果如图 15-34 所示。

【练习 15-18】　绘制如图 15-35 所示立体的实体模型。

主要作图步骤如图 15-36 所示，详细绘图过程请参见素材文件 "\avi\第 15 章\15-18.avi"。

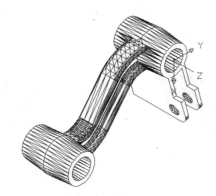

图 15-34   "减去" *G*、*H*

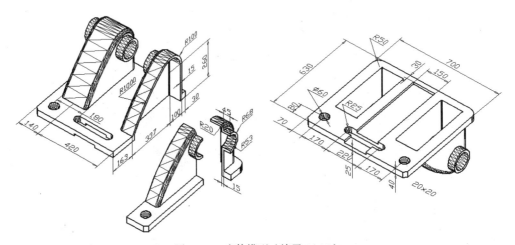

图 15-35   实体模型（练习 15-18）

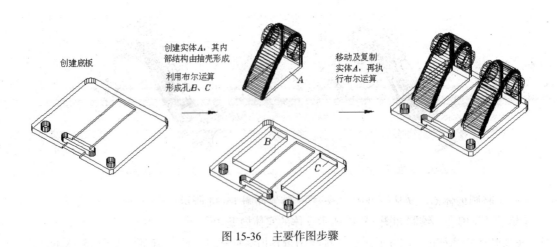

创建底板

创建实体*A*，其内
部结构由抽壳形成

利用布尔运算
形成孔*B*、*C*

移动及复制
实体*A*，再执
行布尔运算

图 15-36   主要作图步骤

15.12　小　　结

本章介绍了有关 3D 对象阵列、旋转、镜像及对齐等编辑命令，并介绍了如何编辑实心体的表面、棱边及体。

AutoCAD 提供了专门用于编辑 3D 对象的命令，如 3DARRAY、3DROTATE、MIRROR3D、3DALIGN 和 SOLIDEDIT 等，其中前 4 个命令是用于改变 3D 模型的位置及在三维空间中复制对象，而 SOLIDEIT 命令包含了编辑实心体模型面、边、体的功能，该命令的面编辑功能使用户可以对实体表面进行拉伸、偏移、锥化及旋转等操作，边编辑选项允许用户复制棱边及改变棱边的颜色，体编辑功能允许用户将几何对象压印在实体上或对实体进行拆分、抽壳等处理。

15.13　习　　题

1. 绘制如图 15-37 所示的立体实体模型。

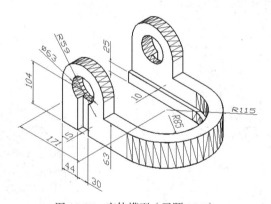

图 15-37　实体模型（习题 15-1）

2. 根据二维视图绘制实体模型，如图 15-38 所示。

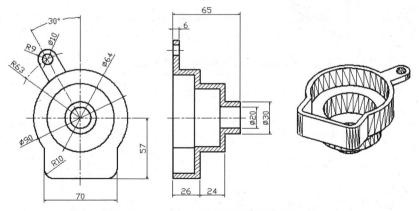

图 15-38　由二维视图绘制实体模型

3. 绘制如图 15-39 所示的立体实体模型。

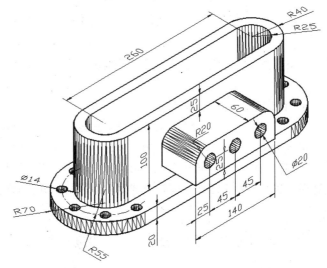

图 15-39　实体模型（习题 15-3）

4. 绘制如图 15-40 所示的立体实体模型。

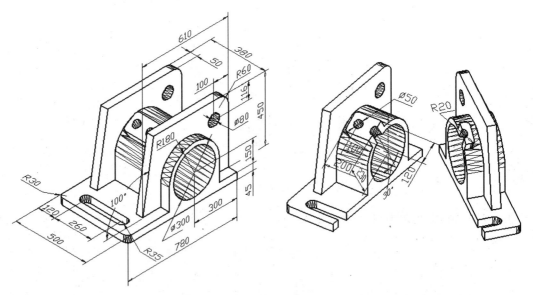

图 15-40　绘制实体模型（习题 15-4）

第16章

零件建模及装配——平口虎钳

平口虎钳是机械工程中常用的装备，主要用来夹持工件，由钳身、活动钳口、钳口板、固定螺钉、丝杠和钳口螺母等组成，如图 16-1 所示。为简化模型，模型中所有螺纹结构都省略了。

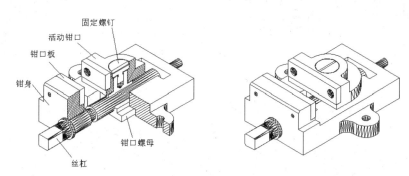

钳口板
钳身
固定螺钉
活动钳口
钳口螺母
丝杠

图 16-1　平口虎钳

丝杠通过光孔固定在钳身上，当用扳手转动丝杠时，丝杠带动钳口螺母作直线运动。钳口螺母通过固定螺钉与活动钳口连接成一个整体，因而活动钳口也将沿钳身作直线运动，从而夹紧或松开工件。

通过本章的学习，读者可以掌握在 AutoCAD 中装配零件的方法及技巧。

16.1　虎钳钳身

虎钳钳身的零件图如图 16-2 所示，下面创建该零件的实体模型。为简化建模过程，模型中的螺纹孔用光孔代替。

【练习 16-1】　创建钳身三维模型。

请读者先观看素材文件"\avi\第 16 章\16-1.avi"，然后按照以下操作步骤练习。

（1）切换到东南轴测视图。

（2）绘制两个长方体，如图 16-3 左图所示。将它们组合在一起并作"并"运算，如图 16-3 右图所示。

（3）绘制直线 A，如图 16-4 左图所示。单击三维建模"面板"上的 ⬡ 按钮，选择 B 面，输入拉伸距离 – 31，结果如图 16-4 右图所示。

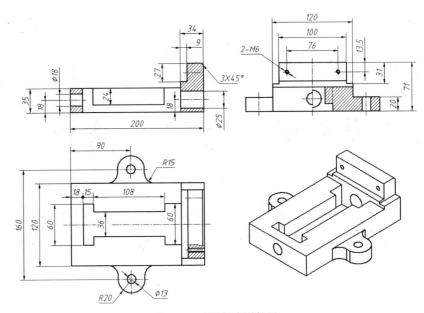

图 16-2　虎钳钳身零件图

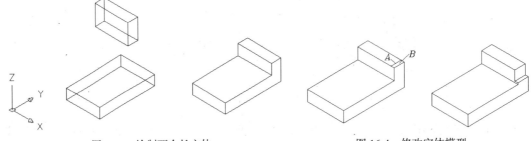

图 16-3　绘制两个长方体　　　　　图 16-4　修改实体模型

（4）用同样的方法形成缺口 C、D，结果如图 16-5 所示。

（5）绘制线框 E，如图 16-6 左图所示。单击三维建模"面板"上的 按钮，选择 F 面，输入拉伸距离"－40"，结果如图 16-6 右图所示。

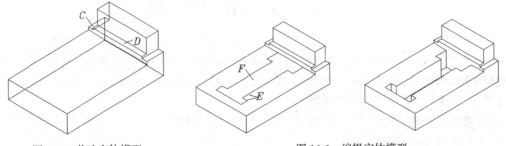

图 16-5　修改实体模型　　　　　图 16-6　编辑实体模型

（6）通过拉伸面域的方法形成立体 G、H，如图 16-7 左图所示。将立体 G、H 移动到正确的位置，然后对所有立体执行"并"运算，如图 16-7 右图所示。

（7）请读者创建模型的其余部分，然后保存图形文件，文件名为"钳身.dwg"。

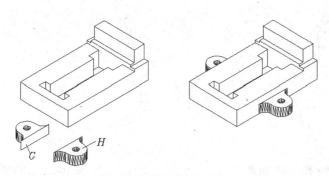

图 16-7　执行"并"运算

16.2　活 动 钳 口

活动钳口的零件图如图 16-8 所示，下面创建该零件的实体模型。为简化建模过程，模型中的螺纹孔用光孔代替。

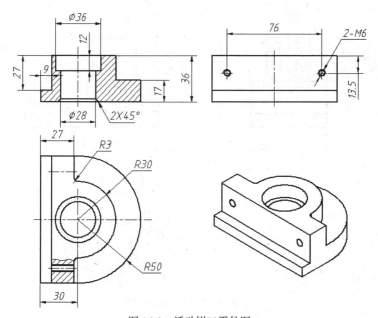

图 16-8　活动钳口零件图

【练习 16-2】　创建活动钳口三维模型。

请读者先观看素材文件 "\avi\第 16 章\16-2.avi"，然后按照以下操作步骤练习。

（1）切换到东南轴测视图。

（2）通过拉伸面域的方法形成两个立体，如图 16-9 左图所示。将它们组合在一起并作"并"运算，如图 16-9 右图所示。

（3）绘制直线 A，如图 16-10 左图所示。单击三维建模"面板"上的 ⬛ 按钮，选择面 B，输入拉伸距离 "－27"，结果如图 16-10 右图所示。

（4）请读者创建模型的其余部分，然后保存图形文件，文件名为"钳口.dwg"。

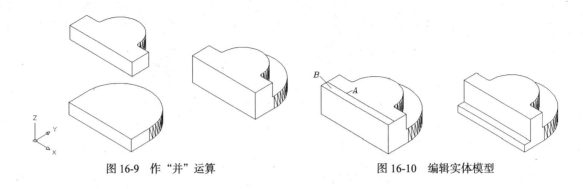

图 16-9 作"并"运算　　　　　　　　图 16-10 编辑实体模型

16.3 钳 口 螺 母

钳口螺母的零件图如图 16-11 所示，下面创建该零件的实体模型。为简化建模过程，模型中的螺纹孔用光孔代替。

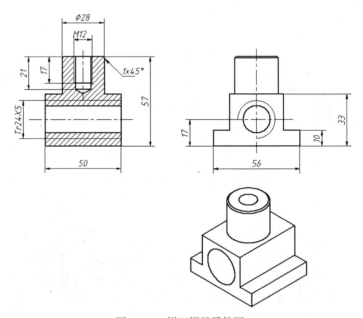

图 16-11 钳口螺母零件图

【练习 16-3】 创建钳口螺母三维模型。

请读者先观看素材文件"\avi\第 16 章\16-3.avi"，然后按照以下操作步骤练习。

（1）切换到东南轴测视图。

（2）通过拉伸面域的方法形成两个立体，如图 16-12 左图所示。将它们组合在一起并作"并"运算，如图 16-12 右图所示。

（3）请读者创建模型的其余部分，然后保存图形文件，文件名为"钳口螺母.dwg"。

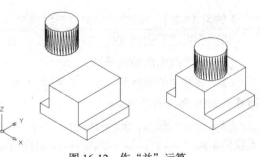

图 16-12 作"并"运算

16.4　丝　　杠

丝杠的零件图如图 16-13 所示，下面创建该零件的实体模型。为简化建模过程，模型中的外螺纹结构用圆柱代替。

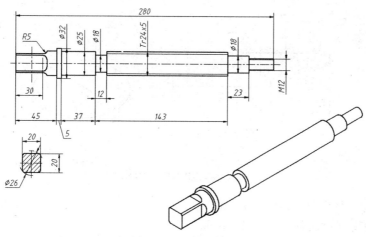

图 16-13　丝杠零件图

【练习 16-4】　创建丝杠三维模型。

请读者先观看素材文件 "\avi\第 16 章\16-4.avi"，然后按照以下操作步骤练习。

（1）切换到东南轴测视图。

（2）绘制闭合线框并将其创建成面域，如图 16-14 左图所示。旋转面域形成实体，如图 16-14 右图所示。

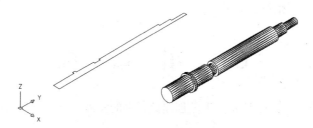

图 16-14　旋转面域形成实体

（3）创建立体 A 并阵列它，然后执行"差"运算，如图 16-15 所示。

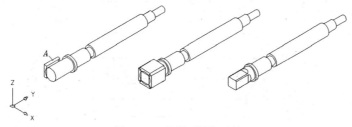

图 16-15　执行"差"运算

（4）保存图形文件，文件名为"丝杠.dwg"。

16.5 固定螺钉

固定螺钉的零件图如图 16-16 所示，下面创建该零件的实体模型。为简化建模过程，模型中的外螺纹结构用圆柱代替。

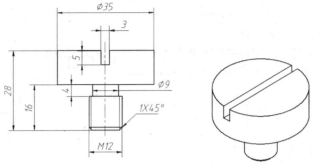

图 16-16 固定螺钉零件图

【练习 16-5】 创建固定螺钉三维模型。

请读者先观看素材文件"\avi\第 16 章\16-5.avi"，然后按照以下操作步骤练习。

（1）切换到东南轴测视图。

（2）创建新坐标系，在 *xy* 平面绘制闭合线框并将其创建成面域，如图 16-17 左图所示。旋转面域形成实体，如图 16-17 右图所示。

（3）请读者创建模型的其余部分，然后保存图形文件，文件名为"固定螺钉.dwg"。

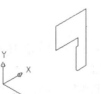

图 16-17 旋转面域形成实体

16.6 钳 口 板

钳口板的零件图如图 16-18 所示，下面创建该零件的实体模型。

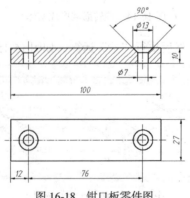

图 16-18 钳口板零件图

【练习 16-6】 请读者创建钳口板三维模型，然后保存图形文件，文件名为"钳口板.dwg"。

16.7　零件装配——平口虎钳

前面已创建平口虎钳主要零件的三维模型，下面将这些零件插入同一图形文件中，然后利用 MOVE、ROTATE 及 3DALIGN 等命令将这些零件装配起来，结果如图 16-19 所示。

【练习 16-7】　装配零件。

请读者先观看素材文件 "\avi\第 16 章\16-7.avi"，然后按照以下操作步骤练习。

（1）创建新图形，切换到东南轴测视图。

（2）通过外部参照的方式将"钳身.dwg"及"丝杠.dwg"插入当前图形中（也可利用 INSERT 命令），绘制 4 条定位辅助线，辅助线的端点表明了要对齐的点，如图 16-20 左图所示。用 3DALIGN 命令将丝杠定位到正确的位置，如图 16-20 右图所示。

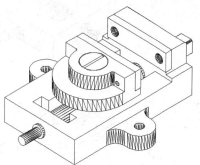

图 16-19　平口虎钳

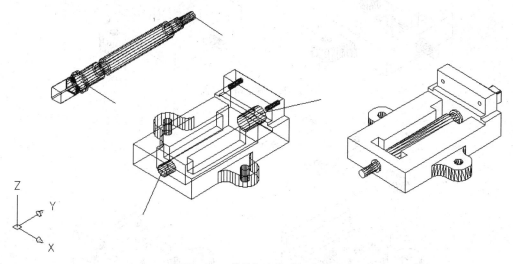

图 16-20　将丝杠定位到正确位置

为便于定位，除可利用辅助线外，还可利用辅助圆。

（3）将"钳口螺母.dwg"插入当前图形中，如图 16-21 左图所示。用 MOVE 命令调整钳口螺母的位置，结果如图 16-21 右图所示。

（4）将"钳口.dwg"插入当前图形中，如图 16-22 左图所示。用 ROTATE、MOVE 等命令调整钳口的位置，结果如图 16-22 右图所示。

（5）将"固定螺钉.dwg"及"钳口板.dwg"插入当前图形中，然后复制钳口板，如图 16-23 左图所示。用 3DROTATE、MOVE 等命令调整钳口板的位置，结果如图 16-23 右图所示。

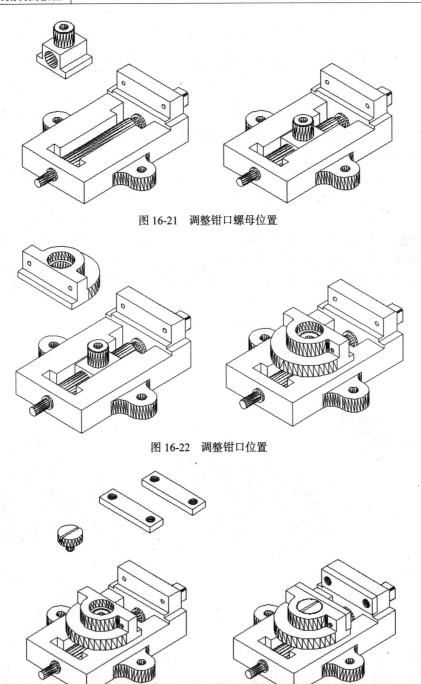

图 16-21　调整钳口螺母位置

图 16-22　调整钳口位置

图 16-23　调整钳口板位置

16.8　小　　结

　　本章通过平口虎钳这一实例讲述了零件装配的技巧。通过外部参照或利用 INSERT 命令将零件插入到当前的图形中，然后利用 MOVE、ROTATE 及 3DALIGN 等命令将这些零件装配起来。

第 17 章
渲染机械产品

三维实体的显示方式有 4 种：三维线框图、三维消隐图、着色图和渲染图。其中，渲染图最具真实感，能清晰地反映产品的结构形状。用户只需输入 RENDER 命令就能创建渲染图，模型经渲染处理后，其表面即会显示出明暗色彩和光照效果，形成了非常逼真的图像。

通过本章的学习，读者可以掌握如何在场景中添加照明、给模型附着材质等内容，并了解渲染模型的一般步骤及技巧。

17.1 创建渲染图像的过程

创建渲染图像的一般过程是添加光源、设置光源特性、给模型附着材质、指定渲染背景，最后是设置渲染器并渲染模型。下面通过实例演示这一过程。

17.1.1 添加光源

给模型添加点光源，点光源的特性类似于普通照明使用的"灯泡"。

【**练习 17-1**】 创建渲染图像。

添加点光源

（1）打开素材文件 "\dwg\第 17 章\17-1.dwg"。

（2）选取菜单命令"工具"/"选项板"/"面板"，打开三维建模"面板"。展开光源控制台，单击该控制台上的 按钮，AutoCAD 提示是否关闭默认光源，单击 是(Y) 按钮，AutoCAD 继续提示"指定源位置"，捕捉 A 点，如图 17-1 所示，按 Enter 键结束。

要点提示　　可以使用 MOVE 及 COPY 命令移动和复制光源。

（3）修改光源特性。单击光源控制台上的 按钮，打开"模型中的光源"选项板。在光源列表框中选择"点光源 1"，单击鼠标右键，选取"特性"选项，打开"特性"选项板，如图 17-2 所示。在"强度因子"文本框中设置光强的比例因子为"0.8"，在"过滤颜色"下拉列表中设置光源的颜色为"黄"。

正确地设置光源对创建逼真的渲染图像非常重要，AutoCAD 的光源类型有以下几种。

（1）默认光源。

图 17-1 指定源位置

图 17-2 "特性"选项板

默认光源是两个平行光源，视口中模型的所有表面均被其照亮。用户可以控制默认光源的亮度和对比度。只有关闭默认光源，用户创建的光源和太阳光才有效。

在光源控制台上单击 按钮切换到默认光源模式，按钮变为 ，再次单击该按钮，切换到用户光源及太阳光模式。

（2）太阳光。

AutoCAD 为模型提供了太阳光，当设定模型的地理位置及日期和时间后，太阳光的角度就确定了。用户可以打开或关闭太阳光，还可以修改太阳光的强度和颜色。

（3）点光源。

点光源从其所在位置向四周发射光线，如图 17-3 左图所示，用户可以控制光的强度，使其随距离的增加而衰减。点光源可用来模拟灯泡发出的光。

（4）聚光灯光源。

聚光灯光源按设定的方向发出圆锥形光束，如图 17-3 右图所示，圆锥光束有聚光角和照射角，调整这两个角度就改变了锥形光束的大小，同时光照区域也随之变化。与点光源类似，用户可以使聚光灯的光强随距离增加而衰减。

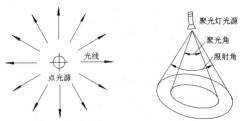

图 17-3 点光源及聚光灯光源

（5）平行光。

平行光是沿某一方向照射的平行光线，光线方向可通过两点指定。平行光强度不随距离增加而衰减，对于每个被照射的面，其亮度都与光源处相同。一般可采用平行光照亮场景中所有对象及背景。AutoCAD 没有为平行光光源提供图标。

上述种类的光源其光照效果由不同的测量参数决定，当系统变量 LIGHTINGUNITS 为 0 时，这些光源属标准光源，光线强度由强度比例因子决定；当系统变量 LIGHTINGUNITS 为 1 时（AutoCAD 2008 默认值），这些光源属光度学光源——光度学中定义的光源，光线强度的测量单位为坎德拉（cd）。与标准光源相比，光度学光源能提供更精确的光照效果，获得的渲染图像也更逼真。但渲染时间往往较长，且容易曝光过度。

单击光源控制台图标，打开"光度控制光源"选项板，如图 17-4 所示，若没有弹出该选项板，可以鼠标右键单击光源控制台，选择"工具选项板组"/"光度控制光源"，然后单击控制台图标即可。该选项板中列出了常用的光度学光源。此外，还可以从照明制造商那里获得其他的光度学光源。

　　AutoCAD 将点光源及聚光灯光源用图标表示，单击光源控制台上的 ■ 按钮，将关闭光源图标，再次单击该按钮，光源图标又显示出来。

　　光源控制台集成了创建及编辑光源特性的工具按钮和控件，如图 17-5 所示，其中常用按钮及控件的功能如表 17-1 所示。

图 17-4 "光度控制光源"选项板

图 17-5 光源控制台

表 17-1　　　　　　　　　　　　　　　工具按钮及控件的功能

按钮及控件	功　　能
■	切换到用户光源或默认光源
■	打开或关闭太阳光
■	打开天空光照背景及大气散射照明效果
■	打开"模型中的光源"选项板，该选项板列出了模型中所有的用户光源
■	创建点光源
■	创建聚光灯光源
■	创建平行光，当切换到光度学光源时不可用
■	设定模型所在的地理位置
■	显示或关闭光源图形
■	打开"阳光特性"选项板，利用该选项板编辑阳光的特性

17.1.2　打开阴影

　　在现实生活中，光线照射物体会投射阴影，AutoCAD 的渲染功能也能形成光照阴影。

打开光源阴影

　　继续前面的练习，在视口中选中点光源图标，单击鼠标右键，选取"特性"选项，打开"特性"选项板，在该选项板"阴影"下拉列表中选择"开"选项。

17.1.3　指定材质

　　通过"材质"管理器或"材质"选项板组给对象附着材质，如给对象分配金属、木材、织物或混凝土等。"材质"管理器可以显示材质的属性信息，用户可利用该管理器修改或新建材质。材质控制台一般与"材质"选项板组相关联，单击材质控制台图标时，"材质"选项板组会自动打开。若没有打开，可用鼠标右键单击材质控制台图标，选取"工具选项板组"/"材质"，然后单击控制台图标即可。

给对象指定材质

（1）接上例，单击材质控制台图标 ，打开"材质"选项板组，切换到"门和窗"选项板，如图 17-6 所示。

（2）单击选项板上的"门-窗.玻璃镶嵌.玻璃.透明"材质，AutoCAD 提示"选择对象"，选择玻璃瓶模型，则模型附着了该种材质。

（3）在材质控制台上，按住 按钮向下移动鼠标光标，选择 按钮，视口中显示材质及纹理的效果。

（4）修改材质特性。单击材质控制台上的 按钮，打开"材质"选项板，如图 17-7 所示。该选项板上部显示了材质的样例，带黄色边框的材质是当前材质。管理器下部显示了材质属性，向右拖动"不透明度"滑块，使"不透明度"值为"6"。

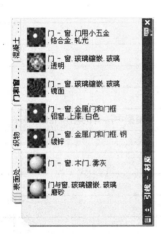

图 17-6 "门和窗"选项板

图 17-7 "材质"选项板

（5）单击 按钮，将已修改的"门-窗.玻璃镶嵌.玻璃.透明"材质重新指定给玻璃瓶（即使不重新指定，模型上的材质也发生变化）。

17.1.4 设置背景

背景可以是一种颜色、渐变色或一幅图像，下面设置模型的背景颜色。

设置背景

（1）接上例，打开三维导航控制台上的"视图控制"下拉列表，选取"新建视图"选项，打开"新建视图"对话框，在"视图名称"文本框中输入视图名称"背景"，如图 17-8 所示。

（2）在"新建视图"对话框的"背景"分组框的下拉列表中选择"纯色"选项，弹出"背景"对话框，如图 17-9 所示。单击"颜色"选项，设置背景颜色为白色。对话框上部的"类型"下拉列表中还包括"图像"和"渐变色"选项，用于将视口背景设置为图像或渐变色形式。

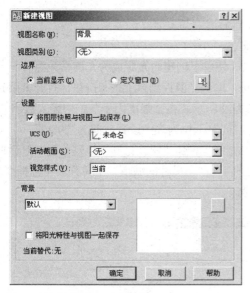

图 17-8　"新建视图"对话框

图 17-9　"背景"对话框

（3）打开三维导航控制台上的"视图控制"下拉列表，选取"背景"选项，使"背景"视图成为当前视图。

17.1.5　渲染模型

前面已在三维场景中加入了光源、背景并给模型附着了材质，下面渲染场景形成具有真实感的图像。

形成渲染图像

（1）接上例。在渲染控制台"渲染设置"下拉列表中指定渲染质量为"草稿"，展开渲染控制台，在输出尺寸下拉列表中设置输出图像的分辨率为"800×600"，如图 17-10 所示。

（2）单击 按钮，渲染三维模型。在渲染设置下拉列表中指定渲染质量为"中"，再次渲染模型，结果如图 17-11 所示。

图 17-10　"渲染设置"下拉列表

图 17-11　渲染结果

17.2　渲染实例

本节给出两个渲染实例，通过这两个实例介绍更多渲染方面的知识。

17.2.1 调整架

【练习 17-2】 添加太阳光及创建新材质，然后渲染调整架。

（1）打开素材文件 "\dwg\第 17 章\17-2.dwg"。

（2）将系统变量 LIGHTINGUNITS 设置为 1，使以下创建的光源成为光度学光源。

（3）添加阳光，设置光强，指定日期和时间。单击光源控制台上的 ※ 按钮，打开太阳光，再单击 圖 按钮，打开 "阳光特性" 选项板，如图 17-12 所示。在 "强度因子" 栏中输入数字 "1.6"，在 "日期" 栏中设置日期为 "2007-8-20"，在 "时间" 下拉列表中设置时间为 "9:30"。

（4）确定模型所处的地理位置。单击光源控制台上的 ● 按钮，打开 "地理位置" 对话框，如图 17-13 所示。在 "地区" 下拉列表中选择 "亚洲"，在 "最近的城市" 下拉列表中选择 "北京，中国"，"时区" 下拉列表自动显示指定城市的时区。

图 17-12　"阳光特性" 选项板

图 17-13　"地理位置" 对话框

（5）设定正北方向。默认情况下，正北方向与世界坐标系的 y 轴指向一致。用户可在 "地理位置" 对话框 "北向" 分组框的角度文本框中输入正北方向与 y 轴的夹角，与此同时，预览图片中显示正北方向的指向。单击 "确定" 按钮。

（6）创建新材质。单击材质控制台上的 圖 按钮，打开 "材质" 选项板，如图 17-14 所示。单击 ● 按钮，打开 "创建新材质" 对话框，在 "名称" 文本框中输入新材质的名称 "机架材质"。

（7）在 "材质" 选项板中完成以下操作，设置材质属性。

● 在 "样板" 下拉列表中选择 "理想漫射"。

● 单击▇▇按钮，设置漫反射颜色为 RGB 色 "150,128,50"。

● 拖动 "反光度" 滑块，设置反光度值为 "70"。

（8）根据图层附着材质。单击材质控制台上的 ● 按钮，打开 "材质附着选项" 对话框，将左边列表框中的 "机架材质" 拖到右边列表框中的 "机架" 图层上，如图 17-15 所示。

（9）在渲染控制台 "渲染设置" 下拉列表中选取 "中" 选项，单击 ● 按钮，渲染模型，结果如图 17-16 所示。从图片可以看出，整个画面比较暗，细节显得较为模糊。下面调整场景的亮度、对比度等，然后重新渲染模型。

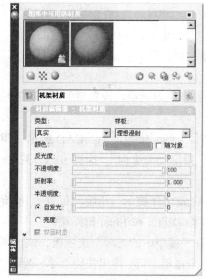

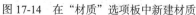

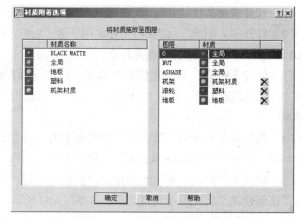

图 17-14　在"材质"选项板中新建材质　　　　图 17-15　"材质附着选项"对话框

（10）单击渲染控制台上的按钮，打开"调整渲染曝光"对话框，如图 17-17 所示，在"亮度"、"对比度"及"中色调"栏中分别输入数值"80"、"65"和"0.2"。

图 17-16　渲染结果　　　　　　　　图 17-17　"调整渲染曝光"对话框

（11）单击"确定"按钮即可重新渲染模型，结果如图 17-18 所示。

图 17-18　重新渲染模型

17.2.2 手提式照明灯

【练习 17-3】 添加太阳光、平行光、聚光灯及创建新材质，然后渲染手提式照明灯。

（1）打开素材文件 "\dwg\第 17 章\17-3.dwg"。

（2）打开"太阳光"，设置阳光强度因子为"0.9"，并打开阴影选项。设置时间是 2007 年 9 月 20 日上午 10 时 30 分，地点为北京。

（3）创建平行光，利用它模拟环境光。单击光源控制台上的 按钮，AutoCAD 提示"指定光源来向"，捕捉 A 点，如图 17-19 所示，AutoCAD 提示"指定光源去向"，捕捉 B 点，按 Enter 键结束。

（4）创建聚光灯光源。单击光源控制台上的 按钮，AutoCAD 提示"指定源位置"，捕捉 C 点，如图 17-19 所示，AutoCAD 提示"指定目标位置"，捕捉 D 点，按 Enter 键结束。

（5）修改光源特性。单击光源控制台上的 按钮，打开"模型中的光源"选项板，该选项板列出了已创建的平行光及聚光灯光源。选择聚光灯光源，单击鼠标右键，弹出快捷菜单，选取"特性"选项，打开"特性"选项板，在"强度因子"文本框中输入光强比例因子为"0.2"，在"衰减角度"及"聚光角角度"栏中分别输入数值"40"和"10"，如图 17-20 所示。再设置平行光强度比例因子为"0.4"。

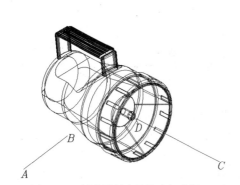

图 17-19 创建平行光及聚光灯光源

图 17-20 在"特性"选项板中设置聚光灯光源的各项参数

（6）单击材质控制台图标 ，弹出"材质"选项板组，将"木材和塑料"选项板中的"塑料.PVC.白色"材质拖入图形窗口中。

（7）单击材质控制台上的 按钮，打开"材质"选项板，该选项板上部区域中显示了当前图形中所有材质的样例。选中"塑料.PVC.白色"材质，对话框下部即会列出材质的各种属性。下面完成以下操作，改变材质属性。

● 用右键单击"塑料.PVC.白色"材质，选择"编辑名称和说明"选项，将材质名称修改为"黄色塑料"，如图 17-21 所示。

● 单击按钮，设置漫反射颜色为 RGB 色"240,213,92"。

（8）用鼠标右键单击"黄色塑料"材质，选择"复制"选项，再用鼠标右键单击该材质选择"粘贴"选项，然后将材质名称修改为"黑色塑料"，并设置其漫反射颜色为"105,105,105"。

（9）将"门和窗"选项板中的"玻璃镶嵌.玻璃.透明"材质拖入"材质"选项板的样例区中，将该材质名称修改为"玻璃"，再将"不透明度"值改为"5"。

（10）创建新材质。单击"材质"选项板中的 按钮，打开"创建新材质"对话框，在"名称"文本框中输入新材质的名称"铝合金"，然后完成以下操作，设置材质属性。

- 在"类型"下拉列表中选择"高级金属"。
- 单击"环境光"对应的 [　　　　　　] 按钮，设置环境光颜色为"238,238,238"。
- 单击"漫射"对应的 [　　　　　　] 按钮，设置漫反射颜色为"238,238,238"。
- 拖动"反光度"滑块，设置反光度值为"55"。
- 拖动"反射"滑块，设置反射值为"15"。

（11）根据图层附着材质。单击材质控制台上的 按钮，打开"材质附着选项"对话框，将左边列表框中的材质拖到右边列表框中的图层上，如图 17-22 所示。

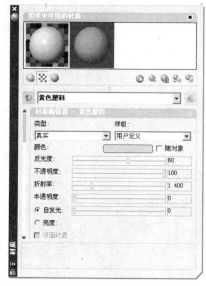

图 17-21　修改材质名称

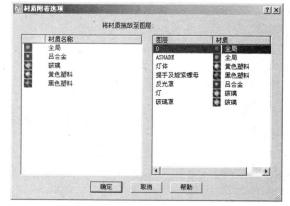

图 17-22　在"材质附着选项"对话框中为各图层设置所附着的材质

- 灯体：黄色塑料。
- 提手及旋紧螺母：黑色塑料。
- 反光罩：铝合金。
- 灯：玻璃。
- 玻璃罩：玻璃。

（12）在三维导航控制台的"视图控制"下拉列表中选择"USER-1"视图，再单击该控制台上的 按钮，切换到透视投影模式。

（13）在渲染控制台"渲染设置"下拉列表中选取"中"选项，单击 按钮，渲染模型，结果如图 17-23 所示。

图 17-23　照明灯渲染结果